Bezzel | 55 Irrtümer über Vögel

Einhard Bezzel

55 Irrtümer über Vögel

AULA-Verlag Wiebelsheim

Dr. Einhard Bezzel
Wettersteinstraße 40
82467 Garmisch-Partenkirchen
e.bezzel@t-online.de

Bibliografische Information der Deutschen Nationalbibliothek
Die Deutsche Nationalbibliothek verzeichnet diese Publikation in der Deutschen Nationalbibliografie; detaillierte bibliografische Daten sind im Internet über http://dnb.d-nb.de abrufbar.

Umschlagabbildung: Diebische Elster. Handcol. Federlitho um 1840
Druck und Verarbeitung: CPI books GmbH, Ulm
Printed in Germany/Imprimé en Allemagne
ISBN 978-3-89104-819-1

Inhalt

Kurze Einleitung: Irrtumswahrscheinlichkeiten

Unter Irrtum versteht man landläufig eine falsche Meinung oder Vorstellung. Aber: *„Irren ist nützlich"* titelt Henning Beck und rät seinen Lesern *„Irren Sie sich, denn das können Sie am besten"*[1].

„Vögel sind uns ganz besonders ans Herz gewachsen... und die liebsten freilebenden Geschöpfe, mit denen wir die Lebensräume auf unserem Planeten teilen" leitet Peter Berthold sein aufrüttelndes Buch zum Schutz der Vögel ein[2]. Optische Reize durch Farbenpracht und Gefiederzeichnung, Vielfalt der Stimmen, Fähigkeit in schier unglaublich angepasster Technik zu fliegen, Allgegenwart in Bereichen, in denen sich auch Menschen bewegen, und nicht zuletzt ihre Rolle als Bioindikatoren, die für uns unsichtbare Gifte und nicht rechtzeitig erkannte Umweltveränderungen signalisieren, machen Vögel für Menschen attraktiv.

Vögel und Menschen stehen sich also nahe und haben viel miteinander zu tun. Die logische Konsequenz, ein Vogelbuch mit Irrtümern im Titel zu versehen, scheint daher nicht unbedingt abwegig, denn was Menschen für sich vereinnahmen, führt oft auch zu Irrtümern. Es sind natürlich weit mehr als 55, aber mit einer endlosen Reihe von Besserwisserei ist niemandem gedient. Schnell wird auch klar, dass sich um einzelne knappe Formulierungen oder Antworten längere Geschichten entwickeln, wenn man Zusammenhängen nachspürt und wirklich wissen will, was eigentlich vor sich geht. Die Verbindungen zwischen dem, was sich Menschen ausgedacht oder glauben gesehen und erforscht zu haben, und den dynamischen und vernetzten Beziehungen im Leben der Vögel lassen sich nicht immer beckmesserisch als falsche oder richtige Schlussfolgerungen bewerten. Es geht meistens um Wahrscheinlichkeiten und vor allem um Streuung von Daten, die entscheidende Auskünfte geben. Selbst Irrtumswahrscheinlichkeiten, mit dem berühmten statistischen Wert p zu Bruchteilen von Prozenten abgeschätzt, können in die Irre führen[3]. Oft ist auch das, was beschränktes Wissen für normal hält, nur eine seltene Ausnahme, eine Anekdote, die durch Sach- und Lehrbücher oder Internet zu einer bedeutenden Wichtigkeit aufgeblasen wurde. Andererseits können gerade gut beobachtete, anekdotische Ereignisse Anstöße sein, auf neue Pfade des Erkennens einzuschwenken.

So lässt sich also keineswegs immer mit dem Finger auf Irrtümer zeigen, über die man sich als Besserwisser erheben kann. Korrekturen mit dem Rotstift helfen oft wenig, wenn unübersehbare oder versteckte Fragezeichen als Herausforderungen zu weiterem Forschen und Nachdenken bleiben. Biodiversität, als biologische Vielfalt verstanden, hat Dimensionen, die sich dem Fassungsvermögen unseres Denkens weitgehend entziehen. Viele Irrtümer sind Ausdruck des Wissens der Vergangenheit und im Kontext der jeweiligen historischen Epoche entstanden, die oft gar nicht weit zurück liegt. Die Geschichte der Biologie hat ein atemberaubendes Tempo angenommen. Manche Irrtümer erwiesen sich durchaus als kreative Anfänge einer Problemlösung, manche sind eigentlich keine, sondern vorsätzliche Täuschungsversuche. Gegen sie ist ein offenes Wort nötig.

Warum ausgerechnet 55 Irrtümer? Der Text will nicht alles in Frage stellen, sondern eben nur Fragen stellen, und das bedeutet, aus dem immensen und im Einzelnen nicht mehr überschaubaren Wissen über Vögel, die damit an der Spitze der organismischen Biologie liegen, einige wenige Aspekte in einzelnen Geschichten herauszupicken. Ein Buch über Ornithologie schien vor wenigen Jahrzehnten noch möglich. Heute setzt jeder handbuchartige Überblick des Wissens über Vögel ein Bearbeiterteam mit leistungsfähigen Institutseinrichtungen und ständige Updates im Internet voraus[4]. Es gibt weltweit Millionen Vogelbeobachter in vogelkundlichen Vereinen, Hunderte von Wissenschaftlerteams, die an Vögeln forschen, wohl über 1 000 vogelkundliche Zeitschriften und Bücherwände voller mächtiger Bände über vogelkundliche Themen und täglich neue, ernst zu nehmende Publikationen über Vögel. Allein die soeben abgeschlossene, eingehende Dokumentation und Beschreibung der Vögel des relativ kleinen deutschen Bundeslandes Rheinland-Pfalz umfasst in vier Bänden 3 524 Seiten[5], die Zusammenfassung unseres Wissens über Leben, Umfeld und Schutz der weltweit nur 15 Kranicharten 895 Seiten mit einer Literaturliste von über 1 000 Titeln im Internet[6]. Und das sind keine langweiligen Schmöker, sondern Pakete voller Daten, die an einzelnen Beispielen das verwirrende Bild dessen zu zeichnen versuchen, was Natur um uns zu bieten hat.

Warum dann noch ein Vogelbuch über vermeintlich Allbekanntes? Wer fast 70 Jahre als Vogelbeobachter und gelernter Biologe, großenteils auch beruflich in Behörden, zwischen zwei Stühlen sitzt, zwischen dem der forschenden Wissenschaft und jenem der Vogelbeobachter, Naturschützer und Naturfreunde, sollte sich auch mal zu Wort melden. Die Schere zwischen Profis der Forschung und Amateuren, die durchaus professionell an der Vermehrung unserer Kenntnisse arbeiten und Freude am Vogelbeobachten haben, geht immer weiter auf, so dass man sich nur noch schwer versteht. Es gibt Leute, die sich Ornithologen nennen, aber keine Vögel kennen, und viele, die ihre Vögel bis ins kleinste Detail kennen, aber von den Fortschritten in der Vogelforschung kaum Ahnung haben. Das wird sich wenig ändern, aber man wird sich ohne Zweifel zusammenraufen, denn schließlich braucht man einander, soll etwas von der Vielfalt der Vögel auf dem Planeten in kommende Generationen hinübergerettet werden. Viele Ansätze des Austausches und der Zusammenarbeit zwischen wissenschaftlichen Institutionen und vogelkundlichen Interessengruppen und Organisationen bringen schöne Erfolge. Da muss man Verständnisbrücken bauen. Ernüchternd aber ist das, was selbst Menschen mit guter Allgemeinbildung als Bildungsgut über Vögel mit sich tragen. Wenn führende Politiker oder Lobbyisten Unsägliches oder Hilfloses von sich geben, ist das oft nichts anderes als Ausdruck eines verheerenden allgemeinen Bildungsniveaus in organismischer Biologie. Daran können auch kluge Bücher wohl nicht viel ändern, aber Versuche sind es wert.

Ein paar Geschichten über Vögel und Menschen versuchen, Beobachtungen und Wissen zu verknüpfen, Zusammenhänge herzustellen und möglicherweise zu klären oder wenigstens anzudeuten, stiften aber manchmal vielleicht auch Verwirrung, denn nicht immer können wir uns sicher sein, mit modernen Methoden alte Erfahrungen bestätigt oder als Irrtum entlarvt zu haben. Die Dinge sind komplizierter als man meinen möchte und alternative Fakten, Unwort des Jahres 2017, haben auch in der Vogelkunde immer wieder eine Rolle gespielt, sei es auch nur, weil man sich nicht ordentlich informierte oder bestimmte Ansichten durchdrücken wollte. Vor allem Vogelschützer haben heute noch viel zu tun, auch in eigenen Reihen kritisch zu sichten. Kurze und klare Antworten schätzen wir. Machen Sie es bitte kurz, meint der Reporter, wenn er mit einer einfachen Frage nach einem kausalen Zusammenhang eine knapp formulierte, klare, möglichst jedermann einsichtige Antwort haben möchte. Oft bringt schon das Fragewort warum? den zur Antwort bestellten Kenner von Zusammenhängen in Verlegenheit, weil einfache, monokausale Erklärungen fast immer gewaltige Irrtümer zur Folge haben.

Menschen und Vögel bieten mitunter auch kleine Geschichten, die an Krimis erinnern, Komisches eingeschlossen. Vieles ist ganz aktuell, auch wenn es schon weiter zurückliegt. Manches Argument mag sich schon wieder etwas anders darstellen, wenn das Buch erschienen ist, denn das Tempo des Wissenszuwachses ist enorm. Ein ausführliches Quellenverzeichnis soll einen kleinen Eindruck verschaffen, wie viel man über Vögel weiß und wer sich mit welchen Fragen beschäftigt hat. Alles in allem trotzdem kein wissenschaftliches Buch der Ornithologie, sondern recherchierte Geschichten von Vögeln, wie sie Menschen erlebten und interpretierten, darunter auch ein paar autobiografische Anekdoten und persönliche Ansichten, vielleicht auch Irrtümer.

Gartenvögel im Januar. Chromolitho um 1900.

Stunde der Gartenvögel

Mit Gartenbüchern ist es ähnlich wie mit Kochbüchern: sie erscheinen in Fülle mit immer schöneren Bildern. Die Angebotspalette eines einzigen deutschen Verlags für den Herbst 2017 führt allein 165 Gartentitel auf. Auch in den Fernsehprogrammen haben Kochkunst und Gartenpflege ihren festen Platz. Die Themenkreise sind also beliebt und nach wie vor aktuell. Ob die deutsche Küche von dem reichen Informationsangebot profitiert, kann ich nicht beurteilen. Für den Garten geht man am besten zum Philosophen. *„Menschen neigen dazu, die Welt, in der sie leben, aufzuräumen"* sagt Richard David Precht[1]. Und Loriot (1923-2011) sieht die Probleme ganz konkret: *„Man braucht nur einen Blick auf die Gartenpflege zu werfen… Da wird ausgerupft, abgeschnitten, abgesägt und weggeworfen, verbrannt oder sogar getötet… Der Gärtner bedient sich hierzu waffenähnlicher Werkzeuge"*[2] Etwas kürzer drücken sich mittlerweile Ornithologen aus, vom *„Psychopathen-Garten"* sprechen Peter Berthold und Gabriele Mohr[22].

Hinter solcher Formulierung steckt mehr als nur Ärger und Enttäuschung über eine willkürliche Manipulation von Restnatur nach eigenem Gusto. Wissenschaftliche Untersuchungen haben erwiesen, dass Haussperlinge, die gefiederten Begleiter der Menschen schlechthin, innerhalb geschlossener Siedlungen vor allem aus reicheren Gegenden verschwunden sind, weil hier mit höherer Wahrscheinlichkeit an Anlagen und Gärten ständig herumgepfuscht und gesäubert wird als in Gegenden mit einem niedrigeren sozioökonomischen Status der Bewohner[27]. Einer oft sehr fragwürdigen Ästhetik zuliebe wird in Gärten heute viel Natur geopfert, oft bleibt von ihr nur das übrig, was das Auge nicht beleidigt. Schon ein paar längere Stängel auf der Grünfläche stören; der Saum am Gartenweg muss sauber ausrasiert werden, die Front der Hecke – am besten eine „schnittverträgliche" Thujenhecke – einer glatt verputzten Mauer gleichen. Was mit solchen Aktionen verschwindet, hat man meist auch vorher nicht gesehen.

„Gartenvögel sind keine Gartenmöbel" hätte ich als Überschrift auch gerne über dieses Kapitel gesetzt, aber den Einfall hatte schon Michael Lohmann (1933-2013) in seinem Buch über das „Vogelparadies Garten", das ebenso wie die beiden Gartenvogelbücher von Anita und Norbert Schäffer viele Anstöße gibt, ein kleines Stück Land für Vögel bewohnbar zu machen und damit zur Erhaltung der biologischen Vielfalt beizutragen[3, 23]. Da muss man schon manches Mal über seinen Schatten springen, denn wo Vögel leben können, sollte es auch wuchernde Büsche statt beschnittener Hecken geben, Blumenwiesen statt Rasen, möglichst eine Kompostanlage und vor allem Insekten. Mit etwas Vogelfüttern an kalten Wintertagen ist es nicht getan und auch die beliebten Nistkästen, heute oft in unbrauchbar hübschem Design viel zu zierlich dimensioniert angeboten, bringen es nicht, wenn sie in einer Umgebung hängen, in der ständig gemäht, laubgeblasen, gepflegt, gespritzt, beschnitten und mit exotischen Pflanzen ohne jegliches Unkraut der Anblick verschönert wird.

Citizen Science – Probleme und Gewinne einer Mitmachaktion

Durch die Bemühungen der beiden großen deutschen Vogelschutzverbände Naturschutzbund Deutschland (NABU) und Landesbund für Vogelschutz Bayern (LBV) ist die Beobachtung von Gartenvögeln zu einer groß angelegten Mitmachaktion geworden. Die „Stunde der Gartenvögel" fand im Mai 2017 in Deutschland bei fast 61 000 Vogelfreunden Anklang, die unter einfach zu befolgenden Vorgaben über 1,4 Millionen Vögel in 40 000 Gärten zählten[4]. Man ordnet derartige ehrenamtliche Aktivitäten heute unter den Begriff Bürgerwissenschaft (Citizen Science) ein. Auch in anderen Ländern und Jahreszeiten werden großräumige Datensammlungen durch Laien organisiert, etwa die Stunde der Wintervögel in Deutschland durch NABU, LBV und in Österreich durch BirdLife Österreich oder der „Big Garden Birdwatch“, der wohl für Deutschland Vorbild war, von der Royal Society for the Protection of Birds (RSPB)[28]. Bürger schaffen in solchen Projekten tatsächlich Wissen, auch wenn die dabei auftretende Fehlermenge beträchtlich und daher die Qualität, umgangssprachlich heute als Belastbarkeit bezeichnet, der Daten gering ist.

Irrtum

1. Breit angelegte Mitmachaktionen im Sinne von Citizen Science liefern keine brauchbaren Daten und sind daher Spielerei.

2. Mithilfe guter Abbildungen und Hörbeispiele lernt man rasch, heimische Vögel sicher zu bestimmen, um aber Vogelstimmen zu erkennen, muss man musikalisch sein.

Ein Großteil dieser Fehler erklärt sich bereits daraus, dass viele der beteiligten Beobachter gar nicht in der Lage sind, die Aufgaben zu meistern. Vogelzählung setzt große Erfahrung und vor allem sichere Artenkenntnis voraus. Schwierig zu bestimmende Vögel werden ohne Zweifel oft falsch zugeordnet. Wie viele Weibchen von Buchfinken oder Grünfinken gehen als Spatzen durch? Werden Sumpf- oder Weidenmeise, Garten- oder Waldbaumläufer, Fitis oder Zilpzalp überhaupt korrekt unterschieden? Weitere Fragen werfen schwer zu entdeckende Vögel auf, deren Gesänge oder Rufe nicht bekannt und die daher in den Auswertungen unterrepräsentiert sind. Und schließlich lässt sich nicht überprüfen, ob sich Freiwillige gewissenhaft an die methodischen Vorgaben halten. Wie ist gezählt worden und wie viele Beobachter waren an der vorgeschriebenen Stundenzählung beteiligt?

Dienstanweisungen lassen sich bei lupenreinen Amateuren, die mit Freude dabei sind, kaum Wort für Wort durchsetzen und bei der hohen Zahl von Beteiligten über ein großes Gebiet verteilt auch nicht wohlwollend überprüfen. Sind Gärten überhaupt die richtigen Orte, wenn man repräsentative Zahlen über die Häufigkeit von Vögeln gewinnen will? Wie definieren die einzelnen Beobachter Gärten und in welchem Umkreis sammeln sie ihre Daten? War optische Ausrüstung eingesetzt oder nicht und wenn ja, welche? Die Beobachtungsumstände kommen daher als Fehlerquelle zum Faktor Mensch noch dazu. Mit Ergebnissen sehr unterschiedlicher Qualität in einer großen, durch Fehler bedingten Spannweite ist zu rechnen. Von Ornithologenseite wird der „Stunde der Gartenvögel" sogar *„mehr Spielerei als Wissenschaft"* beigemessen. Also wenig Science mit großem, für einen ganzen Komplex von Irrtümern anfälligen Aufwand, der dann auch noch in der Presse mit spektakulären Zahlen kräftig ausgewalzt wird.

Erfahrungen mit langfristigen Amateurprogrammen, wie dem über 100 Jahre alten „Christmas Bird Count" der Audubon Society in Nordamerika[5], haben gelehrt, dass Einsichten über die Dynamik von Vogelbeständen über längere Zeiträume mit solchen Methoden durchaus zu erreichen sind, auch wenn sich die Generationen von Mitarbeitern ablösen. Lückenlose Zeitreihen über mehrere Jahrzehnte sind im wahrsten Sinn des Wortes unbezahlbar, weil für wirksame Aktionen gegen den rasanten Schwund der biologischen Vielfalt eine historische Perspektive unerlässlich ist[6]. Wir können die Daten über bereits abgelaufene Zeit, die uns die gegenwärtige Situation beurteilen und für Prognosen höhere Wahrscheinlichkeit errechnen lassen, nicht irgendwie nachholen.

Die Auswirkungen vieler Verzerrungen von Daten und Irrtümern in Projekten der Citizen Science zu mindern, fordert umsichtige Auswertung der Datenmengen, Gegenrechnungen, die Korrekturmöglichkeiten aufzeigen, und Beurteilung von Wahrscheinlichkeiten. Das gilt aber grundsätzlich auch für professionell durchgeführte Zählungen in sogenannten Monitorprogrammen. Selbst sorgfältig geplante Bestandsaufnahmen durch geschulte Feldornithologen, die professionell arbeiten, bilden die Realität in der Regel nur unvollkommen ab (S. 55 f.). Die aktuell zunehmenden Bemühungen, für einzelne Vogelarten unter verschiedenen Umständen die Wahrscheinlichkeit ihrer Entdeckung oder den Erfassungsgrad zu errechnen, zeigen, dass man auch bei angeblich leicht zu entdeckenden Vogelarten Fehleinschätzungen in Kauf nehmen muss und die Datengewinnung jeweils kritisch zu hinterfragen ist[7,8]. Selbst raffinierte Modellrechnungen lösen zumindest großflächig viele Probleme nicht befriedigend[9]. Es ist also durchaus berechtigt, Datenmaterial aus Projekten der Citizen Science nicht nur als Müllhalde von Fehlern und Irrtümern abzuwerten.

Eine unersetzliche Bedeutung der Stunde der Gartenvögel kommt aber vielleicht nicht so sehr der Wissenschaft als vielmehr der Allgemeinbildung zugute. Kenntnisse über die Natur vor der Haustür sind in unserer Gesellschaft minimal, oft deutlich im Unterschied zum Interesse der meisten Mitbürger. Die aufgelegten Programme kommen also einem Bedürfnis entgegen. Sie vermitteln neue Erfahrungen und sind unbestritten ein nicht unwesentlicher Beitrag, den berüchtigten Bildungsnotstand zu überwinden – und sie machen Spaß! Durch begleitende Unterlagen, um die sich die Vogelschutzverbände viel Mühe machen und die auch viele der in Frage kommenden Vögel abbilden, wird die Artenkenntnis verbessert. Sie schafft die Grundlage, im Garten wirklich Natur zu erleben und zu erkennen. Auch die Tageszeitungen haben in jeweils längeren bebilderten Beiträgen an den Aufrufen zur Stunde der Gartenvögel oder Wintervögel mittlerweile beachtliches journalistisches Interesse gezeigt. Vögel sind relativ leicht zu entdeckende Botschafter und in ihrem Vorkommen auch gut messbare Kenngrößen der Natur. Wer vom naturnahen Garten spricht und damit nicht nur eine aktuelle Worthülse auf der Zunge hat, muss Gartenvögel erst einmal kennen und wenigstens etwas von ihrem Leben wissen. *„Aha, ein Vogelzähler"* ruft mir eine Spaziergängerin im Januar 2018 zu, als ich, wie seit vielen Jahren, entlang meiner Linie mit einem Fernglas, das immer Aufmerksamkeit und auch manchmal Argwohn erregt, obwohl Touristen mit Kameras und Handys bewaffnet in Massen umherlaufen, die regelmäßigen Bestandsaufnahmen absolviere. *„Ich hab gestern schon meine Aufgabe erledigt"* setzte sie als offensichtliche Teilnehmerin an der „Stunde der Wintervögel" noch befriedigt hinzu. Das ist doch schon viel besser als der Kurzdialog vor einigen Jahren *„Was schauen sie da? – Vögel? – Gell, da gibt's mehrere Sorten bei uns"*. Nicht erfunden, Ehrenwort!

Auf den ersten Blick bieten die Ergebnisse der Stunde der Gartenvögel von 2017 ein beeindruckendes Zahlenwerk[4]. Nicht weniger als 209 Arten wurden erfasst, darunter aber viele, die in Gärten normalerweise nicht leben und wohl nur beim Überfliegen, in der Ferne oder in der Nachbarschaft eines größeren Gewässers beobachtet wurden, gewissermaßen als Beifang mit unserem Thema nichts zu tun haben. Man darf sich also von langen Zahlenkolonnen, die im Ausdruck der Ergebnisse von 2017 aus dem Internet immerhin 17 Seiten vom Format A4 bedecken, nicht zu sehr beeindrucken lassen. Datenmasse ist noch lang nicht Wissenschaft. Als häufigster Gartenvogel führt der Haussperling die lange Reihe mit Abstand an. Das tat er auch die Jahre zuvor, aber die Zahl der Spatzen pro Garten hat seit 2011 abgenommen. Das ist immerhin ein Signal, mehr aber auch wirklich nicht. Bei einem sauberen Vergleich müsste die Grundlage der Erhebung vergleichbar sein, in diesem Fall sollten also Spatzen über die Jahre in gleicher regionaler Verteilung der Orte und genau genommen auch in denselben Gärten gezählt worden sein. Auch in diesem Fall kämen immer noch manche methodischen Fehler in Betracht. Die Berechnungen von Irrtumswahrscheinlichkeiten durch Statistiker fehlen bis jetzt. Das Ganze bewegt sich in die Nähe von Wähler- oder Verbraucherumfragen, deren Zahlen ja bekanntlich nicht immer die Realität verlässlich abbilden, Prognosen daher mitunter gewaltig kippen lassen. Und oft ist dann von gefälschten Statistiken die Rede. Das ist aber meist kein Problem der Statistiker, sondern derjenigen, die Daten erheben und in die Rubriken der Meldebögen eintragen.

Beim Beobachten können Vogelkundigen aller Erfahrungsgrade immer wieder Irrtümer unterlaufen. Der erfahrene Vogelbeobachter hat daher auch manches Fragezeichen in seinen Tagebüchern und Dateien, selbst wenn er alle Vögel zu kennen glaubt. Das gilt auch für Vögel vor der Haustür. Nach 68 Jahren intensiver Vogelbeobachtung hatte ich im August 2017 immer noch das Problem, Mehl- oder Rauchschwalben rechtzeitig zu unterscheiden, ehe sie an einem Regentag, an dem sie raschen Flugs hoch über das Tal zogen, aus dem Blickfeld verschwanden. Oft muss man in Sekundenschnelle Entscheidungen treffen, selbst am Futterhaus im Garten. Bestimmungshilfen sind nicht nur gute Abbildungen, die in großer Zahl zur Verfügung stehen.

Die meisten Gartenvögel registriert man im Jahreslauf mit dem Ohr. Da helfen gute Aufnahmen auf Tonträgern nur begrenzt, da es nicht nur um gut vernehmbare Gesänge geht, sondern vor allem um eine Vielzahl von oft kurzen Lauten, deren Klangfarbe in Nuancen für die Bestimmung einer Art entscheidend sein kann. Jahrelanges Einhören ist fast unerlässlich. Während ich diese Zeilen schreibe, registriere ich gewissermaßen im Unterbewusstsein akustisch vor dem offenen Fenster vier Vogelarten: Kleiber, Gartenbaumläufer, Kohlmeise und Haussperling. Die Kohlmeise macht es mir wieder einmal schwer, denn sie ruft „pink“ wie ein Buchfink. Ich kann sie erst dann, als sie vorbei huscht, sicher bestimmen, muss mich aber als alter Vogelbeobachter deshalb auch nicht schämen. Selbst die Experten vermerken über das „pink“ der Kohlmeise: *„oft nur an einem vorgesetzten ‚zi' von dem entsprechenden Buchfinkenruf zu unterscheiden“*[10]. Diese Kohlmeise ließ aber das „zi“ nicht hören und so war die Bestimmung erst nach einem Sekundenblick perfekt. Will man Kohlmeisen akustisch ermitteln, muss man eine Palette von Irrtümern und Verwechslungen in Betracht ziehen. In meiner Heimatgemeinde Garmisch-Partenkirchen ist bei rufenden Buchfinken, Gartenbaumläufern oder manchmal auch Kleibern, rufenden oder singenden Sumpf-, Blau-, Tannen- oder Weidenmeisen immer darauf zu achten, ob nicht doch eine Kohlmeise dahintersteckt.

Ein weiteres wichtiges Feld für die Vogelbestimmung, auf dem Bücher meist nicht weiterhelfen und so gut wie alles auf eigener Erfahrung beruht, sind arttypische Bewegungsmuster. Rasch überfliegende Kleinvögel auf dem Zug, der unscheinbare Grauschnäpper mit seinem kurzen Jagdflug in der Baumkrone, oder Eichel- oder Tannenhäher für einen Augenblick im Gegenlicht zwischen Fichtenwipfeln gegen den grauen Himmel – sichere Bestimmungen in Sekundenschnelle setzen nicht nur gute Kenntnisse der heimischen Vogelwelt, sondern oft auch Vertrautheit mit dem Beobachtungsgebiet voraus. Bei sorgfältig geplanten langfristigen Bestandsaufnahmen und Monitoringprogrammen sollte man für manche Fragestellungen daher das erste Jahr als Einarbeitungszeit nicht mit in die Auswertung einbeziehen. Fast immer weichen die Anfangsergebnisse von den folgenden Jahren auffällig ab.

Nicht nur Beobachtungsumstände draußen und statistische Bedenken am Schreibtisch, sondern auch praktische Erfahrungen mit Leuten, die Vögel beobachten, lassen es also geraten erscheinen, die Stunde der Gartenvögel vorsichtig zu bewerten. Allerdings ist es zur Beantwortung mancher Fragen auch gar nicht nötig, Vögel auf den Kopf genau zu zählen. Vogelzahlen bewegen sich innerhalb bestimmter Grenzen; grobe Größenordnungen und ihre Änderungen im Lauf der Zeit reichen manchmal schon aus, um die Lage zu beschreiben und Trends abzuschätzen (S. 55 f.). 2017 wurden pro Garten vier Prozent weniger Vögel gezählt als im Vorjahr. Solche geringfügigen Änderungen sind einer Diskussion nicht wert, zumal sie wohl innerhalb der Irrtumswahrscheinlichkeit liegen. Nach dem Haussperling wurden Amsel, Kohlmeise, Star, Blaumeise, Feldsperling, Elster, Ringeltaube und Grünfink als häufigste Gartenvögel in Deutschland ermittelt. Häufig heißt in diesem Fall Anzahl der Individuen pro Garten, oder allgemeiner gesagt pro Beobachtungsstelle. Mauersegler und Schwalben, die ebenfalls unter den häufigen Arten auftauchen, sind keine eigentlichen Gartenvögel. Gärten sollten aber dafür sorgen, dass diesen Luftjägern ein ausreichendes Angebot an Insekten zur Verfügung steht. Für Amsel, Hausrotschwanz und Grünfink zeichnet sich in den Zählungen ein negativer Trend ab. Auch Bachstelze und Gartenrotschwanz scheinen abzunehmen.

Das ist zumindest eine Aufforderung, aufmerksam zu sein und sich diesen Arten etwas eingehender zu widmen. Auf der langen Liste mit über 1,4 Millionen gezählter Vögel stehen nur 2357 Gartengrasmücken (Platz 49), 755 Klappergrasmücken (Platz 68), 244 Dorngrasmücken (Platz 82), 75 Gelbspötter

(Platz 110) und 23 Sumpfrohrsänger (Platz 140) gegenüber 27 Eiderenten, 30 Fischadlern, 91 Seeadlern, 300 Ringelgänsen oder 1 008 Weißwangengänsen[4]. Solche Ungereimtheiten haben wohl im Wesentlichen zwei Ursachen. Die Wahlfreiheit der Zähler war zu groß, es fehlten offenbar in den Vorgaben eine grobe Normierung des Begriffs Garten oder Hinweise auf sinnvolle Einschränkungen in der Auswahl der Zählstelle und der Flächengröße, die pro Zählung erfasst werden sollte. Ganz offensichtlich wollte man die Messlatte für das Mitmachen mit allerlei Vorschriften nicht zu hoch legen. Zum anderen sind kleine, abgesehen vom charakteristischen Gesang unauffällige Vögel ohne Zweifel oft übersehen worden. Außergewöhnliche Erscheinungen und Seltenheiten reizen andererseits zur Meldung, auch wenn sie mit Thema und Ziel des Erhebungsprogramms wenig zu tun haben.

Solche Verzerrungen von Datensammlungen führen bei unkritischen Schlussfolgerungen natürlich zu irrtümlicher Einschätzung der Situation, sollten aber nicht dazu verleiten, immer gleich kühl abzuwinken. Auch bei nicht unkritisch zahlengläubiger Interpretation geben die auffallend bescheidenen Werte für Insekten verzehrende Langstreckenzieher und buschbrütende Kleinvögel in unseren Gärten zu denken. Aber man kann mit Korrekturen die Auswertung kritisch einordnen. So hat sich herausgestellt, dass bei seltenen oder schwer zu bestimmenden Vogelarten die Meldungen von Wiederholungsteilnehmern höhere Werte ergeben als von Erstteilnehmern. Die Artenkenntnis verbessert sich also und das kann man in der Auswertung berücksichtigen. Andererseits sind Fehler, die konstant gemacht werden, kein Hinderungsgrund für Ermittlungen von Bestandstrends, auch wenn man die Meinung, einzelne Fehler unerfahrener Beobachter werden durch die Masse der Beobachtungen ausgeglichen, nicht unbedingt frei von Irrtum werten sollte. Fehlerkorrekturen, Relativierung von Aussagen oder Vergleiche mit anderen Projekten der Vogelzählung können dazu beitragen, dass Bürgerwissenschaft die Realität ausreichend gut abbildet[26].

Auch mit großer Irrtumswahrscheinlichkeit belastete Abwärtstrends der häufigsten Gartenvögel sind nach tiefer schürfenden Einzeluntersuchungen durchaus Warnsignale, die ernst zu nehmen sind. Dass andererseits bei sehr häufigen Gartenvögeln keine „Überpopulation“ herrscht, wie für Elster, Amsel und Haussperling immer wieder zu hören ist, belegen die Ergebnisse ebenfalls. Bürgerwissenschaft kann also Unterlagen liefern, die man unbedingt beachten muss.

Aufräumen bedeutet Nahrungsmangel

Um in das Leben und die Überlebensprobleme von Gartenvögeln einzudringen, ist mehr als eine Stunde nötig. Das großartige Gartenbuch von Christiane Böhm und Armin Landmann zeigt in Wort und Bild, dass auch hinter scheinbar ganz alltäglichen Erscheinungen oft spannende Geschichten stecken und vieles über die Vogelwelt der Gärten erst im Zusammenhang mit dem Schicksal eines Landschaftsraums zu verstehen ist. Die Stunde der Gartenvögel wird für den aufmerksamen Naturbeobachter zum Jahr der Gartenvögel, das nicht nur im Heimatland der beiden Tiroler Naturforscher, sondern überall Menschen mit einem „Kalender einer etwas anderen Art“ begleitet[11].

Irrtum

3. Gärten und Anlagen müssen ordentlich und gepflegt sein und dürfen nicht verwildern, Unkraut muss beseitigt, Ungeziefer vernichtet werden.

4. Ständig grüner Rasen oder exotische Blumenrabatten bereichern die heimische Natur.

Mittlerweile bewege ich mich über mehrere Jahrzehnte in der intensiven Beobachtung von Gartenvögeln. In einer ornithologischen Dauerbeobachtung von mehr als 40 Jahren hat unser Team der Vogelschutzwarte Garmisch-Partenkirchen die Vorgänge im Grundstück um das Dienstgebäude in täglichen Protokollen kontrolliert[12]. Die meisten Empfehlungen von Gartenratgebern zur Gestaltung schlugen wir in den Wind. Ein Teil des Grundstücks wurde nur einmal im Herbst gemäht, alle krautigen Pflanzen konnten bis zur Samenreife wachsen. Das Ergebnis war natürlich kein Schmuckstück der Gartenkunst und daher zumindest zu manchen Jahreszeiten kritischen Nachbarn, Besuchern und vorgesetzten Dienststellen nur durch wohlüberlegte Erklärungen zuzumuten. Aber wie sagte Wilhelm Busch (1832-1908): *„Ausdauer wird früher oder später belohnt – meistens aber später“*[13]. Um der Wahrheit die Ehre zu geben, ist aber noch zu betonen, dass es sich um den letzten Garten des zusammenhängend bebauten Gebiets am Ortsrand gegen den Bergwald handelte, also die jedes Jahr entstehende „Wildnis“ eigentlich niemanden störte.

Blühende Pflanzen sind Voraussetzung für Insekten, darunter natürlich für alle Blütenbestäuber. Samen tragende Pflanzen bedeuten für Sperlinge und viele Finkenvögel die Grundlage ihrer Existenz in ihrer Vielfalt über das Sommerhalbjahr bis in den Winter hinein. Auch Meisen helfen sie, kritische Zeiten zu überbrücken. In unserer Dauerbeobachtung, die natürlich nicht völlig lückenlos war, ermittelten wir auf einer Fläche von rund 2500 Quadratmetern in 38 Jahren 12 Vogelarten, die sich an 17 Kräutern in der Zeit der Samenreife verköstigten. Kohl- und Sumpfkratzdisteln besuchten Stieglitze an 318 Tagen und erwiesen damit ihrem alternativen Namen Distelfink die Ehre, Sumpfmeisen waren immerhin an 63 und Erlenzeisige an 47 Tagen dort als Nahrungsgäste zu sehen. Samentragende Stauden des Mädesüß lockten Gimpel an 142, Stieglitze an 135 und Erlenzeisige an 107 Tagen an. Die kurze Periode des Angebots von milchreifem Löwenzahn nutzten Grünfinken an 24, Gimpel an 20, Stieglitze an 12 und Erlenzeisige an 8 Tagen. Die Kanadische Goldrute, ein eingeschleppter problematischer Neubürger (Neophyt), fand besonderen Anklang bei Girlitzen mit 80 Besuchstagen; aber auch Stieglitze holten sich an 35 Tagen dort Samen. Für die Samen von Sauerampfer interessierten sich vor allem Girlitze, während Brennnesselsamen in 9 Jahren immer wieder von Gimpeln geerntet wurden. Scharfer Hahnenfuß, Vogelmiere, Wiesenflockenblume, Teufelsabbiss oder Echte Nelkenwurz waren weitere Nahrungspflanzen, die von Vögeln in manchen Jahren auch dann entdeckt wurden, wenn sie nur als einzelne Exemplare auf unserer Kontrollfläche blühten.

Der kleine Ausschnitt aus einem großen Pool von Datensätzen unserer Untersuchung belegt, dass die Vögel sich vor allem von Pflanzen ernährten, die als Unkrautflora heute normalerweise in ordentlich gepflegten Gärten kaum eine Überlebenschance bis zur Samenreife haben. Die Vielfalt des Angebots wird von den im Gebiet lebenden Vogelarten ganz unterschiedlich genutzt. So entsteht in engster Nachbarschaft ein buntes Nutzungsmuster, das unterschiedliche Anpassungen und damit Vorlieben einzelner Arten erkennen lässt, denen man bisher vielleicht zu wenig Beachtung schenkte.

In einer kleinen Geschichte vom Stechenden Hohlzahn beweisen Sumpfmeisen, wie zielsicher sie eine bevorzugte Nahrungsquelle entdecken. Schon im Handbuch der Vögel Mitteleuropas ist vermerkt, dass Sumpfmeisen von August bis Oktober *„besonders gerne"* die Samen verschiedener Arten des Hohlzahns zu sich nehmen[14]. In unserer kleinen Kontrollfläche blühten und verblühten in manchen Jahren einzelne Exemplare des Stechenden Hohlzahns inmitten einer üppigen Staudenvegetation. Sie wurden, obwohl keineswegs auffällig, in 18 Jahren an 109 Tagen von einer Sumpfmeise aufgesucht. Man kann also Sumpfmeisen, die als ausgesprochene Einzelgänger nur sehr dünn gesät sind, durchaus als Experten für Hohlzahnsamen bezeichnen. Nur wenige Kilometer entfernt im wohlgepflegten Ortsbereich von Garmisch-Partenkirchen sind Sumpfmeisen regelrechte Raritäten. An einem Augusttag waren auf einer 6 Kilometer langen Linienkontrolle nur zwei zu entdecken, davon eine auf einem mit Steinen bedeckten Flachdach eines Gartenhauses. Hier hatten sich einige Stauden Stechender Hohlzahn festgekrallt, die auf den gepflegten Rasen des Ortes nirgendwo mehr zu finden waren. An fünf weiteren Morgenkontrollen war der Vogel immer auf dem Dach bei der Samenernte. Eine Bestandsaufnahme im Loisachtal, ebenfalls im August, ergab auf acht Kilometern Linienlänge eine einzige Sumpfmeise. Sie flog in einem Auengehölz immer wieder auf den Boden herunter, der mit Brennnesseln zwischen hohem Gras dicht bedeckt war. Mittendrin aber eine einzige Hohlzahnstaude, zielgerichtet von der Sumpfmeise angeflogen, die sich die Samen aus den tiefen Kelchen herausholte.

In langjährigen Bestandsaufnahmen ließ sich zeigen, dass die Verteilung der Amseln im Herbst in einer Kleinstadt maßgeblich vom Angebot an früchtetragenden Ebereschen (Vogelbeeren) bestimmt wird und Mönchsgrasmücken im Spätsommer und Herbst aus Plätzen verschwinden, an denen sie keine Beeren finden. An einem einzigen Kirschbaum fanden sich in 33 Jahren an 614 Tagen 16 Arten ein, von denen fünf auch ihre frisch flüggen Jungen mit Kirschen fütterten[30]. Das mag zwar für den Gartenbesitzer nicht gerade eine Empfehlung sein, zeigt aber eindrucksvoll die Bedeutung fleischiger Früchte als Überbrückungsnahrung für Gemischtköstler unter den Gartenvögeln.

Wenn man über Jahrzehnte in Gartenstädten auf Kontrollgängen Vögel beobachtet und zählt, erlebt man viele solcher kleinen Anekdoten im Vogelleben, die als interessante Einzelfälle oder kleine Episoden aber durchaus ein Bild ergeben: Nahrungsmangel ab Hochsommer. Der trifft nicht nur Samen- und Früchtefresser, sondern auch Kleintierjäger. Hausrotschwänze, Bachstelzen oder Mönchsgrasmücken verlassen, wenn ihre Jungen flügge geworden sind, rasch die Gärten in der Umgebung von Häusern und wandern in Gebiete mit größeren, weniger intensiv gepflegten Grünanteilen. In meinen Kontrollgebieten in und um Garmisch-Partenkirchen verschwindet ab Juli in Kontrollflächen mit regelmäßigem Rasenmähen und Rasenpflege die Hälfte der Haussperlinge. Gleichzeitig nimmt ihre Zahl auf Flächen mit einer wesentlich geringeren Mähfrequenz bis in den Winter hinein fast um das Doppelte zu. Wo aus Versehen in einigen Ecken „Unkrautfluren“ stehen bleiben, konzentrieren sich größere Schwärme. Ursache dieser sommerlichen Verschiebungen ist wahrscheinlich die traurige Tatsache, dass auf rasierten Grünflächen ab Hochsommer nicht einmal mehr Gräser Samen anbieten können. Wie lange solche Ausweichbewegungen im lokalen Brutbestand des engsten gefiederten Begleiters des Menschen noch keine negativen Auswirkungen erkennen lassen, bleibt offen.

Für die Beurteilung der Situation von Insektenjägern ist es weit schwieriger, die Probleme in unseren Gärten zu erkennen. Sorgfältige Protokolle von gut kontrollierten Einzelfällen sind gefragt, wie etwa das vom Schicksal einer Brut des Gartenrotschwanzes in einem Garten in der Schweiz[16]. Die fünf Nestlinge der ersten Brut starben, wahrscheinlich verhungert. Von der zweiten Brut flogen sechs Nestlinge aus, aber nur zwei überlebten. Ursache der hohen Jungensterblichkeit war vordergründig ungünstiges Wetter, aber eigentlich der Mangel an Insekten. Für junge Gartenrotschwänze bilden Insekten die Grundnahrung, Beeren und fleischige Früchte sind in der Regel nur Zusatzkost. Im Falle der zweiten Brut wurden den Nestlingen aber über 180 Traubenkirschen zugetragen und nach dem Ausfliegen war in einer Reihe von Regentagen Traubenkirsche so gut wie die einzige Nahrung. Auch an sonnigen Tagen konnten die Rotschwänze nur in den wärmsten Mittagstunden Insekten fangen und mussten sich an Traubenkirschen halten. Ein flüchtiger Beobachter würde also erfreut einen Strauch Traubenkirschen in seinem naturnahen Garten als wichtigen Beitrag zur Vogelernährung registrieren. Ist er auch, so wie dann im Spätsommer Schwarzer Holunder mit seinen Beeren von Grasmücken, Laubsängern oder Drosseln aufgesucht wird oder Amseln sich am roten Samenmantel der angepflanzten Eiben gütlich tun. Für Kleintierjäger sind aber mit solcher Überbrückungsnahrung die Probleme der Ernährung nicht gelöst, ihnen fehlen Insekten.

Der katastrophale Insektenschwund ist eine Folge von Neonicotinoiden, Glyphosat, Agrarindustrie und Flächenfraß. Er findet aber auch in den ordentlich gepflegten Gärten statt und wird daher nicht nur an der viel zitierten sauberen Windschutzscheibe erkennbar. Wo keine Brennnessel mehr stehen darf, fällt für Gimpel eine vorübergehend genutzte Nahrungsquelle aus, für manchen bunten Schmetterling aber die Lebensgrundlage. Autochthone (ortsansässige) Populationen von Kleinem Fuchs, Tagpfauenauge oder Admiral sind vielerorts verschwunden. Insektenschwund als eine „angebliche“ Behauptung im bundesdeutschen Wahlkampf des Herbstes 2017 lächerlich zu machen, um ihn parteipolitisch auszuschlachten, ist sicher kein Irrtum, sondern ein Skandal, von dem sich rücksichtslose wirtschaftliche Interessen Gewinn versprechen[17,18].

Besorgte Gartenfreunde beklagen das Verschwinden der Vögel, obwohl sie im Winter eifrig füttern. Fast nie wird zu erwähnen vergessen, dass überall so viele Elstern und Krähen lauern. Die Ursachen sind aber eindeutig andere, wenn nur in 10 bis 15 Prozent aller Hausgärten noch wenigstens kleine Flächen mit Blumenwiesen übrig bleiben[15]. Die Neigung zum Aufräumen nach Richard David Precht[1] hat Methode: Hausverwaltungen oder Hausmeisterservice schließen mit Hausbesitzern Verträge ab, in denen alle zwei Wochen Rasenmähen festgelegt wird. Die Kommune muss sich der intensiven Grünpflege anschließen und mäht Grünbegleitung von Straßensäumen und sogar entlang von Wanderwegen in einem gebührend breiten Streifen ab, selbst Baumscheiben zu Füßen von Alleebäumen werden nicht verschont. Man will dem Touristen und Urlauber schließlich ein ordentliches Bild bieten und den Vorwurf mancher Bürger, es würde durch Säumigkeit der Gemeinde Unkraut von öffentlichen Grünflächen in private Grundstücke einwandern, nicht auf sich sitzen lassen[19].

Vögel füttern – Vogelschutz (?) für jedermann

Irrtum

5. Vögel füttern ist ein Eingriff in die Natur, der eher schadet als nützt und allenfalls ohnehin häufige Arten fördert.

6. Vögel ganzjährig zu füttern ist schädlich oder zumindest sinnlos.

7. Futterstellen sind Keimzellen von Vogelseuchen.

8. Verbote, Wasservögel zu füttern, sind mit Artenschutz nicht vereinbar.

9. Fütterungen wiegen Umweltsünden auf und sind Ersatz für naturnahe Gärten. Der naturnahe Garten ernährt alle Vögel, die in ihm leben.

Die Entwicklungen in der Gartenpflege, aber auch die Fragmentierung der Lebensräume vieler Vogelarten, haben dem Vogelfüttern eine neue Bedeutung gegeben. Grundsätzlich kann zumindest auch ein sogenannter naturnaher Garten die Fütterung nicht ersetzen. Dazu produziert er viel zu wenig Nahrung. Nahe gelegene Ausweichgebiete sind beim heutigen Flächenfraß meist nicht vorhanden, energetisch verkraftbare Ausweichbewegungen zur Nahrungssuche wegen starker Verinselung von Biotopen in Siedlungen von Dorf bis Großstadt nicht möglich.

In den frühen Zeiten des Vogelschutzes sah man das Füttern der Vögel *„im allgemeinen als selten erforderlich"* an und wollte es vor allem auf Tage mit Schneefall, Glatteis und Raureif beschränkt wissen, dann aber als unbedingt nötige Maßnahme[20]. So entwickelte sich die an und für sich gute Idee der Winterfütterung mit der erstaunlichen Nebenwirkung in den Köpfen der Vogelfreunde, dass Fütterung außerhalb des Winters oder sogar Ganzjahresfütterung zumindest für viele Gartenvögel schädlich sei. Diese Annahme setzt voraus, dass sich Gartenvögel bei der Nahrungssuche und Fütterung ihrer Jungen ausgesprochen dumm verhalten und sich verleiten lassen, der Futterstellen wegen ihre Nestlinge mit unpassendem Futter zu versorgen oder sich selbst falsch zu ernähren.

Auch frisch flügge Jungvögel von Körnerfressern, die sich an Futterstellen einfinden, werden durch Körner- oder Weichfutterangebot nicht geschädigt. Der immer noch weit verbreiteten Meinung, zu den Grundlagen des Vogelschutzes gehöre Einstellung der Fütterung ab Frühjahr, um den Vögeln keine Schäden mit „künstlichem" Futter zuzufügen, liegt wohl eine Nachwirkung des Nützlings–Schädlings-Denkens zugrunde. Man verkündete als Lehrmeinung: Wenn man „nützliche" Gartenvögel im Sommer füttert, hält man sie davon ab, „Schädlinge" im Garten zu dezimieren. Das hat sich offenbar über die Jahrzehnte gehalten. Vertreter einer Ganzjahresfütterung werden mit der Scheinlogik einer sich in milden und warmen Zeiten selbst versorgenden Vogelwelt – und das in einer längst nicht mehr vorhandenen, ausreichend Nahrung produzierenden Umwelt (!) – belächelt oder gar „widerlegt".

Man darf nicht übersehen, dass sich hervorragende Vogelkenner energisch gegen das Vogelfüttern ausgesprochen oder zumindest seinen Wert angezweifelt haben. Am eindeutigsten äußerte sich der mit einer ornithologischen Dissertation promovierte Otto Schnurre (1894-1979); er war sich sicher, dass die Mehrzahl der Ornithologen das in Kreisen des Vogelschutzes so beliebte Füttern ablehnt. Künstliche Winterfütterung sei *„eine imaginäre Teilaufgabe"* des Vogelschutzes: *„Der Wert ist nicht etwa gleich Null, sondern müsste durch eine Minusgröße ausgedrückt werden"*. Eine solch harte Haltung in der ersten Hälfte des 20. Jahrhunderts hatte einen Hintergrund, der auch heute noch manchmal anklingt, besonders wenn jemand Schaden oder auch nur Unordnung durch angefütterte Vögel wittert. Durch das künstliche Vogelfüttern würde der Kreislauf der Natur gestört, meinten die besorgten Vogelkenner, die noch der Auffassung waren, in die ungestörte Natur in Wald und Flur dürfe nicht eingegriffen werden und in den Ortschaften habe *„die Vogelwelt ohnehin erleichterte Existenzbedingungen"*[21]. Dieses Szenario, wenn es denn jemals bestanden haben sollte, ist längst Utopie. Aber auch „natürliche Kreisläufe" geraten durch einige Futterstellen nicht außer Kontrolle.

Fest steht, dass die Produktpalette Vogelfutter und Futtergeräte heute einen nicht unerheblichen Wirtschaftsfaktor ausmacht und nicht alles, was industriell produziert wird, auch wirklich brauchbar sein muss. Durchaus sinnvoll sind ferner Verbote, Wasservögel mit Brotmengen und anderem Abfall in Stadtgewässern, aber auch draußen am Seeufer, in Massen zu füttern, ebenso wie Straßentauben an Straßen und Plätzen, denn sie verhindern negative Folgen, nicht nur für Menschen, durch Verkotung von Bade- und Liegewiesen oder Hausfassaden. Normalerweise fördert regelmäßige Wasservogelfütterung Eutrophierung von Uferabschnitten oder kleinen Gewässern enorm und mindert durch starkes Algenwachstum auch das natürliche Nahrungsangebot für Wasservögel.

Futterrezepte, Methoden der Fütterung, aber vor allem auch Fachkenntnisse des Biologen mit reicher, persönlicher, experimenteller Erfahrung rund um das Vogelfüttern bietet das Buch von Peter Berthold und Gabriele Mohr[22], das auch mit vielen Irrtümern und allerlei überliefertem Unsinn aufräumt. Eine eingehende Beratung auf wissenschaftlicher Grundlage und eine Empfehlung für ganzjähriges Füttern bieten auch Anita und Norbert Schäffer. Um den immer wieder aufkommenden Ängsten über Futterstellen als Ansteckungsherde für Krankheiten von Vogel und Mensch zu begegnen, bedarf es einiger Sorgfalt und den Einsatz von Futtergeräten, in denen Futter aus einem geschlossenen Behälter nach Bedarf nachrutschen kann und daher nicht mit Vogelkot in Berührung kommt[23].

Infektionskrankheiten bei Vögeln, die Futterstellen besuchen, können eine weite Verbreitung erreichen, wie Infektion mit dem Einzeller *Trichomonas galliae,* die in Europa an verschiedenen Stellen bei Felsentauben oder Habichtsadlern nachgewiesen wurde und sich bei Buchfinken und vor allem Grünfinken seit

2005 in Europa großflächig ausbreitete. Zunächst in Großbritannien, dem Land intensiver und begeisterter Vogelfütterung, entdeckt, erreichte die Krankheit 2008 Finnland[24] und ein Jahr später auch Deutschland. Hier breitete sich die Seuche, die für den Menschen ungefährlich ist, rasch aus und erreichte auch das Alpengebiet. Bis Ende 2017 waren die Bestandseinbrüche bei Grünfinken im Unterschied zu Buchfinken deutlich zu erkennen. Wie es weiter geht, ist noch offen. Die Vogelschutzverbände rieten, die Fütterung einzustellen. Ob und inwieweit Gartenvogelfütterung als Keimzelle der Seuche und Vehikel ihrer Verbreitung in Frage kommt, ist aber noch nicht restlos geklärt. Vorsichtsmaßnahmen und ständige Kontrolle von Futterstellen sind immer angebracht[25].

Sommerliche Futterstellen könnten auch zunächst kaum bedachte Auswirkungen haben. In einem städtischen Versuchsgelände in England hat man mit sorgfältig geplantem Angebot an Kunstnestern ermittelt, dass die Nestverluste durch Elster, Eichelhäher und Grauhörnchen (das hier das europäische Eichhörnchen ersetzt) in der Nähe von Futterstellen signifikant zunahmen, obwohl das Futterangebot für die drei Nesträuber nicht zugänglich war[29].

Zum Thema Vogelfütterung gibt es noch viele Wissenslücken und daher Forschungsbedarf. Immer noch nicht befriedigend geklärt ist etwa, wie sich Fütterung auf die individuelle Fitness (S. 118 f.) oder das Zusammenleben von Gartenvögeln auswirkt[23]. Nachdenkliches kommt aus ersten Untersuchungen in Berlin: In Nestern von Blau- und Kohlmeisenweibchen, die nachweislich (Vergleich stabiler Isotope) während der Fortpflanzungszeit viel Nahrung von Meisenknödeln aufgenommen hatten, schlüpften weniger Junge als bei Artgenossen in Kontrollgebieten ohne Fütterung. Allerdings waren die im Gebiet mit Zufütterung geschlüpften Nestlinge schwerer und größer als die von Müttern ohne Meisenknödelfutter[32]. Gleich von Folgen einer „Wohlstandsverwahrlosung" zu sprechen, ist natürlich verfrüht. Weitere Ergebnisse sind nötig, um zu erkennen, ob sich solche Befunde verallgemeinern lassen. Aus rasch aufgestellten Regeln ohne sorgfältig erforschten Hintergrund ist gerade in der Geschichte des Vogelfütterns schon mancher Irrtum erwachsen. Fest steht, dass in Gärten heute wesentlich größere Nahrungsengpässe entstehen als noch vor Jahrzehnten.

Vogelfüttern ist zumindest in Europa, Nordamerika und Australien zum häufigsten Engagement für den Vogelschutz geworden; ob es wirklich Vogelschutz bedeutet, mag man immer noch als umstritten ansehen. Jedenfalls bedeutet es in Siedlungsgebieten eine Hilfe für das Überleben vieler Individuen und damit für sich selbst erhaltende Populationen. Und dass sich manche Arten regelrecht auf Futtergaben einstellen, hat nichts mit bedenklichen Eingriffen in irgendein natürliches Gefüge der Natur zu tun, die sich ja längst nicht mehr frei entfalten kann. Kritisch wird es nur, wenn das gefüllte Futterhaus als willkommenes und billiges Alibi pharisäerhaft vorgeschoben wird, um Nichtstun oder zerstörerische Aktionen nach menschlichem Gusto im Garten und ums Haus als „Pflege" und „Ordnung" zu verschleiern. Aber Vögel an der Futterstelle öffnen den Zugang zur Natur und wecken das Interesse für ihre Geschöpfe. Vögel füttern erhält damit einen enormen Wert für die Allgemeinbildung über Natur vor der Haustür. Grund genug für die Forschung, sich näher damit zu befassen.

Der Garten mag ein Stück Erholungsraum für den glücklichen Menschen sein, der darüber verfügen kann. Eine abgeschirmte Insel der Glückseligen ist er nicht. Gartenvögel lenken den Blick über den Zaun auf Zusammenhänge und fordern Zugeständnisse an Natur, die nicht immer allen Wünschen einer für das Auge des ordentlichen Menschen gefälligen Gartenpflege entgegenkommt. Die Aktionen „Stunde der Gartenvögel" und „Stunde der Wintervögel" stehen dafür, dass es hoffentlich nicht bald zur letzten Stunde für Gefiederte in unserem täglichen Umfeld kommt.

„Wandervögel geblendet und getötet von der Fackel in der Hand der Freiheitsstatue im Hafen von New York. Dreizehnhundertfünfundsiebzig in einer Nacht."
Xylographie Gartenlaube 24, 1887

Lärm, Licht und Scheibentod – Vogelprobleme in der Stadt

„Städte sind Vogelland" heißt es noch vor wenigen Jahren in einem Buch, das sich mit den Bestrebungen des Naturschutzes kritisch auseinandersetzen wollte. Der Autor preist die Zunahme der Vögel in den Städten und wirft den Naturschützern vor, ihre Schutzbemühungen auf Gebiete außerhalb der Städte konzentriert zu haben und deswegen erfolglos geblieben zu sein. *„Währenddessen nahmen die Vögel in den Städten ganz von selbst zu"*[1]. So schön und einfach ist es leider nicht. Die Stadt als Vogelparadies hochzujubeln wurde Mode und dadurch entstanden viele Irrtümer, aber auch eine zunehmend intensive Forschung der Ökologie der Stadtvögel[2].

Städte: Zufluchtsorte und Notstandsgebiete

Zunächst wunderte man sich, dass manche Vögel in Stadtbiotopen häufiger wurden und es ihnen anscheinend in der Stadt besser ging als draußen. Paradebeispiel ist die Amsel, die sich im Laufe des 19. und 20. Jahrhunderts vom scheuen Waldvogel zum Siedlungsfolger entwickelte, ohne aber altes Siedlungsgebiet wie

Wälder und halboffene Landschaften zu räumen. Dass die Stadtamseln im Unterschied zu den Waldamseln ihr Zugverhalten aufgegeben haben, stimmt aber in dieser immer wieder zu lesenden pauschalen Annahme nicht. Bei Amseln findet sich eine unterschiedliche Neigung zwischen den Geschlechtern und auch wohl zwischen Alt und Jung, in ein entlegenes Winterquartier abzuwandern. Männchen neigen weniger dazu, im Herbst wegzuziehen als Weibchen, und Jungvögel ziehen zumindest in manchen Gegenden häufiger ab als Altvögel. Im Einzelnen ist aber das Bild der Wanderungen europäischer Amseln außerordentlich kompliziert. Im „Atlas des Vogelzugs" sind nicht weniger als 14 Karten nötig, um die Verhältnisse in Deutschland zusammenfassend darzustellen[3].

Irrtum

10. Menschliche Siedlungen sind Vogelparadiese. Um „Allerweltsvögel" in Städten braucht man sich keine Sorgen zu machen.

11. Viele Stadtvögel können draußen in „freier Natur" nicht mehr überleben, weil sie sich einem anderen Leben angepasst haben.

Einem anderen klassischen Siedlungsfolger, der nur in der Nähe und in menschlichen Siedlungen brütet, geht es dagegen als Stadtvogel weniger gut. Seit den 1970er Jahren bemerkt man einen allgemeinen Rückgang des Haussperlings, der aus manchen Innenstadtbezirken mittlerweile verschwunden ist oder in Städten sehr stark abgenommen hat. Diese Entwicklung scheint europaweit mit dem Wachstum der Städte und der Bauverdichtung in ihnen eingetreten zu sein. Für den nahe verwandten und jetzt oft als eigene Art betrachteten Italiensperling in der Lombardei[4] gilt dies ebenso wie für die Haussperlinge in Valencia[5], in Edinburgh[6] oder in Hamburg[7] und inzwischen in den meisten europäischen Großstädten. Nahrungsmangel als Folge zunehmender Versiegelung der Böden und Nistplatzmangel in modernen oder sanierten Gebäudekomplexen gelten als Ursachen dieser Entwicklung. Aber auch Gartenstädte bieten zunehmend dürftigere Lebensgrundlagen (S. 13 f.).

Andererseits sind erstaunliche und überraschende Entwicklungen eingetreten, die durch zahlreiche moderne Vogelkartierungen in Großstädten erfasst wurden und daher nicht nur als Ausnahmeerscheinungen zu gelten haben. Die aktuell verblüffende Entwicklung beim Wanderfalken ist bei näherem Zusehen das Ergebnis einer langen Geschichte. Im Handbuch der Vögel Mitteleuropas wird 1971 ausführlich auf Biotop und Neststand des Wanderfalken eingegangen, der damals am Tiefpunkt seiner Bestandsentwicklung und damit am Rand des Aussterbens stand. Unter Neststand in Europa liest man hier lediglich „(*ausnahmsweise Gebäude*)“. Nur ganz beiläufig wird auf Wanderfalkennester inmitten von Städten hingewiesen, die, von wenigen Ausnahmen abgesehen, kurzfristig bestanden[8]. In Großbritannien lag der damals als ideal ermittelte Wanderfalkenbrutplatz mindestens 800 Meter von der nächsten menschlichen Siedlung entfernt.[9] Wanderfalken bauen keine Nester, sondern legen ihre Eier auf eine Plattform, sei es auf einem Felsband, einem verlassenen Baumhorst oder auf dem Boden. In der Nistplatzwahl gibt es geographische Unterschiede. Wenn man in der Geschichte gräbt, findet man im Gebiet der Felsbrüter seit der Wende zum 20. Jahrhundert immer wieder Nachrichten über Wanderfalken, die an Gebäuden brüteten. In der von Theodor Mebs (1930-2017) nach mühevoller Recherche zusammengestellten Liste finden sich vor allem Ruinen, Burgen, Türme, Kirchen und Hochhäuser in fast allen Ländern Europas von der Frauenkirche in München bis zur Kathedrale von Lund als Wanderfalkenbrutplätze. Gesicherte Fälle wurden auch aus Kenia, Kanada und den USA bekannt. Nirgendwo kam es zu einer dauerhaften Ansiedlung oder gar zu einer Stadtpopulation[10].

Aber auch aus einzelnen Episoden lassen sich in der Biologie manche Einsichten ableiten: Die historischen Gebäudebruten an Ersatzfelsen markierten nicht den Beginn einer Einwanderung in menschliche Ballungsräume. Wanderfalken suchen moderne Städte gern als Winterquartiere auf und nutzen günstiges Nahrungsangebot, vor allem Straßentauben. Wahrscheinlich führten verschiedene Umstände dazu, dass sich Wanderfalken heute in Industrieanlagen und inmitten von Großstädten auch als Brutvögel ansiedeln. Schutzbemühungen ganz unterschiedlicher Art, den aussterbenden Falken zu retten, sind daran sehr wesentlich beteiligt.

In Baden-Württemberg baute im Winter 1968/69 der Apotheker Friedrich Schilling (1924-2017) den ersten „Kunsthorst“ in der Schwäbischen Alb, um einem Wanderfalkenpaar eine sichere Brutmöglichkeit zu bieten[11]. Er leitete damit eine neue Ära in den Schutzbemühungen um die letzten Wanderfalkenpaare in Deutschland ein. Man verbesserte zunächst im Gebiet der Felsbrüter Brutnischen und Felslöcher oder installierte Nisthilfen, um den Bruterfolg zu verbessern. Damit waren auch „Umsiedlungen" von traditionell besetzten, mittlerweile aber durch Wanderer, Kletterer, Gleitschirmflieger oder auch Steinmarder gestörten und für das Hochkommen der Brut zum Risiko gewordenen Felsen an weniger gefährdete Plätze möglich. Jetzt gab es Chancen für Wanderfalkennachwuchs in stillgelegten Steinbrüchen oder kleineren, für Freizeitmenschen weniger attraktiven Felspartien. Nisthilfen an Gebäuden, Brücken oder Strommasten waren der nächste Schritt zu vielen erfolgreichen Bruten und leiteten die Einwanderung des großen Falken in Städte ein. Hoch- und Großbauten sind bei ihm beliebt, wenn an ihnen künstliche Nisthilfen angebracht werden können und dürfen. Erholung des Gesamtbestandes in Europa oder zumindest eine gute Nachwuchsrate, Auswilderung gezüchteter Falken und tolerante Einstellung einer gut informierten Bevölkerung spielten hier natürlich mit, wie auch gutes Nahrungsangebot durch Straßentauben[11].

Der Bericht über den neuesten Stand 2017 in Baden-Württemberg, dem klassischen Land der Arbeitsgemeinschaft Wanderfalkenschutz, belegt mit einer eindrucksvollen Bildergalerie, wie Wanderfalkenbruten im menschlichen Alltag zu spannenden Ereignissen geworden sind. Allerdings besteht auch Grund zur Sorge, denn in diesem Bundesland ist die Zahl der Revierpaare schon im fünften Jahr in Folge zurückgegangen, doch hat die Zahl der ausgeflogenen Jungen zugenommen, wohl eine Folge günstiger „künstlicher" Nistplätze[65].

Nisthilfen laden nur zu einer Brut ein. Was folgt, bleibt offen. Gute Erfolgsaussichten setzen oft sorgfältig geplante Bruthilfen voraus, denn an hochragenden Industriegebäuden herrscht oft buchstäblich rauer Wind. Auf den flüggen Nachwuchs warten in der Industrie- und Stadtlandschaft dann besondere Herausforderungen. So mussten entkräftete Jungfalken wieder aufgepäppelt werden. Manche konnte man nur noch als Mumie aus Kaminen und Schächten herausziehen. Das wechselvolle Schicksal von Wanderfalkenansiedlungen ist in einer Reihe von Beispielen dokumentiert. Eine sorgfältige Chronik über 22 Jahre an einem Fabrikschornstein bei Berlin mit teilweise individuell bekannten Akteuren zeigt, wie Attraktivität von Hochbauten, gut aufeinander eingestimmte Brutpartner, aber auch Partnerwechsel, gute Nahrungsgrundlage und überdurchschnittliche Reproduktion, sowie hohes Unfallrisiko für Alt- und Jungfalken als multifaktorielles Gefüge die Stadtsiedlungen des Fels- und Baumbrüters begleiten und steuern[62]. Hilfe und Überwachung von Wanderfalkenschützern ist also häufig vonnöten[12]. Mittlerweile haben Wien, München, Augsburg, Chemnitz, Hannover, Berlin und viele andere Städte ihre Wanderfalken, die sich hoffentlich auch dort behaupten können[13], und über großstädtische Wanderfalken in New York und anderswo wurden bereits stattliche Bücher geschrieben[14].

„Tatsache ist, dass sich Natur in der Stadt vielerorts leichter entfalten kann als in Feld und Flur. So leben heute in unseren Städten auf engem Raume mehr Vögel als in unseren Wäldern…[15]*"*. Solche pauschal vorgetragenen Erkenntnisse in einem Buch über Vögel in der Stadt sind natürlich nicht aus der Luft gegriffen, denn je nachdem, wie man Zahlen interpretiert, lassen sie sich mit Statistiken belegen, können aber andererseits zu irrtümlichen Schlussfolgerungen führen und als kritische Positionen gegenüber Bemühungen des Naturschutzes ausgesprochen kontraproduktiv wirken. Dann müsste der Vogelschutz ja möglichst überall in Wald und Flur den Bau von Städten befürworten, um Vögel zu erhalten! Und der Vergleich von Artenlisten der Stadt mit solchen von Wald und Flur übersieht, dass innerhalb von Städten meist eine Reihe von Wasservögeln brüten kann, die man in der Agrarlandschaft oder im Wald natürlich nicht entdecken wird. In London brüteten zum Beispiel um 1970 nicht weniger als 29 Wasservogelarten, im deutlich kleineren Osnabrück kurz nach 2000 immerhin 13[16, 17]. Ohne Abstimmung auf die ökologischen Voraussetzungen Artenzahlen in einen Topf zu werfen, führt oft zu irreführenden Schlüssen.

Die überschwänglich positive Einschätzung der Avifauna von Städten wird zunächst durch eine stattliche Reihe von umfangreichen Brutvogelkartierungen und avifaunistischen Erfassungen in Großstädten unterstützt. Dass kein mitteleuropäisches Vogelschutzgebiet vergleichbarer Größe so vielen Vögeln Platz bieten kann wie Berlin oder Hamburg, wird oft behauptet und stimmt wahrscheinlich auch, wenn man nur die Vogelmenge betrachtet. Allerdings gibt es als Vergleichsgrundlage auch kaum eine ausreichende Zahl von Vogelschutzgebieten mit der Flächengröße dieser beiden Stadtbezirke. Bekannt ist, dass die Dichte mancher Brutvögel in Stadtparks wesentlich höher sein kann als in benachbarten Waldstücken[18]. Stadt ist aber nicht gleich Stadt. Verwaltungsbezirke einer Großstadt umschließen nicht nur Gebäude, Plätze und Straßen fast ohne Vögel, sondern oft auch Naturschutzgebiete, die mit Stadtgrün oder Gewässern Lebensinseln im Häusermeer oder an seinen Rändern darstellen. So zeigt sich bei genauem Hinsehen bald, wie unkritisch präsentierte Zahlen Irrtümer befördern, denn vieles spricht gegen die Stadt. So ließ sich statistisch nachweisen, dass mit zunehmender Siedlungsdichte der Menschen die Zahl der regelmäßigen Brutvogelarten auf gleichgroßen Flächen abnimmt und der

Unterschied großflächig 10-15 % ausmachen kann. Vor allem der Anteil wenig häufiger Arten liegt in sehr dicht besiedelten Gebieten deutlich niedriger[19]. Damit ist aber der Umkehrschluss, wo keine oder wenige Menschen leben, gäbe es größeren Artenreichtum, natürlich keineswegs bewiesen.

Großräumig verhalten sich Artenzahlen und Artenspektren in Städten und regionalen Artengruppierungen ähnlich. In den Mittelbreiten ändert sich der Artenreichtum über die Breitengrade. Doch tendieren Stadtavifaunen dazu, relativ einförmiger zu sein. Städte verringern demnach die Artenvielfalt über Regionen durch „Gleichschaltung", weil in ihnen überall nur eine bestimmte Artenauswahl die Brutvogelfauna zusammensetzt[20]. Wissenschaftlich spricht man von einer funktionalen biologischen Homogenisation. Weitere Untersuchungen bestätigen, wie behutsam man mit der Bewertung von Städten als Vogelparadiese umgehen sollte. Schon 1968-1972 präsentierte eine sorgfältige Kartierung der Brutvögel Londons einen klaren Gradienten der Artenvielfalt vom Stadtzentrum gegen den Rand. Auf Quadraten von je 3,4 Quadratkilometern brüteten in der Innenstadt durchschnittlich 22, im inneren Vorstadtring 37, im äußeren Vorstadtring 44 und in den anschließenden ländlichen Gebieten des Stadtgebiets 52 Vogelarten[16]. Ähnliches ist mit Diversitätindices, die nicht nur Artenzahlen, sondern auch die Verteilung von Individuen über die Arten charakterisieren, der Fall. Im kanadischen Quebec wie im französischen Rennes, also auf zwei Kontinenten, ließ sich ein positiver Gradient von der Innenstadt nach außen in die ländliche Umgebung nachweisen[21].

Auch in kleinerem Maßstab weisen sorgfältige Zählergebnisse in eine ähnliche Richtung. 720 monatliche Zählungen 2010-2012 in einer alpinen Kleinstadt auf je zehn Planquadraten von 7,6 Hektar zusammenhängend bebaut innerorts und mit Wald- und Wiesenanteilen am Ortsrand ergaben für Arten, die auch die Brutvögel stellten, einen Mittelwert über alle Monate von innerorts 15 und am Ortsrand 24, für Gastvogelarten ohne Brutvorkommen in der Gegend drei beziehungsweise sechs. In jedem Monat schnitten die Flächen am Ortsrand besser ab als die innerorts. Was die Artenvielfalt betrifft, waren die Verhältnisse also eindeutig. Die Individuensummen aber waren vom Oktober über das Winterhalbjahr bis in den Juni hinein sowohl von Brut- als auch von Gastvögeln innerorts höher. Die größten Unterschiede zeigten sich im Februar, also gegen Ende des Winters. Vogelfütterung im Ort und sicher auch milderes Ortsklima im winterlich rauen Alpental machten die Stadt attraktiv und lockten Vögel zwischen die Häuser. Ab Juni aber, also gegen Ende der Brutzeit, brach der

Individuenüberschuss innerorts zusammen, obwohl mit den flüggen Jungen eigentlich ein Anstieg zu erwarten gewesen wäre. Offensichtlich verließen viele Brutpaare, nach dem Ausfliegen der Jungen nicht mehr an Revier und Nest gebunden, die dicht bebauten Flächen und auch die flüggen Jungvögel suchten in der nachbrutzeitlichen Dispersionsphase ihr Glück anderswo. Nahrungsmangel mitten im Sommer ist wohl die Ursache dieser auffallenden saisonalen Dynamik. Erst mit den in der Regel nur kurzfristigen Besuchen von Durchzüglern im September/Oktober stiegen die Individuenmengen im Stadtgebiet wieder [22]. Die Beziehungen zwischen Stadt und Umland sind durch manche Wechselwirkungen also komplizierter als man annehmen möchte, vor allem wenn man die Aufenthaltsdauer im Jahreszyklus untersucht.

Die Stadt bietet wohl manche Vorteile. Eine Reihe von untersuchten, oft aber nur vermuteten Faktoren in der Stadt scheint sich für Vögel günstig auszuwirken, wie milderes Klima, weniger Beutefeinde, zumindest in manchen Jahreszeiten erheblich günstigeres Angebot an Nahrung, günstige Habitatstrukturen in vielen größeren Stadtparks, Habitate, die es draußen nicht mehr gibt, wie etwa Magerbrachen, günstige Neststandorte unterstützt durch Nisthilfen für Höhlenbrüter. Abbau von Fluchtdistanzen und Fluchtverhalten vor desinteressierten oder vogelfreundlichen Menschen kann eine große Rolle spielen.

Graureiherkolonien in Städten waren noch vor gut einem halben Jahrhundert eine ganz außergewöhnliche Ausnahme. Mit Abnahme und Einstellung der Verfolgung des Fischjägers hat offenbar die Fluchtdistanz der Reiher vor Menschen abgenommen (S. 171 f.). Man kann heute nicht nur einzelne Graureiher an Gewässern mitten in der Stadt sitzen sehen, sondern in manchen Stadtgebieten auf starke Brutkolonien stoßen. In Brüssel brüteten die ersten Paare 1966. 1969 waren es schon 12 Nester. Die Kolonie wuchs in einem der Öffentlichkeit nicht zugänglichen städtischen Waldstück bis 1990 auf über 200 Brutpaare zur größten Kolonie Belgiens heran[23]. Bei einzelnen Stadtvögeln lassen sich Entwicklungen durch Analysen von Beobachtungsserien und Kontrollen gut nachverfolgen und auch Gründe finden, die zu Stadtpopulationen geführt haben.

Zu prüfen ist aber auch, wie es außerhalb der Stadt aussieht. Und da spricht vieles für die Stadt, denn nicht nur Flächenfraß in Städten und Dörfern und in ihrem Umfeld, sondern auch moderne, in der Regel als ordnungsgemäß bezeichnete Forst- und Agrarnutzung vernichten aus vielen Gründen Artenvielfalt. Vogelleere Fluren und vogelarme Forste breiten sich erschreckend aus. So haben manche Vogelarten Biotopoasen in Städten entdeckt und manche Gartenstadtviertel, gewissermaßen halb urbanisierte Lebensräume, sind zu Zentren der Vielfalt geworden, die sowohl in den innerstädtischen Bezirken als auch in der Agrarlandschaft längst verschwunden ist. In Großbritannien hat man durch Umfragen herausgefunden, dass unter 21 häufigen Arten die Bestandsgrößen für immerhin 13 auf Privatgrund um Häuser landesweit merklich höher sind als bisher vermutet[24]. Aber nicht nur der Einwanderung verdanken Städte ihr Vogelleben, viele Populationen hat sicher auch die zunehmende Ausdehnung von Verstädterung in ihren angestammten Lebensräumen eingeholt.

Die komplexen Beziehungen zwischen Vorteilen und Gefahren des Stadtlebens geben noch viele ungelöste Fragen auf. Warum profitieren bestimmte Arten offensichtlich vom Stadtleben während andere in der Stadt erfolglos sind? Entscheidend ist oft wohl nicht so sehr die Frage, wie viele Vögel einer Art in einer Stadt leben oder sich vorübergehend dort aufhalten, sondern wie es ihnen geht und wie lange ihre Populationen durchhalten. Auch über spektakulären „Eroberungen" und längst etabliertem Vogelalltag in der Stadt schwebt folgenschwere und sich zunehmend beschleunigende Stadtentwicklung mit allen ihren Facetten als Damoklesschwert. Stadtvögel sind oft mit plötzlichen, einschneidenden, gewissermaßen über Nacht hereinbrechenden Änderungen in ihrem Lebensraum konfrontiert. Artenlisten und Bestandsaufnahmen von Brutvögeln haben in Stadtgebieten daher vielfach nur kurze Geltungsdauer.

Wie geht es Stadtvögeln? Zu dieser Frage haben vor allem die als Forschungsobjekte so beliebten Meisen einiges beigetragen, auch, dass wieder einmal eine kurze einfache Antwort zu Irrtümern führen könnte. In und um Dijon waren bei Blau- und Kohlmeisen in städtischer Umgebung Bruterfolg und Gelegegröße geringer, Gelege- und Brutverluste höher und die Überlebensraten der erwachsenen Vögel niedriger. Ein Teil dieser negativen Auswirkungen ging auf geringere Wachstumsraten im Embryonalstadium und während der Nestlingszeit zurück. Eine der wichtigsten ökologischen Gründe dafür war wohl das geringere Nahrungsangebot[41]. In und um Helsinki ergab sich für die beiden Meisen in der Stadt geringere Gelegegröße. Pro gelegtes Ei, pro Brutversuch oder pro erfolgreicher Brut war die Produktion an flüggen Jungvögeln in der Stadt geringer, doch pro Fläche flogen in den Stadtparks mehr Junge aus. Unterschiede in der Insektenmenge konnten nicht festgestellt werden, so dass genereller Nahrungsmangel wohl kaum als Grund für diesen Befund in Frage kam. Das Winter- und Frühjahrswetter scheint an diesen Ergebnissen eine entscheidende Rolle gespielt zu haben. Schlechte Nahrungsversorgung der Meisen vor dem Brutbeginn war Ursache für kleinere Gelege in der Stadt. Relativ hohe Dichte der Brutpaare in der Stadt erschwerte die Nutzung des später reichen Nahrungsangebots für jede einzelne Brut, so dass also die hohe Dichte in Stadtparks die geringe Erfolgsrate der Bebrütung und der Fütterung der Nestlinge erklärt[42]. In einer dritten Studie an Kohlmeisen macht man den Verkehrslärm für schlechteren Reproduktionserfolg verantwortlich[43].

Erfolgsgeschichten müssen also kritisch über längere Zeit kontrolliert werden, um sich als solche zu beweisen. Es könnte nämlich auch sein, dass die Stadt zur ökologischen Falle wird. Nach Literaturauswertungen haben Greifvögel und Falken, die Positionen am Ende von Nahrungsketten einnehmen, im Vergleich zur ländlichen Umgebung in Städten größere Bruten bei früherem Brutbeginn. Aber in einigen Fällen wurden im städtischen Umfeld weniger Junge flügge. Mangel an Beutetieren könnte daran schuld sein, aber in einigen Fällen waren Störungen durch Menschen die Ursachen. Beuteangebot aber scheint eine wesentliche Voraussetzung für Erfolg zu sein. In diesem Zusammenhang hat der einstmals am Rand des Aussterbens stehende Wanderfalke ganz offensichtlich als Taubenjäger von der Stadt profitiert – bis jetzt jedenfalls. Dagegen hat der dem Namen nach bereits von der Stadt vereinnahmte Turmfalke als ursprünglicher Kleinsäugerjäger in modernen Großstädten offensichtlich Probleme, sich zu behaupten[66]. Aber mittlerweile sind Stadtturmfalken auch teilweise auf die Vogeljagd umgestiegen[67]. Vielleicht sichert das ihre Zukunft in der Stadt.

Der Lärm nimmt zu

Irrtum

12. Vögel gewöhnen sich an Lärm und werden von ihm kaum gestört.

Ein Störeffekt der allgemeinen Verstädterung ist der Lärm, der weltweit zunimmt. Verkehrsadern bringen den Stadtlärm des Verkehrs auch nach draußen in sonst noch wenig gestörte Lebensräume. Vögel scheinen sich unterschiedlich von Lärm gestört zu fühlen, je nachdem, ob sie Dauerlärm, etwa von Verkehrswegen und Industrieanlagen ausgesetzt sind, oder plötzlichen, einzelnen Lärmereignissen, wie etwa Feuerwerk, Explosionen, auf den Boden knallende Gegenstände oder zuschlagende Türen. Schon relativ geringe Lautstärke eines plötzlichen Lärmereignisses, vor allem auch ein ungewohnter metallischer Laut lässt Vögel auffliegen, während andererseits Amseln, Kohlmeisen oder Buchfinken scheinbar ruhig auf einem Baum sitzen bleiben, wenn unter ihnen tosender Verkehr tobt. Auch einzelne mit lautem Geräusch passierende Fahrzeuge scheinen vor dem allgemeinen Verkehrslärm keine Reaktion auszulösen.

So ist die Auffassung weit verbreitet, Vögel würden sich an regelmäßigen Lärm in ihrer Umgebung erstaunlich gut gewöhnen, auch bei hohem Schalldruckpegel. *„Das heftige beiderseitige Artilleriefeuer störte sie nicht in ihrem Treiben und zu Dutzenden hingen sie zwischen unserem und dem feindlichen Graben singend in der Luft“* schrieb Werner Sunkel (1893-1974) über singende Feldlerchen in den fürchterlichen Kämpfen 1915 der zweiten Flandernschlacht bei Ypern[25]. Die Störwirkung von Lärm auf Vögel scheint ganz allgemein geringer zu sein als die von optischen Reizen, vor allem wenn Bewegungen wahrzunehmen sind. In einer Silvesternacht sind es aber wohl vor allem die Knallereien, weniger die optischen Reize, die Vögel erschrecken, wie aus den umfangreichen Recherchen von Hermann Stickroth hervorgeht[26].

Erst neuerdings hat man sich eingehender mit den Folgen von Lärm auf Vögel befasst und herausgefunden, dass die immer wieder zu beobachtende „Gewöhnung“ an Dauerlärm durchaus eine Täuschung von Vogelbeobachtern sein kann. Lärm ist auch bei Vögeln mit physiologischem Stress verbunden[27]. Er kann natürlich auch andere physiologische Schäden, etwa am Gehörorgan, verursachen und auch verhindern, dass wertvolle und wichtige Lebensoasen in der Stadt besiedelt werden. In Belo Horizonte, einer Großstadt in Südostbrasilien, nahm die Artenvielfalt der Vogelwelt in den Stadtparks mit zunehmender Stärke des Verkehrslärms ab[28], ebenso der Artenreichtum mit zunehmender Nähe zur Autobahn durch einen Eichen-Buchenwald bei Würzburg[31].

Akustischer Kontakt ist für Vögel lebenswichtig. Gesang und Rufe und manchmal auch „Instrumentallaute“ vermitteln Informationen, auch über Entfernung, um eine Ecke oder aus einem Versteck, Sichtkontakt ist nicht unbedingt nötig. Umgebungslärm kann die Effektivität von akustischen Signalen beeinträchtigen. Dies betrifft Sender wie Empfänger. Rufe haben oft einen unmittelbaren Zusammenhang mit einer Situation und können über Leben und Tod entscheiden. Der Gesang ist mit der Fortpflanzung verbunden. Lärmsmog oder Lärmverseuchung in modernen Städten bleibt daher nicht ohne Folgen für Stadtvögel oder Brutvögel entlang einer belebten Verkehrsader und kann sich in der Populationsdynamik auch langfristig auswirken. Zu bedenken sind ferner besondere akustische Bedingungen in der Stadt mit vielen Häuserfronten, die den Schall reflektieren. Voneinander getrennte und mehr oder minder isolierte Biotopinseln oder höhere Siedlungsdichte innerhalb lokaler Brutpopulationen in der Stadt könnten für die Entwicklung von Gesangseigentümlichkeiten Folgen haben[2]. Finden Vögel wie Eulen, die auf akustische Ortung ihrer Beute angewiesen sind oder zumindest akustische Hinweise bei der Suche nach bodenbewohnenden Nahrungstieren nutzen, wie manche Drosseln, im Stadtlärm noch ihr Auskommen?

Inzwischen hat man mit modernen Geräten zahlreiche Besonderheiten im akustischen Verhalten von Stadtvögeln festgestellt und den „City Slang" oft als Anpassung an das Stadtleben betrachtet[29]. Aber so recht weiß man noch nicht, ob es sich in vielen Fällen tatsächlich um mehr als nur eine Reaktion der Not gehorchend von Vögeln in der Stadt handelt oder eine Folge von Stress[30]. Stadtvögel singen lauter, höher, eiliger, kürzer oder länger als ihre Artgenossen draußen auf dem Land. Um im Verkehrslärm gehört zu werden, ist Erhöhung der Lautstärke und der Tonhöhe (Frequenz) nachgewiesen worden, der sogenannte Lombard Effekt, offenbar unter Vögeln weit verbreitet und auch beim Menschen zu beobachten, wenn er sich bei größerer Lautstärke vernehmlich machen will.

Nachtigallen in Berlin passten die Lautstärke ihres Gesangs der Stärke des umgebenden Lärms an[2]. Nestlinge der amerikanischen Sumpfschwalbe (*Tachycineta bicolor*) bettelten sogar schon unmittelbar nach dem Schlüpfen lauter, wenn sie experimentellem Lärm ausgesetzt waren[33]. Verkehrslärm ist relativ niederfrequent, höher frequente akustische Signale sind vor diesem Hintergrund besser zu hören. Bei mehreren europäischen Kohlmeisenpopulationen hat man tatsächlich eine höhere Frequenz des Gesangs in der Stadt im Vergleich zum Umland nachgewiesen, ebenso bei Amseln und Buchfinken oder in Nordamerika bei Singammern (*Melospiza melodia*), Hauszaunkönigen (*Troglodytes aedon*) und Hausgimpeln (*Haemorhous mexicanus*) [29,32]. Neues zum Thema kommt von Windturbinen. Feldlerchen sangen höher, wenn Windturbinen sich nahebei geräuschvoll drehten. Die Reviermännchen in Revieren mit nicht arbeitenden Windturbinen sangen im Folgejahr dann höher, wenn die Turbinen arbeiteten. Damit ist klar, dass nicht etwa die Windturbinen selbst durch ihre bloße Anwesenheit, sondern der von ihnen produzierte Lärm den Lerchengesang beeinflusste[44].

Meistens handelte es sich nur um Erhöhung der Minimalfrequenz der Gesänge, also der tiefsten Töne, die vom niederfrequenten Stadtlärm stärker verschluckt werden. Doch ist es wiederum nicht so einfach, denn manche der neuerdings in größerer Zahl veröffentlichten Befunde könnten fehlerhaft sein, weil die Auswertung von Spektrogrammen mit dem Auge möglicherweise Unschärfen liefert, die missdeutet werden können. Außerdem ist nicht gesagt, ob Mimimalfrequenzen tatsächlich eine wichtige biologische Bedeutung haben, da der größere Teil der für den Gesang aufgewendeten Energie in die maximalen Frequenzen investiert wird, die deutlich höher liegen. Man weiß also noch nicht genau, wie die Befunde biologisch zu interpretieren sind. Auch ist noch nicht eindeutig klar, ob Arten der logischen Konsequenz folgend mit niederer Minimalfrequenz eine höhere Verschiebung nach oben zeigen als Arten mit ohnehin höheren Gesangsfrequenzen. Experimentelle Befunde an verschiedenen Arten bestätigen Anhebung der Gesangsfrequenzen mit zunehmendem Lärm. Fest steht jedenfalls, dass höhere Frequenzen im Stadtlärm leichter zu hören sind und höher frequente Kohlmeisengesänge ebenfalls. Aber nicht alle untersuchten Vogelarten verhalten sich gleichsinnig; sicher spielt auch die unterschiedliche Fähigkeit, Gesänge zu lernen, eine Rolle.

Eine andere Strategie, gehört zu werden, ist, Gesänge öfter zu wiederholen, also häufiger oder am Stück länger zu singen[34] oder Pausen im Umgebungslärm abzupassen. Dabei könnte es auch nützlich sein, die Komplexität des Gesangs zu reduzieren, also auf allerlei Schnörkel zu verzichten[2]. Das können zum Beispiel Rotkehlchen, die experimenteller Lärmbelästigung ausgesetzt waren[35].

Die Wirkung des von Menschen erzeugten massiven Lärms wird immer mehr zu einem allgegenwärtigen Problem mit vielen Wirkungen auf uns selbst. Wie Tiere damit fertig werden, ist noch wenig untersucht. Für Vögel, die von akustischer Kommunikation abhängig sind, haben in neuester Zeit Publikationen von Untersuchungen erheblich zugenommen, die unsere Einsicht erweitern und den Blick auf komplexe Zusammenhänge schärfen. Neues ist ständig zu erwarten, aber manches könnte auch nur bedeuten, auf einen fahrenden Zug aufzuspringen. Experten für Stadtvögel und ihre Biologie, wie Diego Gil und Henrik Brumm, warnen: *„Man sollte nicht rasch und unüberlegt vermuten, dass jede Besonderheit im Gesang von Stadtvögeln eine Reaktion auf Lärm ist“*[2].

Irrtum

13. Rasche Reaktionen von Vögeln auf Veränderungen sind bereits Anpassungen für eine erfolgreiche Zukunft.

Im Zusammenhang mit vielen Eigentümlichkeiten des Verhaltens von Stadtvögeln ist gewöhnlich von Anpassung die Rede. Gemeint ist dabei aber ganz Verschiedenes. Anpassung kann einmal nur bedeuten, dass aus der vorhandenen physiologischen Reaktionsbreite auf eine Herausforderung reagiert wird, also Fähigkeiten eingesetzt werden, die lange vor der Verstädterung erworben wurden. Ob eine Auseinandersetzung mit Herausforderungen der Umwelt nur eine Anekdote oder Episode bleibt oder mehr daraus wird, entscheidet die Selektion, die als statistischer Prozess die Reaktion auf ihren Wert überprüft. Besteht sie diese Prüfung wird Anpassung zu einer die Zukunft mitbestimmenden Angelegenheit. Positiver Anpassungswert bedeutet eine Änderung, die das Überleben oder die Reproduktion verbessert und damit einen Einfluss auf die künftige Verteilung der Allele (Versionen einzelner Gene) in der Population hat. Positiv angepasste Individuen haben eine höhere Fitness, die hier nicht etwa einen Zustand der Kondition beschreibt, sondern als Maß für den genetischen Anteil eines Individuums durch seine Nachkommen an künftigen Generationen zu sehen ist (S. 102 f.). Positive Anpassungen haben also eine gute Chance sich durchzusetzen. Aber selbst eine sinnvoll erscheinende Reaktion/Anpassung kann in eine Sackgasse führen. Man spricht dann häufig von Fehlanpassung (Maladaptation).

Nach dem gegenwärtigen Stand des Wissens vermittelt der Gesang der Vogelmännchen den wählenden Weibchen viele Informationen, etwa über Körperkondition, Immun„kompetenz“ und Qualität des Reviers, das durch den Sänger markiert wird. Von Art zu Art sehr unterschiedlich spielen komplizierte Gesangsstrukturen, Umfang des Repertoires, Intensität des Vortrags in Lautstärke oder Ausdauer oder die Wahl von Singwarten eine Rolle. Wenn die Weibchen sich danach orientieren, spricht man von sexueller Selektion. Was aber geschieht, wenn sich bei Stadtsängern Gesangsmerkmale ändern und damit nicht mehr den bisherigen Präferenzen der Weibchen entsprechen, sexuelle Selektion also einen anderen Verlauf nehmen könnte?

Für Anpassung von Gesang und Rufen an Geräuschkulisse und akustische Eigenschaften des Lebensraums gibt es auch außerhalb von Stadt und Autobahn viele Beispiele. Hohe Frequenzen kennzeichnen oft Lautäußerungen in geräuschreicher Umgebung. *„Die spitz klingenden Lautäußerungen, Gesang wie Rufe, setzen sich gegen Wasserrauschen recht gut durch"* gilt für die Gebirgsstelze[36]. Gesangsunterschiede und regionale Dialekte von Rufen und Gesängen innerhalb einer Art sind vielfach bekannt und untersucht[37]. Stadtvögel sind daher geradezu ein Freilandlaboratorium für Verhaltensstudien unter sich rasch ändernden Umweltbedingungen. Sollten Stadtvogelsänger die üblichen Spitzenwerte der Vorzugskriterien von Weibchen nicht mehr erreichen und etwas daneben liegen, könnte sich die sexuelle Selektion innerhalb einer Stadtpopulation ändern und allmählich zu genetischen Unterschieden zur nächsten ländlichen Population führen. Dazu aber müssen zunächst die unmittelbaren Faktoren möglichst eingehend bekannt sein, die zu Veränderungen des Verhaltens gefiederter Stadtbewohner führen. Bis jetzt scheint Lärm Stadtvögeln hauptsächlich Probleme zu bereiten. Ob daraus etwas werden könnte, ist noch offen.

Gibt es zwischen Land- und Stadtpopulationen bereits genetische Unterschiede? Als lohnendes Objekt, diese Frage zu beantworten, bietet sich die Amsel als schon historischer Stadtvogel an. Erste Untersuchungen an genomischer DNA zwischen Wald- und Stadtpopulationen in Bayern ergaben sehr große Ähnlichkeit zwischen neutralen Markern, die keine allgemeine genetische Differenzierung zwischen Stadt und Land vermuten lassen[38]. Auch beim Graumantel-Brillenvogel (*Zosterops lateralis*) in Australien ließ sich kein genetischer Unterschied zwischen verschieden singenden Stadt- und Landpopulationen feststellen und einige weitere Hinweise auf genetische Unterschiede zwischen Stadt- und Landpopulationen bei Vögeln sind schwach[39]. Sicher aber werden zu diesem Sachverhalt molekulargenetische Untersuchungen bald weitere Ergebnisse präsentieren können. Erste Schritte auf einem neuen Weg sind bereits gemacht, nämlich Genexpressionen zwischen Stadt- und Landpopulationen von Amsel und Kohlmeise nach Sequenzierung von Übermittlungsträgern (mRNA) zu vergleichen, um damit die Frage zu klären, ob und wie unterschiedliche Genexpression zum Verständnis der Verstädterung von Singvögeln beiträgt[40]. Unter Genexpression versteht man ganz allgemein die Analyse, wie sich genetische Information phänotypisch ausdrückt, also über ein Transkript eines nuklearen DNA-Abschnittes umgesetzt wird.

Zwei Überlegungen machen aber den aktuellen Stand des Wissens geringer oder fehlender genetischer Unterschiede durchaus plausibel. Genetische Differenzierung zwischen Land- und Stadtpopulationen benötigt wahrscheinlich mehr Zeit als die Entwicklung aktuell erkennbarer phänotypischer Anpassungen an das Leben in der Stadt hinter sich hat. Außerdem können sich manche Stadtpopulationen wohl nicht selbst über längere Zeit erhalten und sind auf Nachzug von außen angewiesen. Genfluss zwischen Land und Stadt ist also sicher nicht immer völlig unterbunden.

Genaue Untersuchungen über Fragen, wie Stadt- und Verkehrslärm Kontaktsignale von Vögeln maskieren, haben auch einen ganz praktischen Wert für die Zukunft. Am Beispiel des Triels haben Erwin Nemeth und Sue Anne Zollinger gezeigt, dass man mit geeigneter Software die Reichweite von Lärm und Signalen kalkulieren und somit für ein geplantes Projekt einer Verkehrsader oder einer anderen lärmenden Anlage gewissermaßen eine Schallkarte modellieren kann, die aufzeigt, wie man schon im Planungsstadium die Kommunikation der Brutvögel möglichst wenig behindert. Unsicherheitsfaktor im untersuchten Fall war allerdings, dass man über das Hörvermögen der zu schützenden Triele und auch über deren Möglichkeiten, mit ihren Rufen – für einen nachtaktiven Vogel eine besonders wichtige Informationsquelle – sich einem wachsenden Verkehrslärm anzupassen nichts weiß[41]. Für Bioakustiker gibt es im Vogelschutz noch viel zu tun.

Vom Leuchtturm zur Tagnacht

Irrtum

14. Die Nacht zum Tag zu machen ist nur ein Problem des Energieverbrauchs. Lichtverschmutzung kann höchstens für einige nächtlich wandernde Zugvögel zum Problem werden.

„.. die das Leuchtfeuer in ab- und zunehmender Dichtigkeit umfluthenden Lerchen, Staare und Drosseln erscheinen in der so intensiven Beleuchtung wie helle Funken, die ihn gleich einem großflockigen Schneegestöber umwirbeln...“. Heinrich Gätke (1814-1897), der geistige Urvater der „Vogelwarte Helgoland“, war im 19. Jahrhundert ebenso beeindruckt vom nächtlichen Massenvogelzug, den der Leucht-

turm auf der Nordseeinsel sichtbar machte, wie noch manche Beobachter nach ihm bis in die Mitte des 20. Jahrhunderts. Der 1811 erbaute Leuchtturm, 67 Meter über dem Meer, strahlte ein kontinuierliches Licht 20 Seemeilen weit aus. Der Nachfolger ab 1902 stand 82 Meter über dem Meer und blitzte mit einem sich drehenden Blinkfeuer alle fünf Sekunden 0,1 Sekunden mit einer Reichweite von 23 Seemeilen durch die Nacht. Die heutige Konstruktion arbeitet ebenfalls mit kurzen Lichtblitzen mit 28 Seemeilen Reichweite im Abstand von fünf Sekunden, hat aber bei schlechtem Wetter nicht mehr die für viele Zugvögel tödlich endende Anziehungskraft wie ihre Vorgänger. Dass seit etwa 70 Jahren keine so gewaltigen Zugnächte wie früher auf Helgoland registriert wurden, mag aber nicht nur mit vogelfreundlicherer Technik zu erklären sein, sondern einfach auch damit, dass es nicht mehr so viele Vögel gibt wie vor 50 bis 150 Jahren[47].

Ungleich weniger spektakulär kam Licht als nächtliche Vogelfalle viel später an einem anderen Extrempunkt Deutschlands ins Gerede. Die Bayerische Zugspitzbahn hatte auf dem Gipfel des höchsten Bergs in Deutschland (2 963 m) einen Scheinwerfer angebracht, der eine starke Anziehungskraft auf Nachtzieher ausübte, die im Herbst offenbar hoch über die Alpengipfel zogen. Von Einbruch der Dunkelheit bis Mitternacht sollte nach Garmisch hinunter ein nach Nordosten gerichteter Lichtschein offenbar Touristen und Urlaubern Lust auf eine Gipfelfahrt in den kommenden Tagen wecken. Bald war bekannt, dass oben Vögel in den Lichtschein flogen und auch zu Tode kamen. Um das näher zu erkunden, saßen wir im September 1957 einen Monat lang allabendlich auf dem Gipfel der Zugspitze an den hell erleuchteten Fenstern der Dezimeterwellenstation der Bundespost. Entwarnung gab es in gewisser Hinsicht, weil der Scheinwerfer Gebäudewände und umliegende Felspartien anleuchtete. Viele der anfliegenden Kleinvögel ließen sich im diffusen Licht nieder, um dann kurz darauf weiter zu fliegen; nur wenige blieben länger auf den Antennen sitzen. Offen bleibt, wie die Kleinvögel in der Eiseskälte die unerwartete Unterbrechung verkraftet haben, denn nur bei Nebel, Sturm oder heftigem Schneetreiben gerieten Vögel kurz vor Mitternacht in den Lichtkegel. In klaren Nächten war nichts zu sehen. Anscheinend waren die Vögel bei guten Verhältnissen im Vorland aufgebrochen und gerieten dann über den Alpengipfel in widriges Wetter. In acht solcher Zugnächte sahen und griffen wir an den Stationsfenstern 1 335 Kleinvögel von immerhin 20 Arten. Goldhähnchen, Gartenrotschwänze und Laubsänger stellten die Hauptmenge. Aber auch Teich- und Schilfrohrsänger, Feldschwirl oder Wendehals gerieten in die Lichtfalle[49]. Heute ist die Zugspitze *„vollständig überbaut und erschlossen"*[50] und Zugvögel haben die Chance, nicht nur in Lichtschein zu geraten, sondern auch an schöne Panoramascheiben und viele Glasflächen zu rumpeln. Das wird ihnen mittlerweile wohl auch an manchen anderen bergbahnbestückten Alpengipfeln begegnen.

So gut wie überall, wo Menschen leben, werden heute die Nächte nicht mehr dunkel. Licht kommt auch häufig in sonst ungestörte Biotope, direkt durch weitreichende Emissionen und indirekt durch Reflexion in der Atmosphäre. Längst spricht man von ökologischer Lichtverschmutzung, deren Auswirkung auf Vögel man lange Zeit nicht so besonders ernst nahm. Es geht ja nicht nur darum, ob sie von Lichtquellen angezogen, desorientiert, vertrieben oder in ihrem Verhalten akut irritiert werden und dann zu Tode kommen. Für viele Vögel ist die Photoperiodik, der tägliche Tag-Nacht-Rhythmus, ein wichtiger Zeitgeber, der durch Lichtverschmutzung der Umwelt gestört und verfälscht wird. Lichtverschmutzung kann damit zu einer ökologischen Falle werden. Die Tageslänge als Maß über die Jahreszeiten stimmt nicht mehr. Über Licht, das Insekten anzieht, kann das Nahrungsangebot zeitlich und räumlich entscheidend verlagert werden und steht dann für manche Insektenjäger in ihren gewohnten Nahrungsgründen und Zeiten der Nahrungsaufnahme nicht mehr ausreichend zur Verfügung. Kurz zusammengefasst: Künstliches Licht kann Nahrungserwerb, Zug, Orientierung oder tageszeitliches Verhaltensmuster und sicher auch das jahreszeitliche Verhaltensprogramm ändern, was zumindest zunächst wohl immer eine Störung mit Nachteilen bedeutet. Es löst auch physiologischen Stress aus und verursacht besonders unter Nachtziehern erhebliche Verluste.

Desorientierung nächtlich ziehender Vögel mit fatalen Folgen ist nur die auffälligste und daher bekannteste Gefahr durch künstliche Lichtquellen von der Straßenbeleuchtung bis zu hochragenden Bauwerken und weit reichenden Scheinwerfern zur nächtlichen Verkehrssicherheit auf See und an Land. Die Probleme sind bekannt, Details werden erforscht[63]. Vögel, die in nächtlich erleuchteten Habitaten leben, zeigen höhere Nachtaktivität, beginnen früher mit dem Morgengesang und hören abends später auf. Stadtamseln in Jena begannen schon in Zeiten geringerer Lichtüberflutung als heute 45 Minuten früher mit dem Gesang als Waldamseln[45]. Einzelne Arten reagieren unterschiedlich. In einem Wald in Bayern sangen in Revieren nahe künstlicher Straßenbeleuchtung Rotkehlchen, Amsel, Kohlmeise und Blaumeise in absteigender Folge früher als in nahe gelegenen nicht beleuchteten Waldrevieren; Buchfinken ließen sich nicht dazu verleiten[64]. Die negativen Folgen der höheren Investition in Zeiten mit Gesangsaktivität können Strapazierung der Energievorräte sein, die für andere lebenswichtige Aktivitäten dann nicht mehr zur Verfügung stehen. Vögel mittlerer und höherer Breiten sind auf zuverlässige Programmierung des jährlichen Ablaufes von Brut, Mauser und Zug angewiesen. Die Änderung der Tageslänge im Frühjahr programmiert das Wachstum der Gonaden lange bevor die Eiablage beginnt. Kunstlicht verändert die Tageslänge, überlagert die jahreszeitlichen Änderungen. Damit kann es auch dazu beitragen, dass günstige zukünftige Bedingungen verpasst und daher nicht mehr optimal genutzt werden. Zusätzliche Beleuchtung kann also unmittelbar und indirekt auf wichtige Stationen im Lebenszyklus einwirken.

Folgen künstlicher Beleuchtung arbeiten nicht nur in eine Richtung. Blaumeisenweibchen legten in einem Wald in sieben Jahren unter Straßenbeleuchtung im Mittel ihr erstes Ei eineinhalb Tage früher als Nachbarn in nicht beleuchteten Revieren. Die Männchen in beleuchteten Revieren waren doppelt so erfolgreich mit Nachkommen von Seitensprüngen mit fremden Weibchen wie ihre Geschlechtsgenossen ohne Straßenbeleuchtung[64]. Watvögel sind an beleuchteten Küstenstreifen auf einer Schlickfläche, aber auch Drosseln in Städten, bei nächtlicher Nahrungssuche beobachtet worden. Tagaktive Insektenjäger können auch bei Dämmerung und Dunkelheit Insekten an Lichtquellen fangen[46] und Wanderfalken jagten nachts Zugvögel, die nach Sonnenuntergang desorientiert um das erleuchtete Empire State Building in New York herumflatterten[48].

Wie sich das alles auswirken wird, ist noch längst nicht geklärt. Vögel, deren Photoperiodik durch Kunstlicht durcheinandergebracht wurde, sind natürlich schlechter an die Umweltbedingungen ihres Lebensraums angepasst. Aber früher am Tag singende Männchen haben möglicherweise bessere Chancen bei Weibchen. Vor allem über langfristige Änderungen in der Zusammensetzung von Vogelpopulationen, aber auch von Vogelgemeinschaften ist noch kaum etwas bekannt. Es kommt auch auf die Zusammensetzung des Lichts an, unterschiedliche Wellenlängenbereiche haben vielleicht unterschiedliche Effekte und hier wiederum ist zu erwarten, dass einzelne Arten je nach spektraler Empfindlichkeit ihrer Sehorgane unterschiedlich betroffen sind.[46]

Der gläserne Tod

Irrtum

15. Schwarze Greifvogelsilhouetten helfen, den Scheibentod durch Anflug zu verringern.

16. UV-Markierungen an Glasfronten lösen alle Probleme des Scheibenanflugs.

Der Naturschutzbund Deutschland sieht im Glas eine der ihrer Zahl nach bedeutendsten menschengemachten Todesursachen für Vögel[51]. Das gilt nicht nur für Deutschland, überall in der Welt kommen täglich an Glasscheiben ungezählte Vogelmengen um, sodass man Vogeltod an Glasscheiben schon als zweitgrößte direkt von Menschen verursachte Todesursache einstufte[52]. In den USA rechnete man bereits Ende des vorigen Jahrhunderts mit 1 bis 10 toten Vögeln pro Gebäude, die Dunkelziffer könnte noch höher sein. Hochrechnungen setzten jährlich 100 Millionen bis eine Milliarde Anflugopfer für ein Jahr an[53]. Das Problem ist also von hoher Brisanz, aber bei näherem Hinsehen sehr vielfältig und bisher durchaus von Irrtümern belastet.

Die Verluste sind ohne Zweifel enorm, doch Hochrechnungen, die fleißig zitiert werden, nicht ganz so eindeutig wie stillschweigend angenommen. Eine statistisch ausgefeilte Untersuchung mit komplizierter Modellierung deutet an, dass man zur Abschätzung des Problems eine Reihe von Umständen zu berücksichtigen und sie mit Raum und Zeit zu verbinden hat. In der Stadt Duluth am Lake Superior nahm die Zahl der Fensteropfer mit der Entfernung vom Stadtzentrum zu und war an den zum See zugewandten Fenstern größer als auf der Gegenseite. Die Beseitigung der Vogelkadaver durch Aasfresser kann das Ergebnis entscheidend beeinflussen. Sie nahm ebenfalls mit der Entfernung vom Stadtzentrum zu, kleine Vögel verschwanden schneller als größere, an Häusern mit hohen Verlustraten waren Vogelreste am raschesten verschwunden, weil solche Plätze natürlich für die Nachlese der Aasfresser besonders attraktiv waren. Die Entdeckungsrate von Glasopfern lag trotz Einsatz von nachsuchenden Fachleuten unter 20%! Die Unterschiede der Glasverluste von Haus zu Haus hängen also von lokalen Strukturen und Variablen der Landschaft ab. Das macht Schätzungen und Hochrechnungen fehleranfällig[53].

Durch eingehende Analysen lassen sich aber Orte besonders hohen Risikos für Vögel identifizieren und sicher daraus auch für zukünftige Bauvorhaben Erkenntnisse einbringen. Zu bedenken ist aber auch, dass der zeitliche Aspekt zu berücksichtigen ist, Zeiten des Vogelzugs liefern höhere Werte als Brutzeiten. Auffallend niedrige Werte von Glasopfern in Trier scheinen amerikanischen Hochrechnungen zu widersprechen und sie gewissermaßen auf den Boden der Tatsachen zurückzuholen. Eine Auswahl der untersuchten Gebäude nach dem Zufallsprinzip statt Konzentration auf besondere Risikostellen könnte die Schätzungen näher an die Realität heranbringen. Aber da ist das außerordentlich schwierige und offensichtlich meist unterschätzte Wirken der Aasfresser einzukalkulieren, das die Zahlen wieder höher treiben könnte. Vögel, die es noch schaffen, nach einer Kollision wegzufliegen, gehen größtenteils später an inneren Verletzungen zugrunde, von kleineren Verletzungen, die sich vielleicht erst mit der Zeit als Behinderung erweisen und zum vorzeitigen Tod führen, ganz zu schweigen. Auch diese Anteile müssten berücksichtigt werden, lassen sich aber kaum zuverlässig ermitteln. *„Unterschätzt? Überschätzt? Unkalkulierbar?“* fragt das Autorenteam, das in Trier Glasverluste abzuschätzen versuchte[54]. Solche Fragezeichen bedeuten Herausforderungen, die von Wissenschaftlern angenommen werden. Vieles wird heute zu lösen versucht, wie die Korrektur mancher Irrtümer und Unzulänglichkeiten des Forschens, denen man noch bis vor kurzem wenig Beachtung schenkte. So werden bereits komplizierte Formeln angeboten, die Wahrscheinlichkeiten, ein Opfer unter Windrotoren überhaupt zu finden, berechnen und damit Fehler kalkulierbar machen[61].

Aber mit solchen Überlegungen ist das Problem noch nicht umfassend eingegrenzt. Wie bei den endlosen Räuber-Beute-Diskussionen ist auch entscheidend, wie sich die Glasverluste auf das Überleben der Populationen auswirken. Glaswände „arbeiten“ nicht selektiv und machen keinen Unterschied im Alter und in der Kondition und damit in der potenziellen Lebenserwartung der Opfer. Das könnte ihre Wirkung für die Entwicklung von Populationen verschärfen. Die weitere Frage ist, wie hoch man die durch Glasscheiben verursachte Sterblichkeit im Vergleich mit von Menschen gemachten und natürlichen Mortalitätsfaktoren einschätzen soll. Kommt sie noch dazu oder ersetzt sie andere Mortalitätsfaktoren? Eines ist jedenfalls sicher: Mit der rapide wachsenden Urbanisation weltweit und Glas als häufig verwendetem Baustoff wird das Ausmaß der Verluste wachsen, auch wenn Erfahrungswerte pro Gebäude konstant bleiben sollten.

Für das umfassende Problem hat die Schweizerische Vogelwarte Sempach in ihrer ausgezeichneten Information, in der Biologen erklären und Praktiker mit konkreten Beispielen beraten, eine überzeugende Begründung: *„Auf Gefahren wie Glaswände hat die Evolution Vögel nicht vorbereitet“*[55] Drei Gefahren entstehen dabei aus Vogelsicht. Verglaste Ecken von Gebäuden, Wind- und Lärmschutzscheiben, Verbindungsgänge, Stationshäuschen und gläserne Bushaltestellen sowie Glashäuser in Gärten oder Wintergärten, die eine Durchsicht auf die dahinter liegende Landschaft bieten, werden nicht als Hindernisse erkannt. Eine andere Gefahr entsteht durch Spiegelung der Landschaft vor einer Glaswand mit dunklem Hintergrund. Diese Gefahr kann sich auch bei kleineren Flächen, wie modernen Zimmerfenstern oder verglasten Terrassentüren einstellen, wenn bei bestimmtem Sonnenstand dem Vogel eine Fortsetzung der Gegend vorgespiegelt wird. Besonders gefährlich sind von Herbst bis Frühjahr oft tiefe Sonnenstände mit kleinem Einfallswinkel der Strahlen. Im Zusammenhang mit Glas vergrößert sich schließlich die Lichtverschmutzung, wenn zum Lichtdom der Beleuchtungen einer Stadt die vielen erleuchteten Innenräume dazu kommen, die aus Vogelsicht offenstehen. Gewissermaßen eine indirekte Folge der Verglasung von Gebäuden.

Abhilfe zu schaffen ist schwierig, denn man hat es sich im Vogelschutz jahrzehntelang zu leicht gemacht, obwohl Fachleute schon früh auf die Gefahr hinwiesen[59]. Bis zur 5. Auflage des klassischen Taschenbuchs für Vogelschutz 1980 war zum Beispiel von der Gefahr durch Glasscheiben noch gar nicht die Rede[56]. Allerdings konnte man damals wohl auch nicht voraussehen, wie sich die Urbanlandschaft bis heute entwickeln würde. In einer Neubearbeitung des Taschenbuchs 2001 gibt es dann schon ein Kapitel „Glasscheiben als Vogelfallen“, in dem auch eine Reihe vorbeugender Möglichkeiten und nachträglicher Schutzmaßnahmen aufgelistet wird[57]. Die lange Zeit beliebten schwarzen Greifvogelsilhouetten als Aufkleber, die heute immer noch im Handel sind, waren unter den Schutzmaßnahmen damals schon nicht mehr erwähnt und manche der gut gemeinten Vorschläge hielten eingehenden Prüfungen nicht stand. Mittlerweile hat sich das Bestreben der Verhütung oder mindestens Verringerung zu einem komplexen Problem entwickelt, das wohl nur durch gezielte wissenschaftliche Forschung bestenfalls minimiert werden kann.

Greifvogelsilhouetten sind aus mehreren Gründen wirkungslos. Als einzelne Markierungen aufgeklebt signalisieren sie dem anfliegenden Vogel kein Hindernis, dazu müssten sie in geringem Abstand voneinander die Scheibe bedecken, was wiederum den Blick aus dem Fenster gewaltig stören würde. Innen aufgeklebt verhindern sie nicht den Spiegelungseffekt und auch bei diffusen Glasspiegelungen wird eine Einzelmarkierung in ihrer Wirkung generell stark reduziert. Völlig naiv aber ist der Irrglaube, die schwarzen Silhouetten würden als fliegende Greifvögel und Falken von anfliegenden Vögeln rechtzeitig als Feindbilder erkannt werden und sie deshalb abschrecken. Das wäre ein typischer Fall, wie menschliche Sichtweise, eins zu eins auf andere Lebewesen übertragen, zu irrtümlichen Schlussfolgerungen führt, obwohl ja auch kein Mensch die schwarzen Vogelbilder mit lebenden Greifvögeln gleichsetzen würde und bei manchen dieser Gebilde sogar auch ein versierter Vogelbeobachter Probleme hätte, zu bestimmen, wer denn eigentlich mit den stilisierten und nicht selten auch mit dem Bauch nach oben geklebten Silhouetten gemeint sein sollte. Auch wieder ein Fall, wie man sich billig und für einen von Kenntnissen weniger belasteten Naturfreund mehr oder minder überzeugend, weil scheinbar logisch, aus einem Problem zu stehlen versucht. Die Annahme, schwarze Greifvogelsilhouetten würden Vögel abschrecken, weil sie in ihnen Beutefeinde vermuten, hält Vögel für mindestens eben so dumm, wie es die Erfinder dieses Tricks waren.

Eine Lösung schien sich mit Beginn des 21. Jahrhunderts abzuzeichnen. Vögel haben im Unterschied zu Menschen in der Netzhaut noch einen vierten Zapfentyp, der elektromagnetische Wellen im nahen UV-Bereich weit über 300 Nanometer als eigene Farbe wahrnehmen kann. Sicher realisieren zumindest manche Vögel UV-Anteile als Signale, die in der Gefiederfärbung reflektiert werden, auch im wachsartigen Überzug von Früchten und Beeren und zum Beispiel Turmfalken bei der Kleinsäugerjagd, wenn sie UV-Reflexion des Urins von Kleinsäugern als Spurenhilfe nutzen[58]. Weitere UV-Wahrnehmungen und -Signale sind bekannt, aber auch Einschränkungen dieser Fähigkeit unter verschiedenen Umweltbedingungen und die begründete Vermutung, dass die Wirkung von UV-Signalen immer in Zusammenhang mit sichtbaren Wellenlängen zu beurteilen ist. Es gibt daher eine ganze Reihe offener Fragen und Vorbehalte, die erklären, warum Möglichkeiten der UV-Markierung von Scheiben sich trotz anfänglicher Hoffnung, eine patente Lösung gefunden zu haben, nicht bewährten. Werden UV-Markierungen von allen Vögeln wahrgenommen? Wie wird ihre Wirksamkeit durch Tageshelligkeit, Scheibenhintergründe und andere Umgebungseffekte verändert oder beeinträchtigt? Spielt UV-Licht tatsächlich im Bewegungssehen der Vögel eine ausreichend große Rolle, um als Warnsignal vor einem Aufprall wahrgenommen und verarbeitet werden zu können? Und schließlich könnte es sein, dass UV-Signale hauptsächlich eine anlockende Wirkung haben[59].

Solche und noch weitere Fragen müssen gelöst und für technische Produkte getestet werden, um nicht wieder in den Irrtum zu verfallen, ein Problem gelöst zu haben. Wissenschaftliche Versuche und Testverfahren mit handelsüblichen Produkten sind seit längerer Zeit in Arbeit; es gibt auch davon abgeleitete Standards für „Vogelschutzglas", über die kontrovers diskutiert wird. Das Internet bietet unter den Suchbegriffen Vögel und Glas, Vogelschutzglas oder Vogelschlag eine Fülle von Produkten, aber vor allem auch Bewertungen, Debatten und Beratung. Das Problem ist bei weitem nicht gelöst. Aber alle diese Anstrengungen können verhindern, dass man wieder in einen beruhigenden Irrtum fällt, der nichts bringt. Gegenwärtig reichen die Vorschläge für „vogelfreundliche" Lösungen von der Gestaltung von Bauten und der unmittelbaren Umgebung großer Glasscheiben über geeignete Glassorten und eine Vielfalt von Markierungen mit eindrucksvollen Beispielen bis zu nachträglichen Schutzmaßnahmen mit Vorhängen oder Jalusien[55].

Die Forschungsarbeit über Stadtvögel und ihre Lebensbedingungen hat in den letzten Jahrzehnten exponentiell zugenommen. Es besteht nach wie vor großer Bedarf, denn die Folgen der Verstädterung für Vögel und andere Lebewesen zu verstehen wird mit dem rapiden Wachstum menschlicher Ballungsräume auf dem ganzen Globus immer dringlicher. Möglichst eingehende Beobachtung und Erfassung von Verbreitung, Bestandsentwicklung und Verhalten von Stadtvögeln wird zunehmend experimentell erweitert und vertieft. Ist die Stadt auch keineswegs ein Vogelparadies, hängt die Vielfalt der Vögel doch immer mehr von dem ab, was Menschen ihnen in ihrer unmittelbaren Nachbarschaft anbieten können und wollen. Emotionale, rationale und materielle Investitionen lohnen sich also.

„Vogel- Heerd- Narr". Der Vogelfänger. 1709. Kupferstich von Christoph Weigel.
Aus: Abraham a Sancta Clara. „Centi- Folium Stultorum in Quarto.
Oder Hundert Ausbündige Narren in Folio". Johann Carl Megerle: Wien 1709
(Fotocredit: Austrian Archives / Imagno / picturedesk.com)

Jeder Vogel zählt

Irrtum

17. Vogelmonitoring ist ein aktuelles Wort für Vögel zählen.

18. Sorgfältig ermittelter Vogelbestand ist ein Messwert von Dauer.

19. Absolute Vogelzahlen sind wichtiger als relative, Gesamtwerte wichtiger als Stichproben.

20. Schätzungen mit größeren Spannweiten sind ein Notbehelf, denn nur genaue Zahlen sind wissenschaftlich seriös.

21. Modellrechnungen sind reine Theorie, exakt ermittelte Siedlungsdichten auf kleinen Flächen dagegen zuverlässige Maßzahlen dafür, wie einzelne Arten über die Lebensräume verteilt sind (Habitatpräferenzen).

Wie zählt man eigentlich Vögel, die so beweglich und oft auch sehr schwer oder nur für einen flüchtigen Augenblick zu entdecken sind? Die so simpel und etwas naiv erscheinende Laienfrage schneidet ein zentrales Problem der Vogelforschung an, die heute unter dem Begriff Monitoring Antworten auf viele drängende Fragen zu finden versucht.

Zu ihnen zählen statistische und modellierende Versuche, (1) Zählfehler zu erkennen und zu berücksichtigen und (2) aus der Streuung der ermittelten Daten Zusammenhänge zu Faktoren der Umwelt zu erkennen und für modellierte Ergebnisse einzusetzen. Wissenschaftliche Fragestellungen konzentrieren sich auch weniger auf Antworten, wie viele Vögel exakt in einem Gebiet leben, sondern etwa auf Verteilung von Individuen in Raum und Zeit in unterschiedlichen Maßstäben oder um Zusammensetzung von Populationen. Dynamik zu erkennen und zu beschreiben ist oft spannender als Vögel pro Quadratkilometer zu zählen, unter vergleichbaren Bedingungen ermittelte relative Werte sagen manchmal mehr als absolute. Vögel zählen ist zu einem komplexen und für das Verständnis von Biodiversität entscheidenden Arbeitsprogramm geworden.

„Jeder Vogel zählt" ist von begeisterten Vogelkundigen manchmal missverstanden worden und hat zur Publikation nahezu endlos langer Vogellisten geführt, die im Nachhinein gemessen an investierter Arbeit nur begrenzt brauchbare Informationen lieferten. „Jeder Vogel zählt" im Sinne einer internationalen Zusammenarbeit ist heute das Motto des European Bird Census Council, einer Europa umspannenden Organisation von Experten unter niederländischem Recht, die sich vor allem mit der Entwicklung und Verbesserung von Vogelmonitoring und Atlasarbeiten und damit besserer Information über Vögel und Vogelschutz in Europa befassen. Die offizielle Formation besteht aus dem Präsidenten und üblichen Vorstandmitgliedern sowie der Mitgliedschaft von zwei nationalen Delegierten aus jedem europäischen Land. Deutschland ist vertreten durch den Dachverband Deutscher Avifaunisten (DDA), dem Zusammenschluss aller landesweiten und regionalen ornithologischen Verbände in Deutschland, die wiederum weit über 10 000 aktive Vogelbeobachter zu ihren Mitgliedern zählen[1].

Organisationen der Vogelbeachtung haben also mittlerweile Dimensionen erreicht, die zwar der Öffentlichkeit wenig bekannt sind, aber längst über Amateurstatus hinausgehen und in ihrer Arbeit natürlich auch politischen und bürokratischen Spielregeln unterliegen. Das gilt weit mehr noch für die Organisation des Vogelschutzes. BirdLife International war 2015 in 121 Staaten mit je einer Partnerorganisation vertreten, hatte 2,72 Millionen Mitglieder und 7,2 Millionen Unterstützer ohne Mitgliedschaft sowie 8 000 angestellte Mitarbeiter neben vielen Freiwilligen[2].

Von nationalen und internationalen Organisationen für Bestandsaufnahme und Schutz der Vögel ist man im Alltag rasch wieder bei wissensdurstigen

Mitmenschen. Als Vogelbeobachter, der seit über 50 Jahren in einem Alpental Bayerns lebt, wird mir seit über 50 Jahren mit zuverlässiger Regelmäßigkeit die Frage gestellt: Wie viele Steinadler haben wir noch? Die Frage ist berechtigt und Ausdruck eines erfreulichen Interesses von Einheimischen wie Touristen, aber wie so viele Fragen des normalen neugierigen Zeitgenossen genau genommen falsch gestellt. Die Antwort würde allerdings ganz beruhigend ausfallen, denn die bayerischen Alpen sind nahezu flächendeckend besiedelt. Man kann sogar hinzufügen, dass es hier wohl nie mehr Steinadler gegeben hat als heute. Aber das wäre höchstens ein kleiner Teil der Wahrheit. Um die ganze zu erfahren, müsste man fragen: Wie geht es dem Steinadler? Und da sieht es dann doch kritisch aus, denn die Nachwuchsrate der bayerischen Steinadler mit 0,3 Jungen pro Paar und Jahr ist die schlechteste aller Steinadler der Alpen, Europas und sogar global. Die Gründe hierfür sind wahrscheinlich vielfältig, Störungen, milde Spätwinter mit wenig Fallwild, Nahrungsmangel und schlechte Jagdbedingungen während der Aufzucht der Jungen durch Verrummelung und landschaftliche Veränderungen in Steinadlerrevieren[3]. Steinadler sind Vögel mit geringer jährlicher Reproduktion, aber langer Lebensdauer. Die Generationenfolge nimmt daher längere Zeit in Anspruch, Bestandsänderungen sind theoretisch erst über mehrere Jahrzehnte zu erwarten. Die augenblickliche Zahl fliegender Adler sagt also nur wenig über die Lage der Population.

Verbreitung und Bestand von Vögeln möglichst genau zu kennen, ist eine Triebkraft, die seit mehreren Generationen Vogelbeobachter und Ornithologen in Spannung hält. Anfänglich war das Bestreben der Avifaunisten, die in einem Gebiet vorkommenden Vogelarten möglichst alle zu erfassen, ihr jahreszeitliches Vorkommen zu beschreiben, bei seltenen und spektakulären Brutvögeln auch kurz Bestandsänderungen anzudeuten und Häufigkeiten wenigstens verbal zu benennen oder in groben Statusangaben einzuordnen. Man sprach von gemein, häufig, spärlich oder selten. Avifaunistisch interessante Hinweise konnte man historischen Jagdstrecken entnehmen, über die genau Buch geführt wurde und die für einzelne Regionen bis ins 17. Jahrhundert zurückreichen. Systematische Greifvogelbekämpfung oder Bejagung von Hühnervögeln lieferten Zahlen, mit denen man heute abschätzen kann, was alles verloren gegangen ist. Nur von wenigen auffälligen Großvögeln hat man schon früh versucht, außerhalb der Jagdnutzung Bestandszahlen für größere Gebiete zu ermitteln.

Musterbeispiel ist der Weißstorch. Für ihn konnten Umfragen bei Pastoren und Dorfbürgermeistern zu einer Abschätzung der Bestände beitragen, die in Teilen Norddeutschlands bereites zu Beginn des vorigen Jahrhunderts durchgeführt wurden[33]. 1934 fand der erste internationale Zensus statt, der für Deutschland in den damaligen Grenzen einen Brutbestand von rund 9000 Paaren ergab[34]. Seither wurden von Zeit zu Zeit über einzelne Gebiete zusammenfassende Berichte veröffentlicht, sodass wir wohl für keinen anderen mitteleuropäischen Brutvogel einen ähnlich genauen Überblick über die Bestandsentwicklung haben. 2004 wurde für die Bundesrepublik mit 4500 Paaren der größte Brutbestand seit 1996 ermittelt, 2005-2009 zählte man 4200-4600 Brutpaare[8].

Im Laufe des 20. Jahrhunderts konzentrierte man sich allmählich mehr und mehr auf quantitative Angaben für Populationsgrößen möglichst vieler Vogelarten in kleineren und größeren Maßstäben sowie auf Abschätzungen von Bestandsentwicklungen. Schließlich erwuchs die Generation der Brutvogelatlanten, in denen auf Gitterfeldern über größere Gebiete die Verbreitung der Brutvögel dargestellt werden konnte, die sich dann auch durch einfache Zahlen, etwa Prozentsatz besetzter Gitterfeldeinheiten, beschreiben ließ. Die ersten länderweiten Brutvogelatlanten erschienen 1976 in Großbritannien, Frankreich und Dänemark[33]. Mittlerweile gibt es für einzelne Länder Deutschlands bereits in kürzerem zeitlichen Abstand aufeinander folgende Generationen von Brutvogelatlanten, wie in Mecklenburg-Vorpommern, Schleswig-Holstein, Niedersachsen oder Bayern. Voraussetzung ist landesweite Unterstützung und Koordination durch Fachbehörden, wie etwa Landesämter mit nachgeordneten Dienststellen als Vogelschutzwarten, und Gründung ornithologischer Arbeitsgemeinschaften, die ehrenamtlich professionelle Arbeit in bewundernswertem Umfang leisten. Vogelbeobachter und -zähler sind jetzt viel mobiler als in vorangegangenen Generationen und so können auch wenige gut geschulte Experten selbst größere Flächen mit hinreichender Genauigkeit bearbeiten.

Auf den ersten Blick scheinen gegenwärtig Zahl und Umfang der Bücher über Vögel negativ mit dem Schicksal von Vogelpopulationen korreliert zu sein. Immer mehr prächtig ausgestattete Avifaunen und Atlanten der Vogelverbreitung dokumentieren ständig abnehmende Vogelbestände. Die Ergebnisse intensiver Arbeit an großräumigen Bestandsaufnahmen sind erstaunlich. So werden für Schleswig-Holstein im Erfassungszeitraum 1985-1994 genau 130652 Buchfinkenpaare und 115822 Amselpaare als jährlicher Bestand gemeldet; später rundet man die Zahlen allerdings auf den jeweils nächsten Tausender auf[4]. Möglichst genaue und zuverlässige Zahlen werden auch von der Öffentlichkeit erwartet, ohne dass man sich darüber Gedanken macht, wie sie gewonnen wurden und was sie genau genommen bedeuten, vor allem, wie gut sie der Realität entsprechen. Bis auf ein Revier- oder Brutpaar genaue Zahlen flächig verbreiteter häufiger Kleinvögel sind aber selbst für einen einzigen Quadratkilometer nicht ohne Fehler zu erfassen, vor allem wenn man ohne Rücksicht auf Unterschiede der Biologie alle Arten vom Schwarzspecht bis zum Sommergoldhähnchen eines Waldes in einer Brutsaison komplett ermitteln will. Moderne Avifaunen und Brutvogelatlanten geben daher in der Regel Spannweiten der Bestände an, die bis zu 50 % des Mittelwertes betragen können.

Solche „ungenauen" Angaben stören den ordnungsliebenden Betrachter, bilden aber die Realität aus mehreren Gründen grundsätzlich besser ab als scheingenaue Einzelwerte. Einmal sind Fehler in der Erfassung unvermeidlich und im zweiten Schritt auch Willkürlichkeiten in der Bewertung eines gesehenen oder gehörten Vogels nicht auszuschließen. Ist ein singender Vogel Revierbesitzer oder Partner eines Brutpaares oder betrifft eine Beobachtung nur einen zufällig gerade des Weges daherkommenden Vogel? Nicht jeder singende Vogel ist verpaart, ledige Männchen singen mitunter häufiger als verpaarte. Das wusste schon einer der Pioniere quantitativer Bestandsaufnahmen, Gottfried Schiermann (1881-1946), der 1930 ausführlich über seine sorgfältigen Zählungen der Brutvögel des Unterspreewaldes berichtete[5]. Erfassungsfehler sind, gleiche äußere Umstände vorausgesetzt, natürlich artspezifisch sehr unterschiedlich; statistische Auswertungsprogramme können sie verringern beziehungsweise vergleichend standardisieren, aber eine biologisch sinnvolle Deutung bei der Auswertung nicht ersetzen[6].

Erfassungsfehler sind grundsätzlich, besonders natürlich bei versteckt lebenden Arten, nur durch intensive Studien in Untersuchungsprojekten zu minimieren, die sich auf einzelne Arten konzentrieren. Mit Einsatz von Hightech kann man auch für schwierige und versteckt lebende Vögel die Registrierung erheblich verbessern[7]. Schließlich haben Spannweiten gegenüber scheinbar exakten Einzelwerten den Vorteil, die Dynamik aufzufangen. 130 652 Buchfinkenpaare in Schleswig-Holstein, auch wenn sie tatsächlich gleichzeitig und ohne größere Fehler ermittelt worden wären, treffen höchstens für einen kurzen Augenblick zu. Innerhalb von Stunden können Vögel umkommen, Paare sich auflösen, ihre Reviere außerhalb der Landesgrenzen verlegen oder umgekehrt einwandern, sodass schon nach einigen Tagen mindestens bis zur Zehnerstelle korrigiert werden müsste. Über ein Jahr oder über mehrere Jahre ändern sich die Werte vermutlich erheblich.

Daher bedeuten auch für das Rechnen an Schreibtisch und mit Computer viele großräumige Bestandsangaben nur Größenordnungen. Moderne avifaunistische Veröffentlichungen befassen sich daher ausführlich mit Streubereichen und Veränderungen von Beständen oder sorgfältig ermittelten Stichproben. Das Augenmerk konzentriert sich mehr auf optimale Vergleichbarkeit von Zahlen als auf maximale Absolutwerte von Häufigkeiten oder Abundanzen. Man arbeitet inzwischen auch vielfach mit Indizes und passt Erhebungen draußen sowie Hochrechnungen am Computer den Möglichkeiten des jeweiligen Arbeitsprojektes an. Mit Modellen lassen sich Verbreitung und Abundanz von Vogelpopulationen realitätsnah darstellen, aber nur, wenn man möglichst viele Korrelationen der bekannten Vorkommen einer Art mit Umweltvariablen kennt[8].

Doch nach wie vor ist Vielfalt und Dynamik in Vogelpopulationen eines Gebietes schwer in den Griff zu bekommen. In der Regel lässt sich daher die simple Frage: „Wie viele Vögel gibt es denn bei uns?" nicht befriedigend beantworten, schon gar nicht mit einer Zahl oder einem Satz. Die umfangreichen und heute meist prächtig ausgestatteten Länderavifaunen und Brutvogelatlanten sind auch keine krönenden Abschlüsse jahrelanger fleißiger Arbeit, sondern Momentaufnahmen, die nach Fortsetzung unter möglichst vergleichbaren Bedingungen oder nach weiterer Bearbeitung einzelner Fragestellungen rufen. Wiederholungen von Kartierungen und Versuche, historische Daten auf eine mit heutigen Ergebnissen vergleichbare Position zu bringen, liefern Einsichten, die ein Blick auf aktuelle Daten allein nicht entdecken kann, wie etwa der Historische Brutvogelatlas der Schweizer Brutvögel beweist[9].

Viele regionale ornithologische Arbeitsgemeinschaften legen jährlich umfangreiche Jahresberichte als Fortschreibung ihrer Arbeit vor, die immer wieder neue Fragen aufwerfen oder auch überraschende Entwicklungen andeuten. Auf gesammelten Daten kann man sich nicht ausruhen. So wird denn auch gegenwärtig im European Bird Census Council an dem gewaltigen Projekt eines neuen Atlasses der Brutvögel Europas gearbeitet, der mit 2017 abgeschlossenen Erhebungsdaten eine methodisch verbesserte Fortschreibung der vor rund 30 Jahren gesammelten Datensätze für den ersten europäischen Brutvogelatlas zum Ziel hat[10]. Zu solchen Erhebungen über große Flächen und viele Staaten ist natürlich ein bestimmtes Maß an Vereinfachung und gewissermaßen bürokratischer Gleichschaltung unerlässlich und man muss sich oft genug auf dem kleinsten gemeinsamen Nenner zusammenfinden. Man hört daher auch kritische Stimmen zu solchen Vorhaben, denn der Nachweis von Brutvorkommen der Amsel, des Buchfinken oder der Kohlmeise auf Quadraten von 50x50

Kilometern scheint doch mehr eine bürokratische Trockenübung zu sein als ein Versuch, biologische Erkenntnis zu vertiefen. Einsatz von Probeflächen mit standardisierten Erhebungsprogrammen sollen jedoch modellierte *„feinkörnige“* Verbreitungsmuster ergeben und damit die Informationen erweitern[11]. Moderne Ansätze der Darstellung von Vogelverbreitung und -häufigkeiten werden wohl zunehmend auf Modellierungen setzen und von einer Darstellung der Freilandzählungen 1:1 in Listen, Karten und Grafiken abkommen. Auch neue Wege für dauernde Atlasfortschreibung auf der Basis von Modellierungen werden schon seit einiger Zeit diskutiert[12].

Erhebliche Fortschritte in Organisation, Technik und Auswertung von Vogelzählungen unterschiedlicher Art haben auch das Verständnis für das, was man in Zahlen ausdrücken will, geändert. Wie viele Vögel einer Art ein Gebiet besiedeln, steht nach wie vor für kleine und damit auch meist gefährdete Vogelpopulationen im Vordergrund. Für häufigere Arten begnügt man sich meist mit methodisch möglichst sorgfältigen und vor allem nachvollziehbar und transparent geschätzten Größenordnungen. Dafür rücken Verteilung im Raum und Veränderungen mit der Zeit mehr ins Zentrum des Interesses. Der Begriff Bestand hatte am Beginn der quantitativen Avifaunistik, wie man den Übergang von der beschreibenden zur „gemessenen“ Vogelbestandsaufnahme nannte, fast eine magische Wirkung, denn wie viele Laien verbanden wohl auch manche Vogelbeobachter „Bestand“ mehr oder weniger unbewusst mit „beständig“.

Hans Oelke legte 1974 nach amerikanischem Vorbild ein Übersichtschema vor, das variable Beobachtungsumstände, Schwierigkeiten und Fehler anschaulich darstellte, die es bis zum Ziel *„tatsächliche Populationsdichte“* zu überwinden oder mindestens zu minimieren gilt[13]. Das Zauberwort nach den 1950er Jahren in der Avifaunistik hieß Siedlungsdichte-Untersuchungen, korrekter formuliert siedlungsökologische Untersuchungen. Vier Ziele sollte diese Arbeit verfolgen: (1) Gewinnung jährlicher Populationsindizes, (2) Abschätzung von Populationsdichten, (3) Untersuchung der Artenzusammensetzung einer Vogelgemeinschaft und der relativen Häufigkeit (Abundanz) von Vogelarten, (4) Bestimmung der Strukturbindung von Vögeln (Kriterien der Habitatwahl).

Vogelbeobachter versuchten mit großer Begeisterung die Siedlungsdichte aller Vogelarten auf sogenannten Probe- oder Kontrollflächen möglichst genau zu erfassen. Bis auf die Dezimale hinterm Komma errechnete man Abundanzen, meist Revier oder Brutpaare auf 10 Hektar bezogen, und Dominanzverhältnisse. Man meinte auch, Arten mit den höchsten Prozentwerten als

„Leitarten" für bestimmte Biotope und Landschaften bestimmen zu können. Solche Zahlenspiele sind in unserer (Un-)Kulturlandschaft schon deshalb weitgehend obsolet geworden, weil sich Zustände durch Eingriffe des Menschen und Folgen der sich immer weiter ausbreitenden intensiven Landnutzung mit Flächenfraß ständig ändern. Auch natürliche Sukzessionen verlangen übrigens Kontrolle gefundener Zahlen in zeitlichen Abständen.

Das verkürzt die Lebensdauer von sorgfältig ermittelten Vogelstatistiken in langen Listen. Im Unterschied zu anderen Ländern erschienen in der deutschen Fachliteratur Hunderte von Siedlungsdichtelisten, überwiegend aus dem Gebiet der Norddeutschen Tiefebene. Das mag damit zusammenhängen, dass man in bergigen Landschaften mit der Bearbeitung genau ausgemessener Probeflächen weniger Auswahl und auch größere Schwierigkeiten der Kontrolle hatte als in der Ebene. Die vielen Untersuchungen zur Siedlungsdichte haben jedoch, gemessen am Arbeitsaufwand und an vielen geistvollen Berechnungen und Konstruktionen, relativ wenig gebracht. Man kann sogar im Nachhinein behaupten, dass man hier mit viel Energie und Eifer in eine wissenschaftliche Sackgasse fuhr, in der sich auch in neuerer Zeit noch manche verdienstvollen regionalen Avifaunen mit vielen Tabellen auf ansehnlichem Druckraum tummeln[14].

Vögel quantitativ zu erfassen und ihren Brutbestand zu ermitteln, war der Einstieg in Vogelzählungen und in das heute so wichtige Vogelmonitoring. Darunter versteht man die systematische Erfassung von Vogelpopulationen mit standardisierten Methoden, die über einen bestimmten, meist möglichst langen Zeitraum in festgelegten Abständen wiederholt werden. Bei Erfassungen darf es aber nicht bleiben. Sie können nur dann eine Kontrollfunktion übernehmen, wenn eingegriffen und gegengesteuert wird, falls der beobachtete Verlauf den Wünschen und Absichten nicht entspricht und Grenzwerte unter- und überschritten werden. Das Monitoring darf nicht als eine Dokumentation zu den Akten gelegt werden (S. 87 f.). In den Bemühungen um möglichst viele Siedlungsdichtelisten setzte man ein Ziel zu hoch und verlor ein anderes wegen des hohen Zeit- und Arbeitsaufwandes aus den Augen. Man wollte alle Arten gleichzeitig erfassen, um Unterschiede und Vergleichswerte zu erhalten, war aber meist nicht darauf bedacht, die Bemühungen in folgenden Jahren zu wiederholen.

Im Wald oder anderen reich strukturierten Landschaftsausschnitten waren die Untersuchungsflächen notgedrungen oft nur einige Hektar groß, weil man sonst kaum alle Arten mit gefühlter Vollständigkeit in einer Brutsaison hätte erfassen können, zumal von Amateuren, die in der Regel nicht täglich oder zu genau festgelegten Zeiten kontrollieren konnten. Die Ergebnisse auf Kleinflächen ließen sich ja notfalls auf größere Flächeneinheiten ähnlicher Struktur hochrechnen oder in Tabellen summieren. Nach ersten Erfahrungen legte man einheitliche Methoden fest, nach denen beobachtet und gezählt sowie mit der Auswertung der Beobachtung in „Papierrevieren" vorgegangen werden sollte. Doch stellte sich heraus, dass die von Oelke festgelegten Ziele [13] mit Siedlungsdichteuntersuchungen der ersten Begeisterungswelle nicht annähernd erreicht werden konnten. Pauschal merkte das Kompendium der Vögel Mitteleuropas 2005 an *„Die Angaben zur Siedlungsdichte sind sehr knapp gehalten, da Erhebungen auf kleinen Flächen wenig repr*äsentativ *sind"*[15]. Das war wohl nur ein Teil der Wahrheit, denn die Probleme, die man zunächst nicht erkannte oder nur unzureichend in Auswertungen mit einbezog, sind vielfältiger.

14 Kontrollgänge auf einer Fläche von 6,8 Hektar in einem Park mit altem Baumbestand ergaben zum Beispiel 226,7 Brutpaare pro 10 Hektar in 33 Arten. Am häufigsten waren Star, Amsel, Trauerschnäpper und Buchfink. Aber auch Rabenkrähe, Pirol, Fasan, Stockente sind in der Liste vertreten[16]. Damit werden Arten statistisch gleichbehandelt, für die ein zu verteidigendes Brutrevier keine Rolle spielt, die Reviere höchst unterschiedlicher Größe und Struktur beanspruchen, die wegen besonderer Nestansprüche in normalerweise weiten Abständen voneinander brüten oder ihre Nahrung wohl auch außerhalb der Kontrollfläche suchen. Die gefundenen Dichtewerte sind aber nicht vergleichbar, weil die Kontrollfläche für Stockente, Mäusebussard, Fasan, Buchfink oder Mönchsgrasmücke jeweils unterschiedliche Bedeutung hat und auch die Zählfehler über die Arten sicher nicht gleich liegen. Letztere sind auf 6,8 Hektar für einen erfahrenen Vogelbeobachter vielleicht zu vernachlässigen, doch dürften bei 36 Hektar in einem Erlenmoorwald des gleichen Raums mit nur 117,5 Brutpaaren pro 10 Hektar bei 9 Kontrollen in einer Brutzeit Erfassbarkeit über 46 Brutvogelarten doch unterschiedlich zu Buche schlagen.

Damit sind nicht nur die Ergebnisse über die Arten einer einzigen Kontrollflächenliste kaum miteinander vergleichbar, sondern auch die über einzelne Arten auf verschiedenen Flächen. Selbstverständlich unterschieden sich Siedlungsdichten flächig verbreiteter Vögel in verschiedenen Landschaften und Biotopen, aber die Methode kleiner Kontrollflächen kann zur Erklärung solcher Unterschiede nicht viel beitragen. Schon bald hat sich nämlich herausgestellt, dass Siedlungsdichte auch eine Funktion der Flächengröße ist. Sie nimmt generell mit der Flächengröße potenziell ab[17].

„Als Brutvogel mit relativ gut abgegrenztem Territorium kann der Buchfink sehr gut bei Erhebungen der Siedlungsdichte erfasst werden, zumal die Männchen sehr rege singen“ schreibt Peter Krägenow 1981 in seiner Buchfinkenmonographie und wird gut ein Jahrzehnt später von Hans-Heiner Bergmann im Wesentlichen bestätigt. Allerdings weiß man jetzt etwas mehr über die Variabilität des Verhaltens der Männchen in der Markierung ihrer Reviere und daher auch über Abweichungen von der allgemein geltenden Norm[18]. Die Auswertung von 1115 Siedlungsdichte-Untersuchungen in Mitteleuropa ergibt für den Buchfinken folgende Mediane der Dichtewerte: auf Flächen von 1-5 Hektar 11,1, von 10-20 Hektar 5,9 und von 40-80 Hektar 2,9 Reviere pro 10 Hektar[19].

Trotz möglicher ökologisch zu erklärender Unterschiede ist die rapide Abnahme der Siedlungsdichte mit zunehmender Flächengröße ein Artefakt. Auf kleinen Flächen täuschen Randsiedler, die ihre Nahrung teilweise außerhalb der Kontrollgrenzen suchen, eine höhere Dichte vor, auf großen Flächen, auch im geschlossenen Wald, ist mit Teilstücken zu rechnen, die als Bruthabitat ungeeignet oder wenig begehrt sind; möglicherweise ist aber auch die Erfassung aller Reviermännchen unvollständiger. Man könnte aber gewissermaßen Normwerte der Siedlungsdichte für unterschiedliche Flächengrößen berechnen. Dazu müssten vor allem kleinere Flächen eine möglichst einheitliche Form haben, damit die Randeffekte vergleichbar bleiben. Auch entsteht dann die Frage, wie konstant einzelne Jahreswerte und somit repräsentativ die auf Flächengröße normierten Werte sind. Vergleiche zwischen Zählungen auf kleinen wie auf größeren Flächen ergeben im Mittel vieler Fälle von einem Jahr auf das folgende für den Buchfinken nur Differenzen von 5 %, zwischen dem ersten und fünftem Jahr einer Untersuchung bei Flächen von 1-5 und 10-20 Hektar von nahe 20 %, verringern sich aber auf Flächen von 20-40 Hektar auf rund 8 %[19].

Solche einfachen Kalkulationen fallen für den für Revierzählungen besonders geeigneten Buchfinken recht günstig aus, mahnen aber bereits zur Vorsicht vor Hochrechnungen auf punktgenaue Werte. Selbst unter häufigen Singvögeln sind bei vielen Arten Reviere oder Brutpaare nicht annähernd so leicht zu zählen wie Buchfinken. Goldhähnchen, Kernbeißer, Erlenzeisige und vor allem Haussperlinge geben dem Vogelzähler manch harte Nuss zu knacken.

Die eifrigen Siedlungsdichtezähler markierten die Pionierphase der späteren Arbeiten zum modernen Monitoring der Vogelbestände und ihrer Dynamik. Man lernte aus den Anfängen, die Probleme von verschiedenen Seiten aus zu betrachten und Programme danach auszurichten. Ein wichtiger grundlegender Ansatz für möglichst realitätsnahe Zahlen ist das mittlerweile enorm gestiegene Wissen um Verhalten und Lebensweise der Arten in die Methodenstandards für die Erfassung von Brutvögeln und Durchzüglern einzubringen. Ohne systematische Standardisierung der Erhebungsmethoden geht es nicht, aber alle in Betracht kommenden Arten gleichzeitig mit gleichem Aufwand und Methoden zu erfassen, negiert die Diversität. Artspezifische Methoden sind also unerlässlich.

So kann wegen der vielfältigen Struktur und Dynamik von Vogelpopulationen, aber auch wegen des individuellen Verhaltens und regional unterschiedlicher Umweltvoraussetzungen, kein einheitliches und statisches Schema die Aufgaben meistern, wie es häufig in der klassischen Siedlungsdichte vorgeschlagen wurde. Ferner ist klar, dass eine vollständige Erfassung der Vögel eines Gebiets unmöglich ist und man sich immer mit Näherungswerten begnügen muss. Da kleine Bestandsunterschiede in der Regel kaum ernsthaft zur Diskussion stehen, reichen Näherungswerte oft aus. Doch ist Voraussetzung, dass optimale Vergleichbarkeit der Werte durch standardisierte Erhebungsmethoden erreicht wird.

Die Anstrengungen, Vogelzählungen wissenschaftlicher Forschung und praktischen Entscheidungen nutzbar zu machen, reichen vom Angebot verschiedener Erhebungsmethoden und der mit ihnen zu bearbeitenden Fragestellungen im Freiland bis zu statistischen Modellen der Auswertung am Computer. Generell erweist sich für Freilandermittlungen die Sicherung von wirklichen Nullwerten gegenüber methodisch bedingten Fehlwerten als Herausforderung. War der Vogel wirklich nicht da oder wurde er nur nicht registriert? Kritische Vergleiche von Methoden, Abundanzen zu ermitteln, zeigen erhebliche Unterschiede der Ergebnisse, je nachdem, was man wie vollständig in welchen räumlich-zeitlichen Dimensionen erfassen möchte, und fordern für „schwierige" Arten meist zusätzlichen Aufwand, besonders in reich strukturierten Biotopen. Über Fragen der Datenaufnahme im Freiland sind schon viele Symposien abgehalten und Bücher geschrieben worden, deren Fortsetzung absehbar ist[20].

Das allgemeine Bild beherrscht die Einsicht, dass Aussage und Methode aufeinander abgestimmt sein müssen und gut vergleichbare relative Zahlen oft aussagekräftiger sind als absolute Werte mit unbekannter Fehlergröße. Über die einzelnen Arten der Brutvögel Deutschlands sind Methodenstandards zur Erfassung ausgearbeitet worden. Die gehaltvolle Übersicht der artspezifischen Besonderheiten, die es zu beachten gilt, ist ein grundlegender Ansatz, Standards der Erfassung und Vielfalt des Vogellebens in einer Arbeitsgrundlage zusammenzubringen[21]. Möglichst fehlerfreie Erfassung erfordert auf alle Fälle hohen Zeitaufwand und sehr gute Kenntnis nicht nur des Aussehens und Verhaltens in Betracht kommender Arten, sondern auch des zu bearbeitenden Gebiets. Das alles bringt hohen Zeitaufwand mit sich. Projekte großflächiger Kartierungen und langfristigen Monitorings sind deshalb unbezahlbare Leistungen ehrenamtlich arbeitender Vogelbeobachter.

Zur Bearbeitung vieler Fragen sind aber darüberhinausgehende, eingehende Studien an einzelnen Arten nötig, auch unter Einsatz technischer Hilfen. Für eine Reihe von Vogelarten, wie etwa dem Mittelspecht, lassen sich brauchbare Bestandsaufnahmen nur erreichen, wenn man arteigene Lautäußerungen vorspielt, auf die revierhaltende Individuen antworten. Solche Klangattrappen sind bei dämmerungs- und nachtaktiven Vögeln unverzichtbar.

Doch auch hier muss man Erfahrungen sammeln und methodische Vorgaben sorgfältig beachten, wie etwa beim Waldkauz, um Fehler durch Doppelzählungen mobiler Antwortrufer zu vermeiden[22]. Für den Steinkauz erhielt man in Großbritannien gute Ergebnisse im Vergleich mit Kontrolle von Brutplätzen, doch antworteten die Käuze mit zunehmender Entfernung der Klangattrappe weniger zuverlässig[35]. Für Waldohreulen in der Schweiz ergab sich durch Einsatz von Klangattrappen eine Erhöhung der Beobachtungswahrscheinlichkeit um fast das Doppelte, doch zeigte sich auch, dass das Vorspiel Verhaltensänderungen nach sich zog und noch Kontrollgänge zur Zeit des Ästlingsstadiums der Jungvögel nötig sind, um den Bestand zu ermitteln[36].

Klangattrappen können Vögel beunruhigen, sodass auch außerhalb von Naturschutzgebieten, in denen sich solche Eingriffe verbieten oder allenfalls besonderer Genehmigung bedürfen, der Einsatz möglichst sparsam stattfinden muss. Akustisches Monitoring hat auch bei der den Vogelkundigen lange Zeit sehr verborgen gebliebenen Waldschnepfe Möglichkeiten des Zählens eröffnet. Über zehn Jahre nahmen Schweizer Ornithologen an bestimmten Hörpunkten in der Abenddämmerung das Quorren und Puitzen, den Fluggesang der Männchen, auf und konnten durch Vergleich akustischer Parameter individuell die Vögel erkennen und damit den Bestand der balzaktiven Männchen über Jahre verfolgen. Ganz nebenbei wurde an 333 Hörpunkten, die über die bewaldeten Flächen des Kantons Neuchâtel verteilt waren, die Brutverbreitung des versteckt lebenden Vogels kartiert[23]. Man muss sich für das Zählen von Vögeln oft enorme Mühe geben.

Natürlich wird für das Zählen großer Vogelmengen auf dem Wasser längst auch das Flugzeug eingesetzt und mithilfe von Hightech auch nach weiteren

Möglichkeiten gesucht, wie am Beispiel des Airborn Laser-Scannings für Waldvögel in Norwegen[24]. Für Dauerbeobachtungen der Aktivität von Kleinvögeln an bestimmten Plätzen, zum Beispiel Nestern oder Futtergeräten, sind längst Kameras oder Smartphones mit Möglichkeiten von Videoaufzeichnungen im Einsatz[25]. Die moderne Ortungstechnik macht es möglich, individuelle Wohngebiete, Habitatwahl und damit auch Siedlungsdichte vom Vogel selbst mitgeteilt zu erhalten. Zunehmende Verkleinerung von Sendern und Datenloggern erlauben auch bei Kleinvögeln Methoden, wie sie seit längerem für die Erforschung kleiner und großer Ortsbewegungen von Großvögeln angewendet werden[26].

Hier ist bereits ein Stück auf einem Weg zurückgelegt, der in atemberaubendem Tempo unser Wissen erweitert. Allein eine gestraffte Übersicht über Möglichkeiten der Gewinnung und Übertragung von Daten direkt vom Vogel ans Endgerät sowie der Menge und Vielfalt der dadurch übermittelten Informationen als Herausforderung für Fragestellung und Forschung ist zu einer komplizierten Lektüre geworden; Ornithologie ist im Bereich der Big Data angekommen[27]. Der Vogelbeobachter mit Fernglas und trainierten Ohren hat in der scheinbar methodisch so simplen Tätigkeit des Vogelzählens gewaltige Konkurrenz erhalten, die ihm die Untersuchung mancher Fragen längst abgenommen hat, aber auch herkömmlichen Arbeitsansätzen neue Impulse gibt und ihm bestimmte Aufgaben zuweist, deren Lösung als Wissensbasis für die Bewahrung der Diversität unverzichtbar ist. Noch vor etwa 60 Jahren war in der universitären Zoologie das Zählen von Vögeln verpönt und für die Laufbahn eines Studenten oder Assistenten abträglich. Heute zerbrechen sich ausgefuchste Statistiker darüber die Köpfe und Institute wie zunehmend auch Arbeitsgemeinschaften von professionell arbeitenden Amateuren setzen teure Hightech dafür ein.

Nicht nur die zunehmende Kenntnis der Lebensweise zu zählender Vögel hat Methoden verfeinert und damit einen wichtigen Weg zur möglichst guten Abbildung der Realität beschritten. Für Vergleiche über Raum und Zeit spielt auch die Wahl der Untersuchungseinheiten eine wichtige Rolle. In großräumig angelegten Programmen wie „Monitoring häufiger Brutvögel in der Normallandschaft“ werden einheitlich dimensionierte Probeflächen, in der Regel Quadrate, nach übergeordneten Gesichtspunkten, etwa Zufallsauswahl in geschichteten Stichproben mit GIS-Programmen, und nicht nach Vorlieben und regionaler Verteilung von Vogelbeobachtern gewählt. Ihre Bearbeitung erfolgt nach strengen Vorgaben als Linienkartierungen auf festgelegten Routen in einer vorgeschriebenen Zahl von Begehungen. Mit einer Software für die

Auswertung lassen sich aus den ermittelten Revierzahlen Trends berechnen[28]. Seltene Brutvögel, Wasservögel oder Eulen und Greifvögel müssen mit anderen Methoden erfasst werden; für koloniebildende Brutvögel gibt es besondere Erhebungsprojekte für große Räume und Zähltechniken in dicht gepackten Brutkolonien.

„Jeder Vogel zählt" erschöpft sich aber nicht im Zählen von Köpfen und beschränkt sich nicht auf die Ermittlung von Brutvögeln[29]. 1972 begann nach 25-jährigen Voruntersuchungen das Mettnau-Reit-Illmitz-Programm (MRI Programm) der Max-Planck-Gesellschaft, das 32 Jahre lang unter streng normierten Fangbedingungen während der Wegzugzeit nicht weniger als 181 186 Erstfänglinge registrierte und damit an drei Stellen Mitteleuropas, Hamburg – Bodensee – Neusiedler See, repräsentative Relativzahlen über die Bestandsentwicklung von 33 ziehenden Kleinvogelarten ermittelte[30]. Thomas Gottschalk und László Kövér kontrollierten in systematischen Netzfängen ob und wie Maisfelder, für Vögel denkbar unattraktive Flächen, von Vögeln im Sommer und Herbst genutzt werden. Dabei konnten sie nicht nur genaue Daten zur Häufigkeitsverteilung von 35 Arten gewinnen, sondern auch über vertikale und räumliche Verteilung der Individuen. Zentrale Teile eines Maisfeldes sind weniger vogelreich als randständige und die Vogeldichte ist im Mais deutlich geringer als in Schilfgebieten oder Gehölzfluren. Die Bedeutung landwirtschaftlicher Nutzflächen für Vögel zu vergleichen, lässt sich durch reine Beobachtung nicht annähernd so exakt ermitteln.

Zudem kommt als weitere Dimension dazu, dass das Muster von Wiederfängen innerhalb einer Saison Aufschluss darüber gibt, ob und wie lange sich einzelne Individuen der verschiedenen Arten an einem Platz aufhalten[31]. Habitatwahl und -nutzung, Rastdauer von Durchzüglern und Verteilung der Individuen verschiedener Arten in der Vegetation kann mit Fangprojekten ungleich exakter erfasst werden als durch reine Beobachtung. Fang von Kleinvögeln kann aber noch weitere wichtige Informationen für das Schicksal von Populationen liefern.

Standardisierter Fang, Beringung und Wiederfang spielen die entscheidende Rolle beim Integrierten Monitoring von Singvogelpopulationen (ISM), das von den drei deutschen Vogelwarten Helgoland, Radolfzell und Hiddensee Mitte der 1990er Jahre begonnen wurde. Auf möglichst vielen konstant nach der Brutzeit besetzten Fangpunkten werden durch standardisierten Netzfang mit konstantem Aufwand nicht nur Bestandsänderungen anhand der gefangenen Vögel gemessen wie beim MRI-Programm, sondern auch Nachwuchsmengen und Sterblichkeit. Fang und Wiederfang von einer Brutsaison zur nächsten erlauben, einen Überlebensindex zu berechnen. Das Verhältnis von diesjährigen zu nicht diesjährigen Vögeln, die man durch genaue Kontrolle von Gefiederzeichnung und Mauserzustand des Vogels in der Hand unterscheiden kann, ergibt ein Maß für den Bruterfolg. Die diesjährigen Fänglinge haben bereits einige Zeit nach dem Flüggewerden die erste besonders gefährliche Periode überlebt und damit im Vergleich zu Nestlingen eine höhere Chance, Mitglieder der Brutpopulation im nächsten Jahr zu werden.

Nach einer ersten umfassenden Auswertung von 74 Untersuchungsflächen in Deutschland gingen von 1998 bis 2003 unter 42 untersuchten Arten bei 14 die Bestände signifikant zurück und nahmen bei sechs zu. Der Bruterfolg nahm bei sechs Arten ab, Zunahme kam hier nicht vor. Die Überlebensrate ging bei Sumpf- und Teichrohrsänger zurück, bei allen anderen Arten änderte sie sich nicht. Wenn man aber die Mittelwerte der Arten nach Gruppen ordnet, blieb der Bruterfolg bei Standvögeln und Teilziehern unverändert, nahm bei Zugvögeln jedoch über die Jahre ab. Für Langstreckenzieher ging auch der Überlebensindex zurück. Insgesamt scheint die Bestandsentwicklung stärker vom Überleben als vom Bruterfolg abhängig zu sein. Das sind erste wichtige Schritte in ein Verständnis der Populationsdynamik, das Ergebnisse reiner Bestandszählungen vertieft und erklärt[32]. Inzwischen sind auch weitere Ergebnisse zu diesem Forschungsansatz veröffentlicht, die sich mit der Frage des physiologischen Zustands gefangener Vögel (Fettanlagerung) und der Variabilität der Befunde über die Fläche befassen [37]. An dieser zukunftsträchtigen Arbeit mit Fang und Beringung sind wieder viele ehrenamtliche Vogelkundler beteiligt, wenn auch die Auswertung der Ergebnisse Einsatz spezieller Software und Beherrschung der Statistik erfordert.

Vögel zählen ist zu einem vielseitigen und komplexen Vorhaben geworden, mit vielen Problemen und ganz unterschiedlichen Fragestellungen, die nur in der Zusammenarbeit von vielen begeisterten Amateuren und in Instituten arbeitenden Wissenschaftlern zu beantworten sind. Auch mit hohem Aufwand und in großen Dimensionen von Raum und Zeit durchgeführten Projekten mit enormen Datenmengen ist oft nur ein Ergebnis beschieden, das zwar Situationen elegant beschreiben und Zusammenhänge erklären kann, aber auch viel offenlässt und vor allem oft erstaunlich rasch von der Zeit überholt wird. Nur wer dauernd neugierig bleibt, wird Irrtümern über Vögel in unserem Umkreis aus dem Weg gehen können. Aber Monitoring und eifriges Zählen darf keine Sterbebegleitung sein, sondern muss aktives Handeln fordern. Sonst zählen wir Bücher, während die Bibliothek bereits brennt[38].

„Schädliche Vögel". Chromolitho um 1890

Von Problemen, Vielfalt zu ordnen

In der Evolution der Lebewesen gibt es nach Ernst Mayr (1904-2005) keine Naturgesetze im Sinne der Physik; Theorien der Evolutionsbiologie setzen auf Konzepte[1]. Die Vielfalt der Vögel zu erfassen bedeutet daher nicht nur, eine Fülle unterschiedlicher Gestalten zu kennen und zu unterscheiden. Vielfältige Unterschiede, die in überschaubaren Einheiten nicht erschöpfend zu beschreiben sind, kennzeichnen auch die Individuen innerhalb einer Population. Die Folge der unfassbaren Menge von Einzelinformationen – das Genom eines Vogels umfasst etwa eine Milliarde Basenpaare – ist eine Vielfalt von Lebensäußerungen und Vernetzungen, die es außerordentlich schwer macht, sie auf scheinbar einfache und gut definierbare Kategorien und Begriffe für unser Denkvermögen reduziert zu beschreiben und zu ordnen.

Mit dem viel zitierten gesunden Menschenverstand kommt man also oft nicht weit, auch wenn die Ornithologie im Zeitalter der Genomik, der Analyse des vollständigen Genoms, angekommen ist und viele unlösbar erscheinenden Fragen beantwortet werden können[2]. Es geht aber hier weniger um die auf Konzepten beruhende Philosophie der Biologie, sondern um Irrtümer, die im Verständnis, in Erklärungen und Begründungen sowie in der Bewältigung von Problemen in der Praxis vom naturliebenden Bürger, vielleicht auch vielen Vogelbeobachtern, bis in die Amtsstuben des Vollzugs und der Entscheidungsträger entstehen.

Irrtum

22. Arten sind eindeutig voneinander abzugrenzende Grundeinheiten der natürlichen Vielfalt, weil Vögel, die gleich aussehen, einer Art, solche die verschieden aussehen oder sich unterschiedlich verhalten verschiedenen Arten angehören.

23. Zwischen Arten finden keine Kreuzungen statt oder zumindest sind Hybride aus „Fehltritten" nicht fruchtbar.

24. Systematik ist eine traditionelle museale Wissenschaft, die Vögel Namen zuweist und sie in Listen oder Schubladen ordnet.

Raben- und Nebelkrähe sind optisch gut zu unterscheiden. Daher tragen sie auch zwei alte deutsche Namen. Dort wo die Verbreitungsgebiete der beiden Formen (Taxa) aufeinandertreffen, gibt es Hybriden. Raben- und Nebelkrähe paaren sich also miteinander und stoßen sich nicht an ihren Farbunterschieden. Auch Hybridvögel haben ganz offensichtlich ihre Chance und werden bei der Paarbildung nicht diskriminiert, sodass es ganz unterschiedliche Farbabstufungen von Mischkrähen gibt. Vogelbeobachter können daher Nebelkrähen, Hybride vom Nebelkrähentyp, intermediäre Hybriden, Hybriden vom Rabenkrähentyp und Rabenkrähen unterscheiden[3]. Hybride sind entlang der Grenze zwischen Nebelkrähe und Rabenkrähe, die im Nordosten Deutschlands verläuft, ganz normal. Dort hat sich eine relativ schmale Mischzone gebildet, in der gemischte Paare von Nebel- und Rabenkrähen brüten. Merkwürdigerweise findet aber die Vermischung der beiden Krähentypen in Europa nur in dieser schmalen Zone statt, die zumindest sei vielen Jahrzehnten relativ konstant ist und keine breitflächige Vermischung der beiden Formen anzeigt[4]. Offenbar gibt es eine Selektion gegen Hybriden oder anders ausgedrückt, haben Hybriden fern der Vermischungszone schlechtere Chancen, fruchtbare Nachkommen zu erzeugen als die jeweils mit ihnen konkurrierenden reinen Raben- oder Nebelkrähenpaare. Woran das liegen könnte, ist noch nicht schlüssig geklärt.

Die Situation wirft die Frage auf, ob man die beiden gut unterscheidbaren und sich im größten Teil ihres jeweiligen Areals unvermischt vermehrenden Krähenformen als Arten oder als Unterarten in den Listen führen soll. Unterarten (Subspezies) sind der Definition folgend taxonomische Einheiten unterhalb der Art, die man an äußeren Merkmalen, an Besonderheiten des Verhaltens oder genetisch unterscheiden kann. Ihre Verbreitungsgebiete sind in der Regel voneinander getrennt, bei vollkommener Trennung spricht man von allopatrisch, bei Berührung der Grenzen oder geringfügiger Überschneidung von parapatrisch. Wenn sich Angehörige verschiedener Unterarten treffen, können sie fruchtbare Nachkommen zeugen. In der relativ schmalen Mischzone verhalten sich Nebel- und Rabenkrähe also wie Unterarten. Außerhalb sind die Chancen der Fortpflanzung für Mischpaare gegenüber reinen Raben- oder Nebelkrähenpaaren offenbar so begrenzt, dass, wie normalerweise zwischen Arten, Vermischungen in der Regel nicht entstehen. Nebel- und Rabenkrähen kommen zum Beispiel im Winter durchaus miteinander oder mit Hybriden in Kontakt, sodass zumindest eine Verbreiterung der Mischzone zu erwarten sein könnte.

Lange Zeit hat man sich damit beholfen, Nebel- und Rabenkrähe als eine Art unter dem Namen Aaskrähe zusammenzufassen. Im Handbuch der Vögel Mitteleuropas werden 1993 unter diesem Namen Nebel- und Rabenkrähe zwei Subspeziesgruppen der Aaskrähe zugeordnet, in der Artenliste der Vögel Deutschlands 2005 und im Kompendium der Vögel Mitteleuropas sind Raben- und Nebelkrähe nach Andreas Helbig (1957-2005) je eine Semispezies („Halbart") unter einem Dach einer Superspezies und der Atlas deutscher Brutvogelarten von 2014 führt die beiden als zwei Arten[4], ebenso die neueste Fassung 2018 der Weltvogelliste des International Ornithological Congress (IOC)[5]. Diese kleine Übersicht belegt nicht etwa hilflose Autoren, die nicht wissen, wie sie sich entscheiden und korrekt ausdrücken sollen, sondern ein grundsätzliches wissenschaftliches Dilemma.

„Bis heute gehört die Frage, was Arten eigentlich sind, wie wir sie gegeneinander abgrenzen und wie sie entstehen zu den großen und längst nicht vollständig gelösten Rätseln der Evolutionsbiologie" fasst der Evolutionsbiologe Matthias Glaubrecht 2016 in einem Plenarvortrag auf der 149. Jahresversammlung der Deutschen Ornithologen-Gesellschaft (DO-G) nicht nur den Stand der Dinge zusammen, sondern streift in diesem Satz auch kurz die Frage, wo die Probleme liegen[6]. Was ist eine Art? Ein kluger praxisorientierter Ratgeber der Royal Society

for the Protection of Birds (RSPB) antwortet: „*Das war bisher eine leicht zu beantwortende Frage, aber dank aktueller Fortschritte in der Taxonomie hat sie heute, ehrlich gesagt, etwas von einem Alptraum*"[7].

Ein sinnvolles Ordnungssystem der Vögel muss die verwandtschaftlichen Zusammenhänge der Vögel wiedergeben, also ihre Stammesgeschichte abbilden. Verwandtschaft bringt Ähnlichkeiten mit sich, die man möglichst genau erfassen muss. Bis weit ins vorige Jahrhundert hinein war man darauf angewiesen, mit phänotypischen (äußeren) Merkmalen, die zu sehen, zu hören und zu messen, also möglichst objektiv zu beschreiben sind, Ähnlichkeiten zu erkennen und auf ihrer Basis auf stammesgeschichtliche Zusammenhänge zu schließen. Auch biogeographische Verbreitungsmuster und Versuche, sie zu rekonstruieren, spielten in manchen Fällen eine nicht zu unterschätzende Rolle. Als man durch molekulargenetische Methoden die Bausteine des genetischen Codes lesen und vergleichen konnte, änderte sich das Bild grundlegend. Jetzt ist es möglich, hinter die äußere Gestalt zu sehen und zwischen Ähnlichkeiten zu unterscheiden, die stammesgeschichtlich erworben wurden und dadurch mit gemeinsamen Vorfahren zu tun haben (Homologien), von solchen, die auf ähnliche Lebensweise und damit Anpassungen an ähnliche Umweltbedingungen zurückzuführen sind, unabhängig von stammesgeschichtlichen Verwandtschaftsverhältnissen (Analogien).

Die vorher von Universitätszoologen meist deutlich verachtete Systematik war auf einmal eine spannende und vielversprechende Forschungsrichtung mit enormem Neuland geworden. Sie führte zu vielen Neugliederungen und Neubewertungen auf verschiedenen Ebenen der Taxonomie, also Vogelordnungen, Vogelfamilien und Vogelgattungen, und damit zu vielen Umstellungen in Vogellisten und -übersichten. Falken und Habichtverwandte wurden bisher vielfach als zwei Familien in eine Ordnung gestellt oder als zwei Ordnungen nebeneinander. 2006 bietet ein Buch über Greifvögel drei unterschiedliche systematische Gruppierungen von Geiern, Habichten, Bussarden und Falken an, um einen modernen Überblick zum Stand des Wissens zu geben[8]. Nur ein paar Jahre später war klar, dass Falken mit Greifvögeln nichts zu tun haben und im Stammbaum der Vögel von ihnen weit entfernt in der Nachbarschaft von Papageien stehen. Eulen dagegen, die man wegen vieler abweichender anatomischer Merkmale herkömmlicherweise weit weg von Greifvögeln und Falken platzierte, sind nun als Nachbarn der Ordnung der Greifvögel nahe gerückt [2]. Solche Umstellungen unter Vogelordnungen und Familien unterschiedlichen phylogenetischen Alters sind nicht außergewöhnlich, sodass man sich umfassend neu orientieren muss. In untergeordneten taxonomischen Einheiten, wie Gattung, Art und Unterart ist noch vieles im Fluss. Bisher hat die Forschung auch hier viele Neuordnungen erfordert und manche Überraschungen an den Tag gebracht. Dazu gehört auch die Entdeckung mancher kryptischen Arten, die man bisher wegen ihrer großen äußerlichen Ähnlichkeit übersehen hatte.

Die Probleme um den Begriff Art als Grundeinheit der Taxonomie und damit als fundamentale Einheit der Vielfalt (Diversität) haben aber auch die enormen Fortschritte in der modernen Systematik nicht gelöst. Der Grund liegt darin, dass der allmähliche und kontinuierliche evolutive Ablauf von Veränderungen, die über Verzweigungen des Stammbaums zu Arten führen, durch gedankliche „Grenzlinien" in definierte Einheiten zerlegt wird, salopp gesagt, Vögel als der einen oder anderen Art zugehörig in verschiedene Schubfächer gesteckt werden sollen. Die mentale Kategorie sieht die Art als fixiert herausgebildete Einheit. Aus der Perspektive der Evolution muss man aber daran denken, dass jede Gruppe von nahe verwandten und dann meist auch sehr ähnlichen Arten von einem gemeinsamen Vorfahren abstammt. Zumindest einige der gegenwärtigen Arten werden aber dann Gründer von Artbildungen der Zukunft.

Artbildung ist somit ein fortlaufender Prozess, der sich ganz langsam um uns herum vollzieht. Es muss daher auch Formen geben, zwischen denen die Artbildung gerade beginnt oder in den Anfangsstadien steckt. Dadurch entstehen zwei Herausforderungen, zu deren Lösung unterschiedliche Meinungen vertreten werden. Die eine betrifft das Konzept, das der Definition von Einheiten, also Arten, zugrunde liegt und somit die Frage zu beantworten sucht: „Was ist eine Art?" Die andere Frage beschäftigt sich damit, wie weit oder wie eng die Grenzen für die definierten Einheiten innerhalb eines Konzepts gezogen werden sollen.

Man könnte die Grenzen natürlich statistisch als Unterschiede der DNA-Sequenzen definieren. Aber man kann nicht alle Vogelgruppen über einen statistischen Kamm scheren, denn unterschiedliche Generationenlänge oder räumliche Verteilung und Dichte der Individuen, Kontakt mit ähnlichen Arten oder Konkurrenten und mitunter kurzzeitig sich ändernde oder variierende Umweltweinflüsse bestimmen Tempo und Richtung evolutionärer Vorgänge, stören also rein statistische Vergleiche wie etwa zwischen Albatrossen, Adlern, Drosseln oder Meisen. Erst biologische Einsichten, wie das Verhalten von Individuen, die nebeneinander in Kontaktzonen oder in denselben Arealen in verschiedenen Habitaten vorkommen, und das Ausmaß ihrer Hybridisierung entscheiden über den biologischen Status zweier eng verwandter und sehr ähnlicher Arten. Freilandforschung muss demzufolge Laborergebnisse ergänzen.

Grundsätzlich gilt, jede Vogelart unterscheidet sich in Aussehen und Verhalten mindestens in Kleinigkeiten von der nächstverwandten Art. Sie tendiert dazu, sich nicht mit Individuen einer anderen Art zu verpaaren, kann sich dagegen mit Individuen der eigenen Art uneingeschränkt kreuzen und hat auch im Vergleich zur nächstverwandten Art eine etwas andere Evolutionsgeschichte seit den jüngsten Vorfahren.

In der Ornithologie weitgehend angewendet wird das Biologische Artkonzept, wie es Ernst Mayr (1904-2005) vertrat. Es definiert eine Art als eine Gruppe von Populationen, die miteinander Gene austauschen, da sich ihre Individuen uneingeschränkt miteinander paaren können, die aber von anderen Populationen genetisch isoliert sind, weil sie sich nicht mit ihnen fortpflanzen. Die Fortpflanzungsisolation zwischen beiden Einheiten ist nicht immer vollständig, sodass es durchaus zu Hybridisierung kommen kann, die aber in der Regel nicht zur Vermischung der beiden Populationsgruppen führt (zum Beispiel, weil Hybride unfruchtbar sind oder sie und ihre Nachkommen geringere Fitness als Nichthybriden haben). Es kommt in dieser Definition also nicht auf die Schnittmengen bestimmter Merkmale und Eigenschaften an, sondern auf die Beziehungen einer Gruppe zur anderen. Isolationsmechanismen verhindern prinzipiell eine Vermischung zweier biologischer Arten (Biospezies).

Aber einige Fragen bleiben in diesem Konzept offen, zum Beispiel welches Maß an Hybridisierung zwischen zwei Arten noch toleriert werden kann oder wie es mit der reproduktiven Isolation in weit voneinander getrennten Gebieten lebenden Populationen gleich oder ähnlich aussehender Vögel steht, die nicht überprüft werden kann, weil ihre Individuen sich seit Generationen nicht begegneten.

Ein anderes Konzept, das phylogenetische Artkonzept, setzt gewissermaßen auf Zeit und schaut in die Vergangenheit: Art ist jede Gruppe von Individuen, die von einem gemeinsamen Vorfahren abstammt und sich mit einem gemeinsamen Merkmal von anderen Gruppen unterscheidet. Ein Unterschied lässt auf getrennte Evolutionswege schließen, was in diesem Konzept bereits zum Artstatus reicht. Dadurch erzielt man ein feinkalibriges Maß der Diversität, aber jede kleine geographisch isolierte Population kann in relativ kurzer Zeit Unterscheidungsmerkmale entwickeln. Unterarten nach dem biologischen

Artkonzept zeigen bereits Merkmalsunterschiede, die nach strikter Konsequenz des Phylogenetischen Artkonzepts zu Arten führen. Man käme daher zu einer riesigen Zahl kaum unterscheidbarer Arten. Unterarten sind in diesem Konzept so gut wie nicht möglich.

In beiden Artkonzepten – es gibt deren noch weitere – ist Willkür von Entscheidungen nicht ganz auszuschließen, Artabgrenzungen können also durchaus einer subjektiven Auffassung entsprechen. Die Beschreibung einer neuen Art ist genau genommen eine Hypothese, die vorgelegt wird und deren wissenschaftliche Prüfung Jahre dauern kann. Die Bildung von Arten ist ein komplexer Vorgang, den Definitionen nicht befriedigend abbilden können. Formulierungen, die Kernaussagen zum Konzept einer Art in eine möglichst umfassende Form bringen und damit versuchen, die komplexe Evolution der Artbildung zu berücksichtigen, klingen daher etwas umständlich, etwa: Eine Vogelart ist ein System von Populationen, die grundsätzlich von einem gemeinsamen Vorfahren abstammen und eine genealogische aufeinander folgende Linie von Individuen bilden, die sich gemeinsam fortpflanzen, aber nicht zwingend komplett von anderen solcher Systeme isoliert sind[9].

Damit sind nicht alle Probleme gelöst, denn es gibt meist aus mehr praktisch orientierter Sicht zum Beispiel Versuche, willkürliche Unterscheidungskriterien zu objektivieren, um etwa dem Artenschutz bessere Argumente in die Hand zu geben. Ein sorgfältig ausgearbeitetes numerisches Bewertungssystem nach verschiedenen Kriterien mit einer Punktevergabe zur Definition von Arten, mehr für die Praxis gedacht, hat daher längst nicht alle Fachleute überzeugt und wurde als der Wissenschaft nicht dienlich eingestuft, auch wenn ihm von BirdLife International und den beiden abschließenden Bänden des Handbuches der Vögel der Welt gefolgt wird. Wie groß selbst bei strikter Vorgabe die Probleme sind, Arten zu definieren und gegeneinander abzugrenzen, zeigt allein die Tatsache, dass der Wahl und Diskussion von Artkriterien über 20 großformatige einleitende Seiten mit vielen Beispielen und Problemfällen einer modernen Weltliste der Vogelarten vorangestellt werden[10].

Vogelbürokratie 1: Wer verdient besonderen Schutz?

Artenschutz, Artenvielfalt und artgerechte Haltung sind Begriffe, die verständlich klingen, aber manchen Irrtum beflügeln. Wenn Artabgrenzungen unterschiedlich gesehen werden und als Folge fortschreitender Forschung mitunter neu gezogen werden müssen oder flexibel bleiben, könnte das in der Praxis von Entscheidungen und Beurteilungen nicht nur zu Irrtümern oder zumindest kleinen Problemen und manchen Fragezeichen ohne Antwort führen. Auch die Ordnung unseres Wissens und das Speichern von Kenntnissen kommt nicht ohne Schubfächer aus, die oft zu Klischees werden, welche die Natur und damit auch die Welt der Vögel nach unserem Gusto ordnen.

Irrtum

25. Biodiversität ist nichts anderes als Artenvielfalt, also die Zahl der in einem Gebiet vorkommenden Arten.

26. Rote Listen sind nur komplizierte Vogelschutzbürokratie.

27. Unsere Naturschutzgebiete reichen aus, Biodiversität zu erhalten.

28. Naturschutz ist die Erhaltung von Zuständen und Landschaftsbildern.

29. Waldbrand, Windwurf, Überschwemmung sind ökologische Katastrophen.

Das passiert natürlich zunächst einmal in der Bürokratie, der auch Vögel nicht entkommen, wenn zum Beispiel Regularien zum Schutz ihrer Bestände formuliert werden. Artenvielfalt als wichtiges Schutzgut wird immer noch oft mit biologischer Vielfalt (Biodiversität) gleichgesetzt, obwohl mittlerweile selbst politische Gremien Beschlüsse zur Erhaltung der Biodiversität gefasst haben[11] und auf der Grundlage des Kabinettbeschlusses der deutschen Bundesregierung vom 7. November 2007 eine Nationale Strategie zur biologischen Vielfalt mit allen wichtigen Details in einer Broschüre erklären[42]. Zu Biodiversität zählt auch die Vielfalt von Lebensräumen mit ihren Ressourcen und vor allem die genetische Vielfalt in und zwischen Populationen. Damit sind auch manche strittigen Definitionen im Artenschutz ausgeräumt, wie das Bestreben, Artabgrenzungen möglichst eng zu halten, also verwandtschaftliche Gruppierung in möglichst viele Arten zu splitten, um juristisch fassbare Kriterien für Schutzmaßnahmen zu haben. Unterschiedliche Populationen brauchen nicht zwangsläufig verschiedene nomenklatorische Bezeichnungen, um Schutzbestrebungen zu rechtfertigen. Denn Vielfalt schützen hat letztlich das Ziel, nicht unter allen Umständen einen Zustand zu bewahren, sondern die Dynamik in Gang zu halten, sich also auf Vorgänge zu konzentrieren und damit im Sinne der Evolution nachhaltig zu handeln. Genetische Vielfalt zwingt, auch innerhalb von Artgrenzen „Artenschutz" zu betreiben. Aber das ist leichter gesagt als getan.

Um die Bemühungen des Vogelschutzes auf brennende Probleme zu konzentrieren und der Praxis Richtlinien zu geben, ist man auf kurz gefasste, für Vollzug und Rechtsprechungen auch leicht einsichtige Zusammenfassungen und Bewertungen angewiesen. Veränderungen von Vogelbeständen und ihrer Verteilung im Raum, aber auch neue Forschungsergebnisse zwingen dazu, solche Arbeitsgrundlagen von Zeit zu Zeit zu überarbeiten und der Realität anzupassen. Papiere mit Schutzrichtlinien können also grundsätzlich nur begrenzte Geltungsdauer beanspruchen und erleben immer wieder neue Auflagen. Das gilt auch für ausgefeilte Vorschläge wissenschaftlicher Überlegungen, die dem Vollzug oft manche Probleme bereiten.

Natur, etwa in einem Nationalpark, möglichst ungestört ihren Lauf zu lassen, klingt überzeugend, kann aber mit dem Verschwinden besonders interessanter und schützenswerter Arten zu bezahlen sein. Auerhühner verschwinden, wenn im Hochwald alle Lichtungen zuwachsen und man zu lange auf die heilsam zerstörerische Kraft von Waldbrand, Sturm oder Borkenkäfer warten muss, die wieder frühe Waldstadien entstehen lassen und dadurch die Vielfalt fördern. Windwurf, Borkenkäfer oder Waldbrand werden als ökologische Schäden oder Katastrophen gesehen, sind aber in der Regel „nur" ökonomische, oft von Menschen hausgemacht. Unter dem verheerenden Eindruck von Natur„katastrophen" oder abrupten wie allmählichen Beendigungen eines Zustands übersieht man Chancen für neue Anfänge. In einem Naturschutzgebiet den augenblicklichen Zustand nach erlassener Verordnung erhalten zu wollen, kommt folglich nicht ohne Engriffe aus, die mitunter erheblichen Schaden am Bestand von Schutzgütern, wie Brutvögeln, zur Folge haben können.

Es wird immer Auseinandersetzungen geben, weil verschiedene Meinungen und Schutzziele miteinander in Konflikt stehen. Ob man deshalb Naturschutz und Artenschutz als Gegensätze sehen muss, ist wohl hauptsächlich ein Problem des menschlichen Strebens nach ordnungsgemäßen Zuständigkeiten. *„Die*

Naturschutzverbände müssen sich dazu durchringen, den Artenschutz gegebenenfalls auch gegen die Interessen des Naturschutzes durchzusetzen"[12] – ein modernes Buch über Habitatmanagement polarisiert die Probleme, die allerdings für den Vogelschutz nicht neu sind. „Vogelfreistätten" und Vogelschutzgebieten, im Unterschied zu Naturschutzgebieten, die für die Artenvielfalt der Vögel wenig Bedeutung hatten, lagen schon in der ersten Hälfte des vorigen Jahrhunderts unterschiedliche Absichten, Zielvorgaben und Begründungen rechtlicher Maßnahmen zugrunde. Grundsätzlich ist zu fragen, was man mit Naturschutz eigentlich meint. Vögel jedenfalls zeigen, dass es mit der Erhaltung von Landschaftsbildern oder Naturschönheiten nicht getan ist, Natur in ihrer Dynamik und Vielfalt zu erhalten. Von Ornithologenseite wird für die Mehrheit der heutigen Schutzgebiete festgestellt, dass sie *„nach wie vor weit mehr land-, forst- und fischereiwirtschaftliche, touristische und sonstige Nutzgebiete als echte Schutzräume für wildlebende Pflanzen und Tiere"* sind[28]. Wie entscheidend moderne Forschung an Vögeln zum Schutz von Lebensräumen und damit zum Naturschutz beitragen kann, zeigen Naturschutzgenetik und Untersuchungen an Mengenverhältnissen stabiler Isotope, etwa am Modell der Raufußhühner[13].

Im Artenschutz, insbesondere im Vogelschutz, haben Rote Listen bereits eine Tradition und sind als unverzichtbare Informationsgrundlagen heute allgemein bekannt. Ich erinnere mich nach Veröffentlichung eines ersten bescheidenen Vorläufers einer Roten Liste der Brutvögel Bayerns[14] an einen Einspruch der Rote Liste Service GmbH, die jährlich die Rote Liste als Verzeichnis der für Deutschland und EU zugelassenen Arzneimittel herausgibt und daher die Bezeichnung als gesetzlich geschützt sah. Mittlerweile hat sich wohl für beide Seiten die Namensgleichheit einer wichtigen Arbeitsgrundlage nicht als nachteilige Konkurrenz erwiesen. Was Vögel anbetrifft, haben sich Rote Listen nicht nur zu einem wenig erfreulichen Dauerthema entwickelt. Auch ganz allgemein sind Rote Listen nicht gern gesehen, denn sie machen amtlich, wie wenig wir für die Rettung der Biodiversität unternehmen.

Es gibt mittlerweile eine stattliche Reihe unterschiedlicher Roter Listen in immer wieder neuen Auflagen und Bearbeitungen und mit verschiedenen Kriterien der Bewertung von Gefährdungsstufen, die zu einer Bibliothek angewachsen ist. Von globaler Sicht der IUCN (International Union for Conservation of Nature and Natural Resources), die wiederum von BirdLife International in Details anders interpretiert wird[15], über supranationale Schutzrichtlinien, wie die der Europäischen Union, bis zu nationalen und regionalen Roten Listen werden Vögel in unterschiedliche Gefährdungsstufen eingeteilt. Da besteht

Gefahr, dass selbst Insider die Orientierung verlieren und man sich bei konkreten Begründungen von Einsprüchen gegen vogelschädigende Vorhaben oder der Beurteilung von Verstößen gegen Bestimmungen aller Art erst durch einen Berg von Unterlagen durchwühlen muss. Ist eine solch aufgeblähte Vogelbürokratie denn wirklich nötig?

Ohne Zweifel ja, denn auch Rote Listen können den Problemen nicht ausweichen, die zwangsläufig entstehen, wenn Biologie auf Bürokratie trifft. Ausmaß der Vielfalt und Zeittakte der Dynamik passen kaum in unser Vorstellungs- und Verwaltungssystem, auch wenn es demnächst kräftigt digitalisiert werden soll. Wir sind selbst Kinder der biologischen und kulturellen Evolution, in die wir in guter Absicht eingreifen wollen, um sie etwas zu manipulieren. Da müssen Verschneidungen und oft auch erhebliche Reibungsverluste in Kauf genommen werden, wenn schier unbegreifliche Vorgänge in unser Denksystem eingespeist werden sollen.

Die biologische Einheit, die in Roten Listen aufgelistet wird, ist die Art, deren Abgrenzung aus oben diskutieren Gründen in vielen Fällen schwierig ist. Das macht sich besonders in einer weltumfassenden Liste bemerkbar, die von der globalen Situation dessen ausgeht, was man unter einer Art an Populationen zusammenfasst. Da kann man natürlich versuchen, erkannte Unterschiede zwischen geographischen Populationen in Anmerkungen zu berücksichtigen. Besser wird dieses Problem in einer nach Größe und Lage abgestuften Listenfolge gelöst, da hier kleinere Einheiten und damit innerhalb einer Art auch unterschiedliche Populationen erfasst werden können. Einheitlichkeit der Bewertungskriterien und enge Zusammenarbeit der für die jeweiligen Roten Listen zuständigen Gremien verfeinert das Instrument Rote Liste und passt es praktischen Anforderungen an. Aber rasche Information auf einen Blick in Akten und Listen bleibt immer Stückwerk. Andererseits lässt sich aus sorgfältigen Vergleichen kritischer Übersichten viel herauslesen.

Ein Ansatz des Vogelschutzes ist, Ranglisten der Brutvögel nach internationaler Verantwortung eines Landes im Blick auf den globalen oder zumindest kontinentalen Bestand einer Art aufzustellen, also etwa den Bestand Deutschlands oder der Schweiz im Vergleich zu Europa[16]. Dieser Ansatz hat nicht nur den praktischen Vorteil von lohnenden Zielvorgaben für Artenschutzbemühungen. Er lenkt auch das Augenmerk über politische Grenzen hinaus auf Arten, die im Geltungsbereich nationaler Naturschutzgesetze noch in beachtlicher Individuenmenge leben und daher vielleicht als wenig schützenswert eingestuft werden und widerlegt die häufig vertretene Meinung, um das, was zahlreich vorhanden ist, brauche man sich nicht zu sorgen.

Für Deutschland hat dadurch der Rotmilan besondere Bedeutung erlangt. Die 2005-2009 ermittelten 12000-18000 Paare mögen als stattliche Zahl erscheinen, bedeuten aber mehr als 50% des Weltbestandes[17]. Für keinen anderen Brutvogel innerhalb der Grenzen des Landes ergibt sich eine derart hohe nationale Verantwortung für seine globale Erhaltung. Gefährlich ist allerdings der generalisierende, kurzsichtige Umkehrschluss, es lohne sich nicht, wenige nationale oder regionale Restvorkommen einer Art emsig zu schützen, wenn anderswo noch große Bestände vorkommen. Auch wenn für kleinste Restpopulationen Schutzmaßnahmen nicht selten zu spät kommen, sind in logisch konzipierten Übersichten auch als nachrangig eingestufte Artenschutzziele im Zusammenhang mit Biodiversitätsstragien ernst zu nehmen. *„Wald haben wir genug"*[12] ist schlicht fahrlässig formuliert. Schon zu oft sind Maßnahmen für unnötig befunden worden, die man rechtzeitig hätte ergreifen müssen.

Der Steinkauz ist global gesehen nicht gefährdet. In seinem großen Verbreitungsgebiet von Westeuropa und Nordwestafrika bis Ostchina und von Nordwesteuropa bis nach Somalia sind 13 Unterarten beschrieben[18]. Daraus lässt sich eine hohe genetische Vielfalt als Ergebnis unterschiedlicher jüngster Evolutionsschritte entnehmen, was von vorne herein den Schutz einzelner Populationen innerhalb der Artgrenzen erstrebenswert macht. In 15 deutschen Bundesländern ist der Steinkauz auf Roten Listen zwischen 1990 und 2010 einmal als ausgestorben, siebenmal als vom Aussterben bedroht, viermal als stark gefährdet, zweimal als gefährdet und einmal als Kandidat der Vorwarnliste eingestuft[19]. Damit sieht es in Deutschland für die kleine Eule also bedenklich, föderalistisch gesehen aber durchaus unterschiedlich aus. 8000-9500 Paare wurden 2005-2009 im Land geschätzt, die sich auf das wintermilde Westdeutschland konzentrieren. Schätzungen für Europa Mitte der 1990er Jahre gingen von 560000 bis über eine Million Paare aus, die meisten in Südeuropa (etwa 88000 auf der Iberischen Halbinsel, 22000 in Italien und Frankreich, 90000 in Südosteuropa und sicher über 20000 in der Türkei)[18]. Allein in Europa hat man vier verschiedene Unterarten beschrieben. Damit werden die nicht einmal 2% des gesamteuropäischen Bestandes in Deutschland als Bestandteil geographischer Vielfalt durchaus interessant; sie könnten durch Zunahme milder Winter Zukunft haben, wenn es gelingt, geeignete Lebensräume in traditioneller Kulturlandschaft zu sichern. Artenschutz, auf die Kontrolle einzelner Populationen konzentriert, muss großräumige Zusammenfassungen auf konkrete Probleme projizieren, will man Biodiversität nachhaltig bewahren.

So wird eine Eule zu einem kleinen Beispiel für Überlegungen zum Schutz einer einzigen Art. Die damit verbundenen Probleme vervielfältigen sich über die Vogelarten der Welt, aber auch schon eines einzigen Staates, der mit seiner Gesetzgebung, Verwaltung und Rechtsprechung Vögel schützen will, indem er heutzutage als modernes Verwaltungsgebilde Biodiversitätsstragien ausruft. Eine immer kompliziertere Vogelschutzbürokratie ist den durch den Menschen exponentiell wachsenden Gefahren für das Leben auf unserem Planeten zu verdanken, aber auch zunehmenden Erkenntnissen der Wissenschaft über die Vielfalt und Ansprüche des Lebens und nicht zuletzt weit verbreiteter fundamentaler Unkenntnis selbst dessen, was in der Restnatur der nächsten Umgebung vor sich geht.

Vogelschutz einer hilflos nach Kompromissen eiernden Politik und Verwaltung unterzuschieben und sie dann für Fehlentwicklungen verantwortlich zu machen, ist zumindest unfair. Auch verdienstvolle Väter des Vogelschutzgedankens haben in Schubfächern gedacht, deren Enge durch den Kontext mit dem Denken ihrer Zeit verständlich ist, aber oft heute noch nachwirkt. Andererseits hat es immer schon wegweisende Gedanken gegeben, die man nicht ernst genommen hat. Wer heute von Nachhaltigkeit spricht, kann aus einem kurzen Blick zurück in logisch-bürokratisch denkenden Vogelschutz lernen, weniger wohlfeil mit diesem Anspruch Reden zu schwingen.

1899 fasste Hans Freiherr von Berlepsch (1857-1933) im Vorwort seines Büchleins *„Der gesamte Vogelschutz, seine Begründung und Ausführung auf wissenschaftlicher Grundlage"* den Zweck seiner Publikation kurz zusammen: *„..... den Vogelschutz durch gerechte – nicht übertriebene – Würdigung des Nutzens der verschiedenen Vögel zu begründen und die Ausführung desselben an der Hand eines seit Jahren bewährten Verfahrens jedermann zu ermöglichen"*. Der Titel wurde ein Bestseller, erschien innerhalb von 24 Jahren in mindestens zehn deutschsprachigen Auflagen und wurde auch in mehrere Sprachen übersetzt. Auch noch in der 10. Auflage ist *„eingehend der Nutzen der Vögel behandelt, wie sich solcher im Lauf der letzten zwei Jahrzehnte evident entwickelt hat"*[20]. Das Bild der nützlichen Vögel war gut zu vermitteln und hat sich über Generationen festgesetzt. Noch in den Jahrzehnten nach 1945 ordnete man Vogelschutzwarten und -organisationen der Abteilung biologischer Schädlingsbekämpfung von Land-

und Forstwirtschaft, also dem ministeriellen Agrarsektor, zu, in Zeiten des sich allmählich herumsprechenden Stummen Frühlings vielleicht auch als kleines politisches Feigenblatt vor dem Einsatz langlebiger Pestizide.

Der nützliche Vogel hatte aber einen wesentlichen Nachteil: Er rief zwangsläufig auch das schädliche Gegenstück auf die Bühne. Greifvögel, Rabenvögel, aber auch Sperlinge oder knospenfressende Gimpel galten Jagd und Landwirtschaft immer schon als schädlich für Wild, Ernten und Vorräte, auch wenn Schäden wie so oft bei ungeliebten Tieren nie konkret kalkuliert wurden. Jetzt gerieten besonders Feinde der Insekten vertilgenden, nützlichen Singvögel ins Rampenlicht.

Forstmeister Otto Henze (1908-1991) ernannte in seinem Buch *„Vogelschutz gegen Insektenschaden in der Forstwirtschaft"* höhlenbrütende Singvögel zu Arbeitsvögeln des Waldes gegen schädliche Forstinsekten. Vielleicht hat diese Ernennung mit einem Titel im Sinn der Zeit das Erscheinen eines großformatigen, üppig mit Fotos und Farbbildern ausgestatteten Buches im Kriegsjahr 1943, heute eine bibliophile Rarität, überhaupt erst möglich gemacht. Dem Hauptfeind Sperber der höhlenbrütenden Waldvögel sind nicht weniger als sieben Seiten gewidmet, denn der forstliche Singvogelschutz *„ruft den Hauptfeind dieser Vögel, den Sperber, auf den Plan, der sich infolge der zunehmenden Nahrungsfülle an Singvögeln stärker vermehren kann. Diese wiederum unnatürliche Vermehrung des Sperbers müssen wir eindämmen."* Und der singvogelschützende Forstmann wendet sich auch an *„allzu fanatische einseitige Gegner jeglichen Sperberabschusses"*, denn es ginge ihm nicht um die Ausrottung *„so wenig wie bei Spatz, Amsel oder Grünfink"*. Die Gruppe der schädlichen Vögel war damals also großzügig bemessen. Henzes Feindliste für Arbeitsvögel widmet nach dem Sperber Baummarder, Eichelhäher, Eichhorn, Schläfer, Mäusen, Buntspecht, Hornisse, Wespe, Hummel, Eulen, Wiesel, Katze, Krähe, Elster, Dohle, Fuchs und Dachs noch eigene Kapitel[21]. Schwarz-Weiß-Malerei des sogenannten wirtschaftlichen Vogelschutzes.

Mittlerweile hat sich der Arbeitsvogeleinsatz wohl erledigt, denn in heutigen Dimensionen land- und forstwirtschaftlicher Produktionsabläufe und -planungen spielt die tatsächlich nachgewiesene ökologische Dienstleistung von Singvögeln kaum mehr eine Rolle. Einteilung in Schädling und Nützling hat aber trotz allem immer noch Informationswert und kann zu regelrechten Verurteilungen führen (S. 181 f.). Doch neuerdings machen sich da und dort gegenteilige Überlegungen bemerkbar: Sind die viel gerühmten, Insekten verzehrenden Meisen und Fliegenschnäpper im Zeitalter des großen Insektenschwunds denn nicht eher kritisch zu sehen? Meisen, die mit vielen Räupchen ihre Jungen füttern, tragen doch zur Armut an Faltern bei.

Insekten verzehrende Vögel werden als Folge des Insektenschwunds, über den jetzt erste bestürzende Berichte vorliegen, wohl abnehmen. Solche Besorgnisse sind ohne Zweifel, wie auch die Arbeitsvögel, nicht ganz aus der Luft gegriffen, aber höchstens vage begründet. *„Vorsicht mit vorschnellen kausalen Schlüssen"* mahnt denn auch Franz Bairlein, Leiter des Instituts für Vogelforschung in Wilhelmshaven, für Abhängigkeiten zwischen Insekten- und Vogelbeständen, weil wir über zu wenige zuverlässige Daten verfügen[22]. Zu erwarten sind komplexe Beziehungen. Allein schon höchst unterschiedliche Vermehrungsgrößen und -rhythmen in Generationenfolgen zwischen Vogel und Insekt mahnen zur Vorsicht bei scheinbar logischen Schnellschüssen, denen auch offensichtlich die Arbeitsvogelschützer aufgesessen waren. Die Beurteilung der gegenwärtigen Situation und Prognosen möglicher Folgen schreit nach eingehender Untersuchung, um nicht durch oberflächliche vorschnelle Beurteilung überholte Denkmuster mit umgekehrten Vorzeichen wiederzubeleben.

Immer hat es natürlich im Vogelschutz auch Ansätze einer mehr ganzheitlichen Schau gegeben. Lina Hähnle (1851-1941), die Gründerin des heutigen NABU, erkannte wie manch andere Naturfreunde Ende des 19. Jahrhunderts die Gefahren aus dem Raubbau an der Natur. Otto Schnurre (1894-1979), ein versierter Vogelkundler, äußerte 1929 *„Ketzerisches zum Vogelschutz"* und forderte natürliche Mittel für einen Vogelschutz als Bestandteil des Naturschutzes. Er meinte damit die Erhaltung von Landschaften, also Biotopen, und forderte *„Naturschutzgebiete ohne Jagd, Fischerei, Holz-, Gras- und sonstige Nutzung"*, vorausschauend gedacht, aber leider immer noch größtenteils Utopie. Das Aufhängen von Nistkästen und Winterfütterung lehnte er konsequenterweise als unnatürliche Eingriffe ab, selbst in Großstadtparks und Gärten sah er des Guten zu viel und rügte die öffentlichen Ausgaben dafür. Die Gesänge der vielen künstlich angesiedelten Vögel störten. *„Das Rufen unzähliger Wendehälse gibt die Grundnote. Sie haben bereits wiederholt öffentliches Ärgernis erregt, indem sie zu Häupten trauernder Angehöriger deren Andacht störten..."*[23].

Dieses Problem hat sich wohl gelöst, denn mittlerweile haben Wendehälse in Deutschland katastrophal abgenommen. Unter 15 Bundesländern ist die Art in je sechs vom Aussterben bedroht beziehungsweise stark gefährdet, in 2 gefährdet und in einem Mitglied der Vorwarnliste[19]. Das hat wohl nichts mit weniger Nistkästen zu tun, sondern mit der Zerstörung der für den Vogel lebenswichtigen Ressourcen. So hat also Schnurre recht behalten, würde sich aber heute wohl über einen rufenden Wendehals an einem Nistkasten freuen.

Vogelbürokratie 2: Gedankenspiele in Amtsstuben

Irrtum

30. Amtliche Statistiken, Zustandsberechnungen und Prognosen sind aktiver Schutz der Biodiversität.

31. Vogeljagd ist mehr als nur Freizeitsport.

32. Wasservogeljagd gefährdet keine Arten und ist zur Reduktion unliebsamer Gänsekonzentrationen auch notwendig.

33. Jagd auf „Federwild“ wird durch amtliche Streckenlisten ausreichend kontrolliert.

34. „Modernisierung“ von EU-Schutzrichtlinien ist ein Gewinn für den Schutz von Biodiversität. In EU-Ländern gibt es keine gesetzeswidrigen Massentötungen von Vögeln mehr.

Entbürokratisierung, Fitness-Check, Effizienz, Modernisierung und so weiter erwecken Hoffnungen in einer bürokratiegeplagten Gesellschaft. Für den Schutz der Biodiversität aber schrillen Alarmsignale, denn solche bürokratisch geschmeidigen Formulierungen kündigen in der Regel Entwicklungen für Entlastung der Wirtschaft und für Wachstumkrücken des Profits an, die den Niedergang der Biodiversität beschleunigen.

Ökonomisch orientiert waren wohl auch die Motive für die EU-Kommission, sich 2014-2016 den beiden Naturschutzrichtlinien der EU kritisch zu widmen. Die Vogelschutzrichtlinie von 1979 und die Flora-Fauna-Habitat-Richtlinie von 1992 sind grundlegende Naturschutzrichtlinien, die Biodiversität im Gebiet der Europäischen Union retten können. Die naturschutzbürokratische Großtat bleibt freilich nicht ohne Makel, denn es ist immer noch nicht gelungen, durch Ausnahmeregelungen legalisierte und in großem Stil illegale Vogeljagd in Europa (auch in EU-Ländern!) wirksam einzudämmen oder gar zu stoppen, ein Skandal, der keineswegs nur Amtsstuben betrifft, sondern auch der Wissenschaft ein Armutszeugnis ausstellt[24].

Höchste Alarmstufe war angesagt, als Kommissionspräsident Jean-Claude Juncker dem neuen Umweltkommissar Karmenu Vella den Arbeitsauftrag gab, die „Verschmelzung und Modernisierung" der beiden Richtlinien zu überprüfen. Damit wäre eigentlich schon ein Ergebnis eines ergebnisoffenen und wissensbasierten Fitness-Checks, der angekündigt war, vorweggenommen. Mit Recht mussten alle am Naturschutz interessierten Bürger, Organisationen und Facheinrichtungen vermuten, dass unter dem Druck zunehmender EU-kritischer Haltung mancher Mitgliedsstaaten die beiden entscheidenden Naturschutzrichtlinien aufgeweicht und „entschärft" würden. Fachliche Stellungnahmen und umfassender Protest haben dazu geführt, dass das Kollegium der 28 EU-Kommissare beschloss, beide Richtlinien weiterhin zu erhalten[25, 26]. Der in den Verlautbarungen der Umweltorganisationen gemeldete Erfolg wird aber noch weiterer Verbesserung bedürfen und daher Amtsstuben beschäftigen. Voraussetzung ist allerdings, dass hoher Druck aufrechterhalten werden kann, den auch renommierte Wissenschaft unterstützt.

Vögel spielen in einem Rechenexempel des deutschen Bundesamtes für Naturschutz eine wichtige Rolle als *„eine der Zustandsindikatoren in der nationalen Strategie zur biologischen Vielfalt, die im November 2007 von der Bundesregierung beschlossen wurde"*[27]. Auf der Grundlage von Bestandsschätzungen in den 1970er Jahren wurden für 2015 Zielwerte von indikativen Artengruppen ermittelt und für jedes Jahr ab 1990 der aktuelle Wert in Prozent dieses Zielwerts angegeben. Das Ganze ist in eindrucksvollen Grafiken illustriert und zeigt etwa, dass 2006, also nach 17 Jahren, für je eine indikative Vogelgruppe aus zehn Arten der Küsten/Meere, der Alpen, der Agrarlandschaft und der Siedlungen zwischen 62 und 67% des Zielwertes mit Mühe gehalten wurden und somit der Zielwert 2015 eine Utopie bedeutet. Die Grafiken hervorragend ins Bild gesetzt, die Überlegungen lassen Fachkenntnisse im Amt erkennen (was für Behörden, die sich mit Natur zu befassen haben, keineswegs überall zutrifft) und suggerieren, wir wissen was vor sich geht und haben statistisch alles im Griff. Die ordnungsgemäße, sich fachlich nüchtern und korrekt präsentierende Zukunftsplanung steht gewissermaßen auf Augenhöhe mit allerlei Kursverläufen von Aktien, Konjunkturstimmungsgrafiken und sonstigen soziökonomisch motivierten Umfrage- und Berechnungskurven, die für den Konsumenten von

Informationen zum Alltagsbild gehören. Naturschutz wird also gewissermaßen gesellschaftsfähig gemacht. Auch demonstrieren die Grafiken einen engen Zusammenhang zwischen Artenschutz und Schutz unserer eigenen Umwelt und markieren manche scheinbar geistvolle Diskussion um Sinn und Unsinn unterschiedlicher Schutzziele als überflüssig. Der komplizierte Zustandsbericht mit einer statistisch abgesicherten Prognose für Misserfolg und Verlust klingt amtlich und ist es auch, einmal abgesehen von kritischen Fragen nach Herkunft und Qualität des verwendeten Zahlenmaterials.

Man darf aber schon kritisch fragen, ob Unvermögen, eine politisch beschlossene Strategie wirklich umzusetzen, eines derartigen Bodennebels der Statistik bedarf. Viel deutlicher spießt Peter Berthold, weltbekannter Wissenschaftler und engagierter Artenschützer, diese Naturschutzbürokratie auf, siedelt sie irgendwo im *„Bereich von grotesk, lächerlich, himmelschreiend oder gar furchterregend“* an und bezeichnet den für 2015 angesetzten Zielwert als *„hoffnungsloses Wunschdenken, vielleicht aber auch Volksverdummung“*[28]. Wie auch immer, mit keinem Wort wird von den Autoren zu den Rechenkünsten mitgeteilt, wie ein festgelegter Zielwert überhaupt erreicht werden könnte. Hauptsache scheint zu sein, eine beschlossene politische Maßnahme durch gut sichtbare bürokratische Ordnung unter die Leute zu bringen. Oder meint die Politik etwa, mit Hilfe eines fachlich gut aufgestellten Bundesamtes durch Statistiken über miese Zustände und Festsetzung eines illusorischen Wunschergebnisses schon einen Erfolg ihres Beschlusses vorgelegt zu haben?

In Deutschland werden jährlich Hunderttausende von Vögeln geschossen, völlig legal, weil es sich um jagdbare Arten handelt, in der Jägersprache als Federwild bezeichnet. Ein ordentlicher und mit Behörden von der untersten bis obersten Stufe einer Staatsverwaltung unterstützter Jagdbetrieb schießt aber nicht einfach ins Blaue, sondern führt Statistik über die geschossenen Tiere. Grundlage dieser Statistik sind die von einem Jäger oder in einem Jagbezirk erzielten Strecken. Man nimmt es mit der Jagdstatistik sehr genau. So wurden Deutschland im Jagdjahr 2014/15 exakt 394 842 und im Jahr darauf 344 998 Wildenten gestreckt, was einem Rückgang von 12,92 % entspricht. Bei den Wildgänsen hat die Zahl der Abschüsse von 83 059 auf 96 212 um 15,84 % zugenommen.

Man darf angesichts solcher Zahlen nicht nervös werden, denn in den 21 Jahren zwischen 1995/96 und 2015/16 ist die Zahl der gestreckten Enten von anfänglich über 600 000 pro Jagdjahr um fast 50 % zurückgegangen, alle Details sind aus sorgfältigen Grafiken dem Internet zu entnehmen. Apropos Details: Jagdbar, also vom Jagdrecht erfasst, sind nicht weniger als 25 Arten von „Wildenten“, davon dürfen 16 nicht geschossen werden, 13 sind EU-weit geschützt und sollten daher nicht jagdbar sein und zehn stehen auf der Roten Liste Deutschlands[29]. Unter Wildgänsen sind neun Arten zusammengefasst, von denen vier jeweils EU-weit geschützt sind und auf der Roten Liste stehen.

Auch wenn erklärend vermerkt ist, dass meistens Stockenten geschossen werden, sind Datensätze zu Wildenten, Wildgänsen oder Wildtauben nichts anderes als jedermann ersichtlicher Datenmüll, Informationswert nahe Null. Es käme ja auf die Werte für die einzelnen Arten an, um eine „Entnahme“ in Bezug zu den nationalen Bestandsgrößen oder zu dem gewaltigen Zahlenmaterial der Wasservogelzählungen in ganz Europa setzen zu können[30]. Für Stockenten ist mittlerweile bekannt geworden, dass etwa in Nordrhein-Westfalen von Jägern auch wildfarbene Zuchtenten vor der Jagdsaison ausgesetzt werden, um sie dann schießen zu können[31]. Werden sie auch in die allgemeine Statistik aufgenommen?

Zwischen 1990 und 2017 haben in Bayern die jährlichen „Wildgänsestrecken“ von kaum über 100 auf über 10000 exponentiell zugenommen. Was steckt dahinter? Wohl kaum enorm gestiegener Einflug von nordischen Saat- und Blässgänsen, sondern vermutlich intensivere Eingriffe in die wachsenden Bestände halbzahmer Graugänse oder eingeführter Kanada- und Nilgänse, die sich zunehmend unbeliebter machen.

Die sinnlose Gruppenbildung bei Enten, Gänsen und Tauben ist möglicherweise mit Entbürokratisierung begründet, um die Listen jährlicher Meldungen kürzer zu halten. Sie lässt freilich den Verdacht aufkommen, dass wie die verwaltenden Amtsstuben auch die Jäger draußen vor Ort nicht in der Lage sind, heimische Enten und Gänse zu unterscheiden und der Art nach zu bestimmen. Langjährige persönliche Eindrücke bei Wasservogelzählungen bestätigen diesen Verdacht. Mindestens ein Teil der Jagdberechtigten macht sich während der Knallereien auch gar nicht die Mühe, „Wasserwild“ zu bestimmen oder, wie die Jäger sagen, anzusprechen, was für Schützen, die mit Schrotflinte und zünftiger Kleidung, aber ohne gutes Fernglas antreten, auch gar nicht möglich ist. Noch dazu wird die Jagd auch unter schlechteren Lichtbedingungen in der Dämmerung ausgeübt. Gans und Ente kann man, vor allem wenn die rastenden Scharen hochgescheucht sind, ja der Größe nach unterscheiden. Erwischt man Blässhühner, die jagdlich nicht interessant sind, da weniger schmackhaft, ist das kein Beinbruch, denn nach Bundesjagdgesetz fällt ihre Schusszeit von Mitte September bis Mitte Februar mit jener der Enten zusammen. Warum die schwarzen Rallen, in den Kochbüchern in der Regel nicht mit einem Rezept vertreten, nach dem Bundesjagdgesetz dem Jagdrecht unterliegen und geschossen werden dürfen, gehört zu den Rätseln der Amtsstubenlogik. Allerdings müssen Wasserwildjäger in den Ländern jetzt vorsichtig sein, in denen auf Antrag von NABU und anderen das Blässhuhn aus dem Jagdrecht genommen werden soll oder mittlerweile schon ist und daher keine Schusszeit mehr hat.

Die Wasservogeljagd hat ein Multi-Spezies-Problem, das ohne umsichtige Managementmaßnahmen kaum zu lösen sein wird. Eine dringend notwendige Sicht durch den dichten Bürokratennebel ist wahrscheinlich nur mit einem Programm einer sorgfältigen Kontrolle von erlegten Vögeln nach Wasservogeljagden zu erreichen, wie sie zum Beispiel in Nordamerika und Australien und zumindest ab und zu in einigen europäischen Ländern mit dem „hunters' bag survey" betrieben wird. Bereits Stichproben, regional gut ausgewählt mit sorgfältiger Erhebung biologisch wichtiger Daten, ergeben interessante Einsichten[32]. Sie fordern natürlich Aufwand, doch ist kaum einzusehen, warum einerseits sorgfältig ausgerichtete jagdliche Trophäenschauen, heute beruhigend oft auch als Hegeschauen benannte Veranstaltungen mit Präsentation von schmückenden Knochen und Horngebilden des Schalenwilds veranstaltet werden, Wasserwild aber nur in zwei nichtssagenden bürokratischen Sammelbegriffen zu den Akten genommen wird.

Außer der Stockente haben wohl der Einfachheit halber die weiteren acht Entenarten, die geschossen werden dürfen, in Deutschland dieselbe Schusszeit vom 1. Oktober bis 15. Januar, damit jagdrechtlich nichts passieren kann. Angemerkt sei daher, dass die acht Arten mit Schusszeit in unterschiedlichen Phasen ihres biologischen Jahresablaufs erwischt werden. Vielfalt ist also der Ordnung halber rigide auf Einfalt reduziert. Am Rande sei noch darauf verwiesen, dass winterliche Entenjagd an großen Rastplätzen enorme Unruhe unter den Rastbeständen von Wasservögeln aller Art verursacht, natürlich auch für solche Arten, die bereits zu den Sorgenkindern des Artenschutzes zählen. Dem könnte man mit Ruhezonen begegnen, die sich auf dem Papier leicht ausweisen lassen, sicher auch von der Jagd schon aus Imagegründen angenommen werden müssen, aber gegen hartgesottenen, von modernen Produkten beflügelten Wassersport oft schwer durchzusetzen sind.

Anderswo wird Wasservogeljagd, soweit es Verwaltung und Kontrolle angeht, noch weit stiefmütterlicher gehandhabt als in Deutschland, auch wenn mittlerweile europaweit die Folgen von Lebensraumproblemen und Bejagung durchaus spürbar werden und wissenschaftliche Untersuchungen vorliegen. 2013/14 haben Jagdbehörden in Frankreich nach 15 Jahren ohne irgendeine Kontrolle bei einer Stichprobe von 60000 Jägern aus einer Gesamtheit von 120000 Lizenzträgern einen Schätzwert von 2 Millionen erlegten Gründel- und Tauchenten ermittelt, davon gut die Hälfte Stockenten. Vergleiche mit früheren Jahren waren mangels Daten aus anderen Ländern wegen unterschiedlicher oder nicht transparenter Erhebungsmethoden nicht möglich. Man vermutet aber, dass in Frankreich jährlich die größte Entenmenge in einem Land Europas als Folge einer langen Jagdtradition *„geerntet"* wird. Immerhin konnte man einen starken Rückgang der Tafelente als Jagdbeute feststellen, was mit einem allgemeinen Rückgang der Art in Europa zusammenfällt. Die Autoren schlagen vor, dass in der Zukunft übereinstimmende Methoden der Kontrolle von Wasservogelstrecken angewendet werden sollen[33].

Dies ist auch bitter nötig, selbst wenn ein kausaler Bezug zwischen Jagd und Populationsdynamik noch nicht eindeutig klar ist, weil er auch kaum mit adäquaten Methoden untersucht wurde. Immerhin zeigen die Brutbestände der nicht bejagten Wasservogelarten in Frankreich zwischen 1976 und 2009 einen positiven Trend, der bejagten Arten aber einen negativen[34]. Schon das sollte Jagdbehörden ermuntern, zusammen mit wissenschaftlichen Einrichtungen die Frage der Streckenstatistik für Wildenten und Wildgänse etwas sorgfältiger zu behandeln.

Zu den tatsächlichen Abschüssen kommt aber das enorme Ausmaß der Beunruhigung an Gewässern, die Schwimmvögeln aus einem großen Einzugsbereich als Winterquartier dienen. Störung in einer Periode des Jahres, in der Nahrung knapp ist und die Vögel Probleme mit ihren Energiereserven haben, sind besonders gravierend. Zwei völlig unabhängige Studien in Nordirland und Oberbayern zeigen, dass bereits einzelne Jagdereignisse, etwa an Wochenenden, die Nutzung von Gewässern als Winterquartier so entscheidend beeinträchtigen, dass sich Überwinterungsbestände ohne Ruhezonen in der weiteren Umgebung als Ausweichgebiete gar nicht aufbauen können. Gründelenten und Blässhühner scheinen davon besonders betroffen, Tauchenten können je nach Lage eher auf offene Gewässer mit größerer Tiefe fern des Jagdbetriebs am Ufer ausweichen[35]. Es gibt also genügend Herausforderungen für Gesetzgeber und Jagdbehören, mit neuen Ansätzen Gedankenspiele zu betreiben. Die Wissenschaft hat schon etwas vorgelegt.

Bleiben noch ein paar Gedanken zum Aussetzen in Gefangenschaft gezüchteter Stockenten für Jagdzwecke. Mit ihnen wächst zunächst der Jagddruck, denn die gezüchteten Individuen sind ja wegen der Möglichkeit, häufiger zu Schuss zu kommen, der „Freiheit" überantwortet worden. Andererseits könnten wildlebende Populationen davon profitieren, dass das Risiko eines Abschusses für sie durch die vielleicht sogar leichter ins Schrotfeuer der Jagdberechtigten geratenden Zuchtvögel geringer wird. Eine Modellrechnung aus der Camargue/Südfrankreich belegt, dass der Zuchtvogelanteil kaum durch eine Erhöhung des Jagddrucks beeinträchtigt wurde, da der Nachwuchs freigelassener Individuen ohnehin unbedeutend ist. Dagegen würde eine um 15% erhöhte Entnahme reiner Wildvögel eine rasche Abnahme der Population zur Folge haben[36]. Das Modell spielt also dem Sport der Wasservogeljagd in die Karten, wenn es denn auch in anderen Gebieten der Realität nahekäme. Auf jeden Fall beginnen damit erst die Probleme um Biodiversität am Wasser. Als das Komitee gegen Vogelmord im Herbst 2013 in Nordrhein-Westfalen 40 Gewässer kontrollierte, waren an 20 insgesamt 2150 ausgesetzte Enten festzustellen. An 23 Gewässern wurden nicht den Vorschriften entsprechende Wildfütterungen für die Vögel gefunden[37].

Derartige Dimensionen der Aufstockung von Stockentenbeständen mit gezüchteten Individuen für die Jagd sind nicht ganz unbedenklich, denn sie können Ressourcenschmälerung für andere Wasservögel bedeuten oder aber auch die Qualität eines Gewässers und seiner Ufervegetation beeinträchtigen, einmal ganz abgesehen von der Störwirkung des durch die gezüchteten Zusätze beflügelten Abschussbetriebs. Der Vorfall deutet auch an, dass sich Entenjagd einer Bewirtschaftung von Binnengewässern mit Ernte durch Abschuss nähert. Gewässern als Lebensraum für Biodiversität droht dann neben der Fischproduktion (S. 161 f.) auch die Wildgeflügelproduktion und damit das Schicksal landwirtschaftlicher Produktionsflächen. Noch ist es nicht soweit und rechtliche Vorschriften regeln das Aussetzen von Wildtieren (die aber in diesem Fall keine sind). Die veröffentlichten Bilder zeigen jedoch Horrorszenarien für Wasservögel und ihren Schutz, hoffentlich nur Einzelfälle, die sich abstellen lassen[37].

In den USA, einem Land mit Lizenzjagd und einem groß angelegten Wasservogelmanagement, befassen sich Jagdbehörden und von ihnen beauftragte Wissenschaftler auch mit dem Aussetzen von gezüchteten Stockenten und den Folgen solcher auch dort von der Jagd geschätzten Maßnahmen. Das „Department of Game and Inland Fisheries' Ad Hoc Mallard Release Committee" des Staates Virginia sieht in Aussetzungsprojekten eine Gefahr für die dort auch vorkommende, der Stockente nahe verwandte Dunkelente (*Anas rubripes*) durch Hybridisation[38]. Entenvögel vermischen sich in der Natur über Artgrenzen wesentlich häufiger miteinander als Arten anderer Vogelordnungen[39].

In Europa entstand ein großes Problem für die bedrohte Weißkopf-Ruderente durch Hybridisierung mit amerikanischen Schwarzkopf-Ruderenten, die nach Europa gebracht worden waren und der Haltung entkamen. In diesem Fall waren allerdings nicht Jäger schuld. Wenn gezüchtete und ausgesetzte Stockenten, meist sogenannte Hochbrutflugenten, das winterliche Sperrfeuer überlebt haben und sich fortpflanzen, vermischen sie sich zwangsläufig mit wildlebenden Populationen und sorgen für Verbreitung von Allelen, die in einem der Umwelt angepassten Genpool nicht vorhanden waren. Durch mögliche Verhaustierung vergrößert sich das Risiko für den Bestand wildlebender Stockenten, vor allem, wenn ausgesetzte Zuchtenten von weiteren Eingriffen wie Fütterungen mehr profitieren als reine Wildvögel. Es geht dann nicht mehr um einige fehlfarbene Hausentenkreuzungen in futterzahmen Stadtpopulationen, die offensichtlich keine guten Chancen haben, sich in Wildpopulationen zu verbreiten[40].

Ein weiteres Risiko ist die Gefahr, mit Aussetzungen in Haltungen gezüchteter Enten Seuchen zu verbreiten, darunter auch die heiß diskutierte Vogelgrippe, deren Verbreitung man Zugvögeln anlastet. So kommt das Mallard Release Committee von Virginia nach Prüfung aller Umstände, vor allem auch der rechtlichen und verwaltungstechnischen Maßnahmen, zum Schluss: *„Das Aussetzen in Haltungen gezüchteter Stockenten ist eine zu stark vereinfachte und zu kurz gedachte Maßnahme, größere Jagdbeute zu erzielen, und verfehlt das Ziel, Probleme abnehmender Entenbestände und der Verschlechtungen des Lebensraums zu lösen. Solch vorübergehenden Lösungsansätze führen zur Zweckentfremdung von Ressourcen für biologisch begründete Programme des Wasservogelmanagements.... Die kritischen Faktoren für wildlebende Populationen sind Lebensraumverlust, Fortpflanzungserfolg und Regelung der Bejagung....man sollte sich auf bereits erprobte Praktiken des Wasservogelschutzes konzentrieren statt gezüchtete Enten auszusetzen.“*[38]. Dem ist nichts hinzuzufügen, höchstens dazu anzumerken, dass auch solche Sätze aus Amtsstuben kommen. Die sich daraus ableitenden Empfehlungen sind grundsätzlich strengere Kontrolle vor Genehmigungen, vor allem was die Herkunft der Enten betrifft, und ein Monitoring über mögliche Folgen für Wasservogelschutz und -jagd.

Warum knallt man Vögel immer noch in Mengen ab? Nach unzureichender Erfassung und Regulierung jagdlichen Bemühens in Deutschland und jagdlichen Exzessen in vielen EU-Staaten darf diese Frage erlaubt sein. Bei uns wenigstens kann es sich da wohl kaum um Ernährung der Bevölkerung handeln und auch für Feinschmecker kommen Gans und Ente in der Regel wohl nicht frisch erlegt auf den Tisch, sondern auch „Flugenten“ aus Haltung. Überholte Tradition, Sport oder gesellschaftlicher Status dürften wohl keine ausreichenden Gründe dafür liefern, mit der Schrotflinte Blei in der Landschaft zu verteilen. Und Luftschnappen oder die Natur genießen geht auch ohne Schießprügel.

Der Alltag zwischen Vögeln und Politik, Vollzug und Bürger gestaltet sich kompliziert. Dazu ein Blick in das veröffentlichte Tagebuch 2016/17 des Landesbundes für Vogelschutz in Bayern (LBV)[26]. Im Dezember begrüßt der LBV die Entscheidung der EU-Kommission, die beiden Naturschutzrichtlinien nicht aufzuweichen. Im Januar wird klar, dass Bürger zu 80 % die berüchtigte Skischaukel am Riedberger Horn im Allgäu ablehnen und sich 91 % der Befragten für die Einhaltung des Bayerischen Alpenplans ohne Ausnahme für neue Skigebiete einsetzen, so das Umfrageergebnis eines vom LBV beauftragten Instituts und deutliches Signal an politische Entscheidungsträger. Im Februar geht es wieder um die Alpen, denn eine umstrittene Wasserkraftanlage im Einzugsgebiet einer naturbelassenen Klamm im Allgäu wird erneut genehmigt. Erfreulicheres gibt es dann im Mai, weil ein Teil des LBV-Schutzgebietes Rainer Wald als nutzungsfreier Wald ausgewiesen wird. Totholz bleibt damit erhalten, ebenso sind Prozesse möglich, die in Wirtschaftswäldern nicht mehr stattfinden können. Im selben Monat aber wird bekannt, dass in die Suche nach einem weiteren Nationalpark in Bayern vom zuständigen Ministerium im Frankenwald eine Fläche mit nach modernem Behördendeutsch sehr begrenztem naturschutzfachlichem Mehrwert einbezogen wird. Man will also bisherigen, naturschutzfachlich wesentlich bedeutsameren Vorschlägen offensichtlich aus dem Weg gehen, um Ärger mit regionalen ökonomischen Interessen möglichst klein zu halten. Im Juni wird bekannt, dass ein Unbekannter im Allgäu einen Schwarzstorch abgeschossen hat. Im selben Monat stellt sich bei acht getöteten Greifvögeln in der Oberpfalz heraus, dass zwei Rotmilane und ein Mäusebussard vergiftet wurden und zwei weitere Greifvögel durch Schrotschüsse umkamen. Die toxikologischen Untersuchungen konnten nicht entscheiden, ob Giftköder ausgelegt worden waren oder illegal vergiftete Nahrung von den Vögeln aufgenommen wurde. Strafverfolgungen waren nicht mehr möglich. Im Juli stimmten 66 % der Bürger für einen Nationalpark Spessart, für den nach Einschätzung von Naturschutzfachleuten am besten geeigneten neuen Nationalpark in Bayern. Im Juli hatte aber das Bayerische Kabinett diesen Vorschlag aus rein politischen Gründen aus der Liste der Kandidaten gestrichen. *„Dass* *jedoch überhaupt gegen den zum Teil massiven Widerstand, zum Beispiel des Bauernverbands, ein klares Bekenntnis der Staatsregierung zu einem dritten Nationalpark in Bayern besteht, ist positiv zu bewerten*" wird im Juli vermerkt. Naturschutz muss sich eben mit bescheidenen Erfolgen zufriedengeben. (Inzwischen schien mit einem Regierungswechsel die politische Neigung für einen dritten Nationalpark erheblich geschwunden, doch haben sich in einer Umfrage im März 2018 64% der Bayern für einen dritten Nationalpark ausgesprochen[48]). Im selben Monat wird offenkundig, dass Landwirte von Behörden gezwungen werden, Schwalbennester aus ihren Ställen zu entfernen und die Rauchschwalben zu vertreiben. Behördenvertreter begründen dies mit einer EU-Vorschrift aus der Futtermittelverordnung. Amtliche Kontrollen in den Ställen fanden in den Schwalben jedoch keinen Grund zu Beanstandungen. Hätten die Landwirte die falschen Anweisungen befolgt, würden sie eine Straftat gegen EU-, Bundes- und Landesgesetze begangen haben, denn Schwalben genießen hohen Schutz. Das Verhältnis Amtsstuben zu Artenschutz ist manchmal verwickelt, auch wenn jedermann von artgerechter Tierhaltung redet. 30 Jahre Schutz sichern den Bestand des Weißstorchs in Bayern, schließt man das Tagebuch ab und stellt das Artenhilfsprogramm für diesen Vogel ein, nicht etwa aus Geldmangel, sondern wegen nachhaltigen Erfolgs der Schutzbemühungen des Verbands. Mit Recht, denn aus knapp 60 Brutpaaren in den 1980er Jahren ist 2017 ein Bestand von 480 besetzten Nestern geworden. Da haben viele zusammengearbeitet. Nur darf man in der berechtigten Genugtuung auf Erfolge eigener Leistung nicht vergessen, dass bei der Erholung der Weißstorchbestände in Mitteleuropa auch verändertes Zugverhalten, vor allem der Jungstörche, ein gewichtiges Wörtchen mitredet. Klimawandel und nicht zuletzt die Mülldeponien auf der Iberischen Halbinsel als Nahrungsquellen haben Zugwege der Störche teilweise verkürzt und die Überlebensrate der Jungstörche verbessert[41]. In Vielfalt und Dynamik gedanklich einzudringen kann auch bedeuten, Zusammenhängen nachzugehen, an die man anfänglich nicht denken würde.

„Familienglück". Chromolitho nach einem Aquarell von U. Weczerzick, Beilage zur Illustrirten Zeitschrift „Zur Guten Stunde" um 1890

Partner, Helfer, Seitensprünge

Im 19. Jahrhundert waren sich Biologen einig: Die für Vögel typische Fortpflanzungsgemeinschaft ist die Monogamie, von der es einige bemerkenswerte Ausnahmen gibt, etwa die Ehelosigkeit bei den Raufußhühnern mit Arenabalz, also Birk- und Auerhuhn, oder Vielmännerei (Polyandrie) bei den Wassertretern als Brutvögel der Arktis. Das typische Bild der Vogelfortpflanzung hat Erwin Stresemann (1889-1972) in seinem großen Standardwerk, das 1934 abgeschlossen war, durch ein Grundschema Verlobung – Erweckung der Paarungsbereitschaft – Nestbau – Bebrütung der Eier – Fütterung oder Führung der Jungen vorgestellt, Abschnitte *„die sich mehr oder minder unvermittelt ablösen"*[1].

Dieses vereinfachte Bild beherrscht auch heute noch die Vorstellung, zumindest was die Nesthocker betrifft, die aber keineswegs immer eindeutig mit scharfer Grenzziehung von Nestflüchtern zu trennen sind. Mit dem zyklischen Ablauf der Vorgänge verbunden war lange Zeit die Vorstellung einer bei Vögeln weit verbreiteten Monogamie, die auch durch die klassische Reviertheorie plausibel wird. Ein Männchen sucht, besetzt und verteidigt ein Revier, in dem dann mit einem Weibchen die Brut abläuft. Man benutzt auch heute noch gerne bei der Angabe von Bestandsgrößen oder Siedlungsdichten von Vögeln den Ausdruck „Revier", der gewissermaßen als Synonym für „Brutpaar" gebraucht wird, weil man sich da nicht so genau festlegen will. Meistens werden ja nur durch Gesang oder mehr oder minder konstante Anwesenheit „revieranzeigende" Vogelindividuen, in der Regel Männchen, registriert.

In der Praxis mag das vor allem bei großflächigen Untersuchungen eine hinnehmbare Vereinfachung durch genau genommen unrealistische Gleichschaltung artlicher Unterschiede sein, die für die Größenordnung einer Vogelpopulation steht. Im Vergleich kleiner Untersuchungsflächen, die oft fälschlich als Probeflächen vorgestellt werden, entstehen dadurch aber Unschärfen, die Ergebnisse kritikanfällig machen. Schon ein flüchtiges Studium der umfangreichen Sammlung von *„Methodenstandards zur Erfassung der Brutvögel Deutschlands"* macht deutlich, wie variabel das Verhalten allein unter den mitteleuropäischen Brutvögeln ist, wenn man nur die Zahl der Bruteinheiten, die keineswegs immer aus Paaren mit einem Brut- oder Nestrevier bestehen, ermitteln will[2]. Schier verwirrend unübersichtlich wird es, wenn man Brutvögel anderer Klimazonen in den Versuch eines Überblicks mit einbezieht.

Zwei große Forschungsansätze haben das klassische Bild verändert. Zunächst entdeckten intensive Populationsstudien im Freiland bei einer Reihe von Vogelarten zahlreiche Abweichungen vom Schema Monogames Paar – Revier – Nest. Ein Schlüssel für den Zugang zu neuen Entdeckungen waren Markierungen, meist mit farbigen Fußringen, die erlaubten, die Individuen einer Population auseinanderzuhalten. Was den Feldornithologen und Populationsforschern im Freiland verborgen blieb, konnte die Molekulargenetik durch Vaterschaftsnachweise sichtbar machen. Hierbei werden meistens kurze, nicht codierende DNA-Abschnitte, Mikrosatelliten, verglichen, die eine hohe Mutationsrate aufweisen. Populationen weisen daher mit hoher Wahrscheinlichkeit große Variabilität der Mikrosatelliten auf. Die genetische Variation des Nachwuchses lässt sich mit jener der potenziellen Eltern vergleichen, Voraussetzung ist allerdings, dass man genetisches Material von allen möglichen Kandidaten einer Elternschaft erfasst hat. Das Ergebnis war zunächst verblüffend: Fremdvaterschaften gibt es bei so gut wie allen als monogam bekannten Vögeln, manchmal auch in erstaunlicher Häufigkeit.

Von Monogamie bis Polygamie

Das Bild der Formierung von Partnerschaften zur Fortpflanzung hat sich über die Jahrhunderte allmählich geändert. Das Standardwerk von Stresemann fasst die Erkenntnisse bis ins erste Drittel des 20. Jahrhunderts zusammen und legt mit einer kritischen Sichtung in klaren Definitionen die Grundlage für die kommende ornithologische Forschung auch in der Fortpflanzungsbiologie der Vögel. Als Vogelehe sieht Stresemann mit Oskar Heinroth (1871-1945) eine *„gewisse Ehegemeinschaft"* im Zusammenhalt der Partner über eine bestimmte Zeit. Sie trägt *„von ganz wenigen Ausnahmen abgesehen den Charakter der Monogamie"*[1], die meist nur eine Brutsaison andauert, bei wenigen größeren Vögeln aber auch eine lebenslange Dauerehe sein kann.

Irrtum

35. Vögel sind zu über 90% monogam. Die Partnerbeziehungen sind innerhalb einer Art festgelegt.

Monogamie als die „normale" Form der Partnerschaft zwischen Männchen und Weibchen sieht auch noch rund 40 Jahre später David Lack (1910-1973) und listet nach dem Kenntnisstand der 1960er Jahre eine globale Übersicht auf, der zufolge bei 2% der Vogelarten ein Männchen mit mehr als einem Weibchen verpaart ist (Polygynie), bei 0,4% ein Weibchen mit mehreren Männchen (Polyandrie) und bei 6% Fortpflanzung ohne Partnerschaftsbindung auskommt (Promiskuität). Demnach sind tatsächlich mehr als 90% der Vogelarten monogam[3].

Rund 20 Jahre später wird dieses System in einem Lehrbuch noch durch Definition eines weiteren Partnerschaftssystems erweitert. In seltenen Fällen kommt auch Polygynandrie vor, zwei oder mehr Männchen kopulieren mit zwei oder mehr Weibchen und teilen sich die Brutpflege. Etwas vorsichtiger formuliert als in den vorangegangenen Zusammenfassungen heißt es jetzt *„etwa 90% der Vogelarten sind primär monogam"*[4]. David Lack glaubte dagegen ganz offensichtlich noch an eheliche Treue und sah daher Monogamie bei Vögeln als die Norm. So leitet er in seinem Klassiker über die Anpassungen der Brutbiologie der Vögel das Kapitel über die Paarbindung ein: *„...es besteht die Gefahr, dass die Aufmerksamkeit, die man zwangsläufig ungewöhnlichem Paarungsverhalten, brillantem Gefieder oder bizarrem Balzverhalten widmet, den Leser über die Häufigkeit solcher Fälle in die Irre führt. In ähnlicher Weise würde ein Vogel, wenn er unsere Tageszeitungen lesen könnte, sich eine überspitzte Vorstellung von Scheidungen oder von glamourösen Stars in unserer Mitte machen. Monogamie bei*

Menschen und Vögeln neigt dazu, sich bescheiden zu kleiden und ist bei weitem häufiger als exotische Alternativen..."[3].

Ansichten und Zeiten ändern sich, denn inzwischen hat man mit modernen Methoden gerade auch bescheiden gekleidete Vögel untersucht. 2016 heißt es in einem Lehrbuch über das Leben der Vögel *„die Partnerschaftssysteme der Vögel sind wunderbar vielfältig*"[5]. Und jetzt hat man auch ein wesentlich komplizierteres Bild der möglichen Formen von Partnerschaften, denn (1) sind die bisher definierten Formen der Partnerschaft nicht starr programmiert, sondern kommen durch unterschiedliche Umstände zustande und (2) sind bestimmte Formen folglich keineswegs einheitlich bei einer Vogelart anzutreffen und kommen auch nebeneinander vor. Die bisherigen scheinbar klaren Einteilungsprinzipien sind wieder einmal ins Fließen gekommen.

Bei der Heckenbraunelle etwa sind vor allem in dicht siedelnden Standvogelpopulationen in Großbritannien, aber auch in anderen Gebieten Europas, verschiedene Fortpflanzungssysteme nachgewiesen worden, zum Beispiel unterschiedliche Reviere von Männchen und Weibchen, Helfer, die keine Jungen haben, aber bei der Aufzucht von Jungen mitarbeiten, Monogamie für eine Brutsaison, Polygynie, Polyandrie und auch einige Männchen mit einigen Weibchen, also Polygynandrie[6]. Es ist durchaus möglich, dass solche Vielfalt selbst unter europäischen Vögeln nicht einmalig ist, denn sorgfältige Untersuchungen bringen immer wieder neue Fakten ans Licht.

Wenn man es genau nimmt, spricht man heute auch nicht mehr einfach von Monogamie, sondern unterscheidet soziale von genetischer Monogamie. Anlass dazu liefert die Molekulargenetik, denn wenn sich je ein Vertreter eines Geschlechts mit dem des anderen für eine oder mehrere Bruten zusammentut, zeigt sich unter den Nachkommen häufig, dass keine genetische Monogamie besteht, also Paarungen nicht nur zwischen den beiden Partnern stattgefunden haben. Monogamie ist demnach nicht selbstverständlich, es bedarf verschiedener Voraussetzungen, dass sie zustande kommt. Mehrere Möglichkeiten sind bekannt:

- Vor allem kurz vor der Eiablage eskortiert das Männchen sein Weibchen möglichst ständig, um Kopulationen mit fremden Männchen zu verhindern oder zumindest das Risiko von Seitensprüngen seines Weibchens zu reduzieren. Solches „Mate-Guarding" ist zum Beispiel für Buchfinken typisch. Die Vaterschaft des Männchens wird für die Jungen im Nest gesichert, wenn es ihm gelingt, sein Weibchen vor Fremdpaarungen abzuhalten. Das Männchen kann aber durch Fremdkopulationen seine Vaterschaft vergrößern und damit auch gleichzeitig seine Gene streuen. Für das Weibchen, das zu Fremdkopulationen auffordert, bleibt die Möglichkeit der Genstreuung bei gleicher Nachkommenzahl über die Eier im Nest. Man könnte also von „Partnereskortmonogamie" sprechen, bei der die Interessen für überlebensfähige Nachkommen, die eigene Genausprägungen (Allele) weitergeben, von beiden Partnern etwas unterschiedlich verfolgt werden. Für beide sind aber Abweichungen von einer genetischen Monogamie nicht uninteressant. Bleibt noch die Frage: Lohnt sich das emsige Eskortieren und Bewachen des Weibchens für das Männchen? Hielt man Männchen von Blaukehlchen während der fruchtbaren Periode ihrer Weibchen nur einen Morgen lang im Käfig, stammten in den Nestern doppelt so viele Jungen von anderen Vätern ab wie bei Weibchen, deren Männchen nicht vorübergehend abgehalten worden waren[7]. Wenn also Weibcheneskorte notwendig ist und daher innerhalb einer Population zur Norm wird, schwinden für beide Geschlechter die Chancen, ihrem Partner untreu zu werden. Die Monogamie wird damit durch wachsame Männchen erzwungen.

- Das Männchen hilft entscheidend bei der Aufzucht der Nachkommen mit, indem es etwa das Weibchen vor Beginn oder während des Brütens füttert und das Weibchen ebenfalls noch zusammen mit den kleinen Jungen im Nest versorgt, sich darüber hinaus vielleicht bei der Bebrütung der Eier beteiligt und auch sonst entscheidend am Erfolg einer Brut mitarbeitet. Nahrungsversorgung des Weibchens vor dem ersten Ei spielt zum Beispiel bei manchen Greifvögeln eine entscheidende Rolle für den Bruterfolg. Die Zusammenarbeit beider Partner ist Garant für Nachwuchs. Es handelt sich also um eine gegenseitige „Unterstützungsmonogamie".
- Schließlich kommt auch Monogamie zustande, wenn das Weibchen in der Lage ist, sein Männchen von Seitensprüngen abzuhalten, also eine vom Weibchen durchgesetzte Monogamie, bei denen die Interessen beider durch die dominante Rolle des Weibchens in einer genetischen Monogamie liegen.

Wenn ein Weibchen mit Sperma von mehr als einem Männchen pro Brutsaison befruchtet wird, liegt Polyandrie vor, die häufiger ist als bisher angenommen und nicht immer als Perversion etwa im Zusammenhang mit „Wohlstandsverwahrlosung" abzutun ist. Polyandrie kann durch aggressive Männchen erzwungen werden, „Vergewaltigungen" sind zum Beispiel bei Stockenten nicht außergewöhnlich. Es kann aber für Weibchen auch zu kostspielig sein, sich fremden Bewerbern zu entziehen oder sie energisch zurückzuweisen. Es lässt sich gewissermaßen aus Bequemlichkeit oder Routine mit mehreren Männchen ein. Mehr als ein Männchen in polyandrischen Verhältnissen kann auch helfen, die für die Aufzucht von Jungen nötigen Ressourcen besser zu nutzen und eine anstrengende Brutpflege zu erleichtern. Eine weitere Möglichkeit ist eine Versicherungspolyandrie, eventuell defekte Gene des ersten Partners durch eine Chance mit einem zweiten auszugleichen, also Risikominimierung durch Genstreuung. Da ist der Weg nicht weit zum Versuch, die Weitergabe eigener Allele zu optimieren, indem ein Weibchen seine Allele mit denen mehrerer Männchen kombiniert und dadurch einen höheren Grad von Mischerbigkeit unter seinen Nachkommen erreicht. Das kommt einer Chancenverteilung für die kommende Generation gleich.

Bei Polygynie hat ein Männchen Gelegenheit, sich mit mehreren Weibchen einzulassen. Da gibt es solche, die eine Verpaarung mit einem zweiten Weibchen eingehen und sich dabei jeweils als monogame Partner gerieren. Ein anderer Fall liegt vor, wenn ein Männchen in der Lage ist, mehrere Weibchen gegen Rivalen zu verteidigen. Es müssen aber nicht Weibchen sein, die verteidigt werden. Ist ein Männchen in der Lage, eine wichtige Ressource gegen Konkurrenten zu verteidigen, lockt das mehrere Weibchen an.

Monogamie und Polygamie bei Vögeln liegen also nicht so weit auseinander, wie das eine Begriffsgliederung nach Definitionen suggeriert. Partnerschaftsbindungen werden durch Nachkommen erzwungen, die elterlicher Fürsorge bedürfen. Umweltverhältnisse bestimmen oder beeinflussen zumindest unterschiedliche Formen und Kombinationen von Partnerschaften in einer Elterngeneration. Schließlich hat parallel dazu die Partnerwahl durch sexuelle Selektion die Entwicklung von Partnerschaftssystemen beeinflusst. Drei Einflussgrößen führten zu einer Vielfalt von Erscheinungen, die man sich im 19. Jahrhundert nicht vorstellen konnte und im damaligen gesellschaftlichen Umfeld wohl auch nicht sehen wollte. Erst rund 100 Jahre später gewann man genauere Einsichten, die man heute in der Zusammenschau unterschiedlicher Faktoren zu erklären versucht, wobei immer wieder neue Fragen auftauchen.

Schwanzmeisen und Fitnessprogramme

Schwanzmeisen gelten als sozial, denn sie leben außerhalb der Brutzeit meist in kleinen Trupps. Die Nester sind geschlossene kugelförmige Gebilde mit einem seitlichen Eingang, solide gebaut aus Moos, Halmen, Spinnweben, Flechten und bis über 2000 Federchen als Polsterung. Beide Partner beteiligen sich am aufwendigen Bau, der bei frühen Nestanfängen im Jahr bis zu einen Monat dauern kann, jedenfalls große Investition an Energie fordert. Das Weibchen brütet die normalerweise vier bis acht Eier allein aus und wird während dieser Zeit vom Männchen gefüttert. Beide Geschlechter füttern die Nestlinge und kümmern sich auch noch mindestens zwei Wochen lang um die ausgeflogenen Jungen. Damit ist in diesem System aufwendiger Investition monogame Brutehe wohl die erfolgreichste Form der Fortpflanzung. Pro Sommerhalbjahr findet nur eine Brut statt. Die Jungen trennen sich im Geburtsjahr nicht von den Eltern, wie es sonst bei den meisten Kleinvögeln üblich ist. Die Familie bleibt in einer Gruppe zusammen, die ein gemeinsames Revier gegen andere Familientrupps verteidigt, zumindest bis tief in den Herbst hinein, auch oft den Winter hindurch. Milde Nächte verbringen die Familienmitglieder dicht beieinander und rücken in kalten mit Körperkontakt eng zusammen. Vor Beginn der nächsten Brutsaison lösen sich die Trupps auf, Paare verteidigen ihre künftigen Brutreviere und wählen einen Nestplatz. Das ist kurz zusammengefasst ein schematischer Jahresüberblick; mit Unterschieden und Variationen des Jahresprogramms von Schwanzmeisen unter verschiedenen geographischen und ökologischen Bedingungen ist natürlich zu rechnen.

Bevor auf interessante Besonderheiten des Familienlebens von Schwanzmeisen einzugehen ist, muss, wie auch an anderen Stellen dieses Buches, ein wenig über Fitness gesprochen werden. Der von der Soziobiologie definierte Begriff ist nicht mit Kondition gleichzusetzen, auch wenn letztere durchaus etwas damit zu tun haben kann. Fitness ist eine Rechengröße, die den Fortpflanzungserfolg eines Individuums im Vergleich zu seinen Konkurrenten in der Population misst. Exakt, aber eigentlich nur theoretisch lässt sich die Fitness durch den Anteil der individuellen Zustandsformen der Gene (Allele) am Genbestand (Genpool) kommender Generationen definieren. Die Frage lautet also, wie groß ist der Anteil der Allele eines Individuums im Vergleich zu anderen am Genbestand der Population?

Gute Chancen, eigene Genkopien weiterzugeben, bestehen dann, wenn es gelingt, mehr Nachkommen als andere zu haben. Voraussetzung dafür sind ein langes individuelles Überleben in guter Kondition, einen geeigneten Partner zu finden, unter möglichst günstigen Umweltbedingungen Junge großzuziehen oder unter bestehenden Verhältnissen gute Entscheidungen zu treffen und das

Beste herauszuholen. Natürlich muss man bei alldem auch Glück haben. Zufälle können also eine entscheidende Rolle spielen, denn unvorhersehbare Ereignisse machen alle guten Startbedingungen und Entscheidungen zunichte. Die Überlegungen gehen aber in der Generationenfolge noch weiter. Hohe individuelle Fitness erschöpft sich nicht in der Produktion möglichst vieler Nachkommen, sondern verlangt überlebensfähige mit guten Chancen, sich selbst wieder fortzupflanzen. Unmittelbare Erfolge, die sich durch Vergleiche von Gelegegröße, Kondition und Zahl der Jungen, Bruterfolg oder Sterblichkeit in den folgenden Lebensjahren messen lassen, erlauben also nur, die individuelle Fitness näherungsweise zu messen.

Überlegungen zur Fitness drängen sich auf, wenn man die Brutbiologie von Schwanzmeisen näher untersucht. In vielen Fällen entdeckt man dabei Formen eines kooperativen Brutverhaltens. An der Fütterung der Nestlinge beteiligen sich nicht nur die beiden Eltern, sondern zusätzlich einzelne bis mehrere Altvögel als Helfer. Kooperation mit Helfern ist in der Vogelwelt global weit verbreitet. Bereits in nicht mehr ganz neuen umfassenden Übersichten werden viele Arrangements vorgestellt und man hat unterschiedliche Erklärungen für das scheinbar selbstlose (altruistische) Verhalten bemüht, das so gar nicht zu Konkurrenz und Selektion zu passen scheint. Bei mindestens 300 Vogelarten sind Formen der kooperativen Brutpflege entdeckt worden. Systematische Zugehörigkeiten und damit Weitergabe kooperativen Brutverhaltens im Stammbaum sind ebenso nachgewiesen wie Zusammenhänge mit Umweltbedingungen. In der kleinen Familie der Schwanzmeisen hat sich das Verhalten offenbar als erfolgreich durchgesetzt. Nicht nur von der mitteleuropäischen Art ist es bekannt, sondern auch von zwei ostasiatischen Gattungsverwandten und der zur Familie zählenden amerikanischen Buschschwanzmeise *Psaltriparus minimus*. Die Unterschiede zwischen Populationen innerhalb der Art sind aber erheblich[8].

Die in verschiedenen eingehenden Studien gewonnenen Ergebnisse zeigen zunächst, dass trotz aller Vorsorge bei Nistplatzwahl und Nestbau relativ viele Bruten von Schwanzmeisen vorzeitig zugrunde gehen. Meist reicht für das Paar die Zeit dann nicht mehr aus, mit einer Ersatzbrut neu zu beginnen. Die Helfer bei noch intakten Bruten sind in der Regel solche Vögel, die mit ihrem Brutbeginn Pech hatten und keinen neuen Brutversuch in diesem Jahr beginnen. Je später der Brutverlust eintritt, desto wahrscheinlicher ist es, dass die betroffenen Altvögel sich als Helfer an einem anderen noch intakten Nest betätigen. An bis zu etwa 60 % der nach Verlusten noch verbliebenen Schwanzmeisenbruten füttern ein bis zwei Helfer, ausnahmsweise sind bis zu acht beobachtet worden. Helfer beteiligen sich nur an der Fütterung der Nestlinge. Dadurch kann anfänglich das Weibchen seine Jungen länger hudern und muss sich nicht gleich nach deren Schlüpfen so häufig auf Futtersuche begeben wie in Fällen ohne Helfer. Bruten mit Helfern werden bis zum Ende der Nestlingszeit besser mit Futter versorgt. Damit tragen Helfer nicht nur eindeutig zum Bruterfolg des unterstützten Paares bei. Es ist auch wahrscheinlich, dass die unter Mitarbeit von Helfern ausgeflogenen Jungen den ersten Lebenswinter besser überleben als solche ohne Helfer. In einer Stichprobe aus Großbritannien überlebten 38 % von 68 Jungen mit Helfern, dagegen nur 22 % von 114 Jungen, die ohne Helfer aufgezogen worden waren.

Die Fitnessgewinne für die Bruten, denen geholfen wird, sind also eindeutig. Was aber springt für die Helfer aus ihrem scheinbar selbstlosen Verhalten heraus? Zumindest viele der untersuchten Helfer waren Geschwister des Männchens, dessen Brut sie mitfütterten. Die Arbeit der Helfer bedeutet daher auch für sie selbst einen Fitnessgewinn im Sinne der Weitergabe ihrer Gene an die nächste Generation, gewissermaßen auf dem Umweg der Fitnesserhöhung von nahen Verwandten, mit denen sie einen Teil der Allele gemeinsam haben. Immerhin ist dieser gegenüber eigenen Nachkommen bescheidene Fitnessgewinn deutlich höher, als wenn sie nach Verlust der eigenen Brut gar nichts unternommen hätten. Dieser Gewinn fällt aber bei jenen Helfern weg, die nicht mit dem Brutpaar verwandt sind. Durch Überlegungen, die teilweise durch Beobachtungen bestätigt sind, kommt man auf einige Chancen, die durch den Helfereinsatz bei einer fremden Brut verbessert werden. In einer Population zum Beispiel waren Brutverluste eindeutig auf schlechte Wahl des Neststandorts zurückzuführen. Die Vermutung, Helfer sammelten bei erfolgreichen Brutpaaren Erfahrungen, wie sie es das nächste Mal besser machen könnten, würde Fitnessgewinn durch Lernen bei Artgenossen bedeuten, egal ob verwandt oder nicht. Schließlich ist bekannt, dass Helfer nach Bildung der Familientrupps auch Familienanschluss erreichen. Dies könnte vor allem in kalten Nächten durch den Schlafplatzkontakt mit Artgenossen von Vorteil sein und die Fitness durch höhere Überlebensrate im Winterhalbjahr für verwandte oder nicht verwandte Helfer erhöhen[9].

Nicht jede Konstellation im Sozial- und Brutverhalten wird aber überzeugend unter dem Aspekt des Fitnessgewinns zu erklären sein. Man muss damit rechnen, dass ein mehr oder minder großer Teil der Helfereinsätze zu keinem eigenen Gewinn führt oder sich vielleicht sogar nachteilig auswirkt. Entscheidend sind oft nur kleine relative Unterschiede und eine Bilanz über die Gesamtheit der beteiligten Individuen, dass Fitnessgewinn möglichen Fitnessverlust zumindest kompensiert. So ist vieles über die interessanten Zusammenhänge in kooperativen Brutsystemen bei Vögeln bekannt, doch manche Fragen lassen sich noch nicht überzeugend beantworten. Bisherige Ergebnisse bringen eine Vielfalt ans Licht, die es zu überblicken und zu verstehen gilt.

Variationen von Partnerschaften

Irrtum

36. Die Partner eines Schwanenpaars bleiben sich ein Leben lang treu.

Monogame Variationen bei Schwänen und Enten:

Für die zur Familie der Entenverwandten zählenden Vögel bilden zwei Eigenheiten den Rahmen für Partnerschaften. Die Jungen sind extreme Nestflüchter, werden aber in der Regel bis zum Flüggewerden von mindestens einem Altvogel geführt. Das bedeutet zusammen mit der Bebrütung des Geleges ein Engagement für die Fortpflanzung von deutlich über 150 Tagen bei Schwänen und immerhin von über 80 Tagen bei Gänsen und Enten. Dazu kommt, dass alle Altvögel im Sommerhalbjahr mindestens drei, bei Schwänen vier Wochen flugunfähig werden, weil bei der sommerlichen Vollmauser alle Schwung- und Steuerfedern gleichzeitig ausfallen und es einige Zeit dauert, bis die neue Federgeneration nachgewachsen ist. Da kann es zeitlich eng werden vor Einbruch des Winters, wenn noch ein passendes Winterquartier erreicht werden soll. Aber auch räumliche Probleme können bei kleineren Brutgewässern entstehen, wenn mausernde Altvögel und noch nicht flügge Jungvögel nicht wegkönnen und das Nahrungsangebot knapp wird.

Mehrere Lösungen der Probleme bieten sich an. Nestflüchtende Junge, die nicht oder nur anfänglich gefüttert werden müssen, fordern keine lang andauernde Paarbindung. Die Jungen nur zu führen schafft auch einer allein. Monogamer Zusammenhalt wäre also nur für einen Teil der Brutsaison Voraussetzung für einen Bruterfolg. Der sich aus der Familie ausklinkende Partner kann sich unbelastet von Pflichten der Brutfürsorge der Vollmauser unterziehen. Viele Entenverwandte unternehmen sommerliche Mauserzüge in ein möglichst ungestörtes und nahrungsreiches Gewässer. Dort treffen sich im Hochsommer große Scharen mausernder Enten und Schwäne fern von ihren Brutplätzen.

Solche Mauserquartiere internationaler Bedeutung möglichst störungsfrei zu halten, ist eine große Herausforderung für den Schutz der Wasservögel. Binnengewässer wie küstennahe Meeresteile sind im Hochsommer dem vollen Druck der Freizeitgesellschaft ausgesetzt und daher nicht gerade ein Hort der Ruhe für Vögel, die in ihrer Bewegungsfreiheit stark eingeschränkt sind und für die Erneuerung des Gefieders einen angespannten Energiehaushalt meistern müssen. Das wissen Segler, Surfer, Stand-Up-Paddler und die sich mit immer neuen Techniken übers Wasser bewegenden Menschenmengen nicht und ärgern sich vielleicht, wenn auf Gewässern Ruhezonen ausgewiesen sind, die nicht befahren oder besportelt werden sollen. Probleme sind längst auch im deutschen Wattenmeer entstanden, wenn Brandgänse ständig auf der Suche nach störungsarmen Mauserplätzen sind[10].

Arten aus der Familie Entenverwandte sind alle irgendwie monogam. Zwischen den Arten und, soweit eingehender untersucht, auch innerhalb von Populationen gibt es aber große Unterschiede in der ehelichen Treue und Dauer des ehelichen Zusammenhalts, aber auch in der Betreuung des Nachwuchses. Brandgänse und Eiderenten praktizieren mit regelrechten Kindergärten eine moderne Lösung. Unter Führung einzelner Altvögel werden Junge verschiedener Bruten zusammengelegt, deren Eltern dann einen Mauserzug zu einem Mauserquartier unternehmen. Bei Brandgänsen bleiben zunächst beide Eltern bei den Jungen, verlassen sie aber dann nach etwa 15 bis 20 Tagen, um den Mauserzug anzutreten. Das ist dann die Zeit, in der die Kindergärten unter Obhut einzelner oder weniger zurückbleibender Altvögel, die auch erfolgreich gebrütet haben, zunehmen. Es könnte sehr wohl sein, dass die sich zu Hunderttausenden an Mauserplätzen sammelnden Brandgänse eine Entlastung der Aufzuchtgebiete von nicht mehr flugfähigen und daher in ihrem Aktionsradius beschränkten Altvögeln bedeuten und das Nahrungsangebot dann den Kindergärten uneingeschränkt von Konkurrenten der eigenen Art zur Verfügung steht. Bei Eiderenten sind es immer einige Weibchen, die das Los der Kinderbetreuung trifft. Auch die Paare, die ihre Jungen im Kindergarten abgegeben haben, trennen sich, wie bei den meisten Tauch- und Gründelenten üblich, in Zeiten der Mauser oder kurz vor Antritt eines Mauserzuges. Sie können sich aber zu Beginn der nächsten Saison wieder treffen, da vor allem die Weibchen meist treu an ihrem Brutplatz festhalten. Saisonmonogamie in Raten also. Es gibt aber auch polygyne Eiderentenmännchen, die Nachkommen mit mehreren Weibchen haben.

Die Bewacher von Kindergärten könnte man auch als Helfer betrachten, die zum Gedeihen des Nachwuchses von Artgenossen beitragen. Dann erhebt sich die Frage, wie es mit ihrem Fitnessgewinn steht. Wenn zwischen Kindergarten„personal" und abziehenden Mauservögeln keine verwandtschaftlichen Beziehungen herrschen, würde lediglich durch möglicherweise besseren Anteil an den Nahrungsressourcen des Brutgebietes, der auch den eigenen Jungen zugute kommt, ein möglicher Fitnessgewinn entstehen können. Aber das sind, wie schon die vorsichtige Formulierung andeuten will, Spekulationen im Sinne der Soziobiologie, die im Fall von Brand- und Eiderente die Prüfung durch eindeutige Untersuchungsergebnisse noch nicht bestanden haben.

Kooperation im Brutgeschäft geht bei Eiderenten auch anders. In einer finnischen Brutkolonie fand man in einer Studie von über 23 Jahren heraus, dass im Mittel 18 % der brütenden Weibchen miteinander im ersten Grad verwandt, also Mütter, Töchter und Schwestern waren. Eine Stichprobe aus drei Jahren ergab, dass pro Jahr zwischen 25 und 67 % der Eier in den Nestern von mehr als einem Weibchen stammten. Solche Mischgelege, auch zwischen verschiedenen Arten (intra- bzw. interspezifischer Brutparasitismus) ist bei Enten nicht selten, auch wenn die Nester nicht kolonieartig nahe beisammen stehen[11]. In der finnischen Eiderentenkolonie führten fremde Eier im Nest und Anwesenheit von Verwandten während der frühen Brutphase dazu, dass später von vielen Weibchen auch gemeinschaftliche Brutpflege betrieben wurde, also die beteiligten Weibchen wohl zumindest teilweise miteinander verwandt waren. Aber es stellte sich auch heraus, dass vor allem mehr oder minder gleichaltrige Junge, die zur gleichen Zeit das Nest verlassen hatten, gemeinschaftliche Brutpflege entscheidend begünstigten. Auch fanden die Forscher keinerlei Anzeichen dafür, dass sich Verwandte überhaupt sicher erkennen konnten[12].

Im Unterschied zu Gänsen und Schwänen herrscht bei Enten in der Regel Saisonmonogamie. Bei manchen Gründelenten finden sich die Paare schon im Winter. Da in der Regel die Männchen der Zahl nach etwas überwiegen, kann man den Fortgang der Paarbildung in herbstlichen und winterlichen Entenschwärmen anhand des Anteils verpaarter Weibchen verfolgen, die sich immer in der Nähe ihres Männchens halten und meistens auch synchron mit dem Partner Nahrung von der Wasseroberfläche schnattern, gründeln, Gefieder putzen oder mit dem Schnabel im Rückengefieder ruhen.

Am frühesten gehen Schnatter- und Stockenten Paarbindungen ein. Im Ismaninger Teichgebiet bei München waren im August bereits 70 % der weiblichen Schnatterenten verpaart, Ende September/Anfang Oktober 90 %. Derart frühe Paarbildungen unter Vögeln mit saisonaler Monogamie sind ungewöhnlich, lassen hier auch den Verdacht aufkommen, dass Partner über die Mauserzeit beieinander bleiben, denn im August haben die Männchen meist noch nicht einmal das Prachtkleid angelegt und fangen erst etwas später das Balzen an. Ein weiteres Anzeichen dafür ist, dass ab Frühsommer in das Mauserquartier einwandernde Männchen oft auch mit einem Weibchen kommen. Das könnten Paare sein, die ihre Brut verloren haben und deren Partner dann gleichzeitig mausern. Bei Stockenten entwickelte sich die Paarbildung im Beispiel von Ismaning etwa zögerlicher, im Oktober waren etwa 80 % der Weibchen verpaart[13].

Das allgemeine Schema bei Gründel- und Tauchenten unserer Breiten ist Anwesenheit des Männchens in Nestnähe und damit Revierverhalten, solange das Weibchen das Gelege bebrütet. Wenn das Weibchen in Brutpausen oder aufgescheucht vom Nest fliegt, schließt sich das Männchen an. Verlassen die frisch geschlüpften Jungen das Nest, ist das Männchen in der Regel nicht mehr bei der Familie und sucht ein Mauserquartier auf. Dort beginnt die Mauser des Großgefieders, die sich beim Weibchen verzögert und erst einsetzt, wenn die Jungen selbständig werden. Weibchen mausern also im Mittel rund einen Monat später als ihre Männchen und sicher oft auch an anderen Orten. Im Einzelnen sind die Verhältnisse aber je nach Lage des Brutgebiets und Datum des Legebeginns auch innerhalb einer Art variabel und noch nicht in allen Details bekannt. Jedenfalls beginnt die monogame Saisonehe der Gründelenten lange vor der Brutzeit und auch vor der Gonadenreife. Man spricht daher auch von einer „Verlobungszeit". Hat die Brut begonnen, hält die Ehe aber dann nicht mehr lange und endet meist schon, wenn die Jungen schlüpfen.

In der langen Zeit der Paarbildung von September bis Februar kann man überall an ruhigen Tagen Stockerpel bei der sozialen Balz beobachten, dem „Gesellschaftsspiel". Mehrere Erpel drängeln sich mit typischen Bewegungen in einem meist festliegenden Ablauf um ein verpaartes Weibchen. Vergleiche der Ähnlichkeiten und Abwandlungen dieses bei allen Arten der Gründelenten zu beobachtenden Bewegungszeremoniells, zuerst von Oskar Heinroth

(1871-1945) vorgenommen[14], waren ein Einstieg in die vergleichende Verhaltensforschung (Ethologie), wie sie Nobelpreisträger Konrad Lorenz (1903-1989) später entwickelte und vertrat. In der langen Zeit der Paarbildung finden bei Gründelenten noch manche Umverpaarungen statt, aber es kommt auch zur Begattung fremder Weibchen einschließlich Vergewaltigungen. Oft kann man Verfolgungsflüge, in der Jägersprache „Reihen" genannt, beobachten, in denen neben dem verpaarten ein bis mehrere weitere Männchen hinter einem Weibchen herjagen. Häufig bilden sich bei Stockenten sogenannte Trios, ein Paar mit einem „Hausfreund", die länger zusammenhalten oder sich von einem winterlichen Ententrupp etwas absetzen. Tauchenten, wie Tafel- und Reiherenten, erreichen erst im März/April einen Verpaarungsgrad der Weibchen von etwa 90 %. Das hängt wohl auch damit zusammen, dass etwa bei der Tafelente die anscheinend empfindlicheren Weibchen etwas weiter in ein Winterquartier ziehen als die Männchen und daher im Frühling später zurückkommen[15].

Als klassisches Beispiel für lebenslange Monogamie gilt der auch sonst mythologisch arg strapazierte Schwan[16]. *„Höckerschwäne verpaaren sich lebenslang"* liest man kurz und bündig in einem populären Buch über Vogelverhalten[17]. Etwas vorsichtiger fasst das Kompendium der Vögel Mitteleuropas den Kenntnisstand für Höcker-, Sing- und Zwergschwan, die als Brutvögel oder Wintergäste in Mitteleuropa vorkommen, recht einheitlich mit *„monogam, oft Dauerehe"* zusammen und räumt beim gut untersuchten Höckerschwan ein, dass auch jährlich Neuverpaarungen bekannt sind[18].

Berühmt wurde Schwanentreue sogar über die Artgrenzen hinaus durch die Schwarzschwandame Petra auf dem Aasee in Münster, die zwei Sommer lang einem Tretboot nicht von der Seite wich, das als überdimensionaler Höckerschwan aus Plastik auf dem See schwamm[19].

Dauerehe ist auch bei Gänsen üblich, für manche der in der Arktis brütenden Arten gilt dies allerdings wohl hauptsächlich als Annahme. Die Paarungsverhältnisse der Schwäne hat man vor allem in England eingehend untersucht. Sing- und Zwergschwäne wandern in der Regel als Familien mit ihren Jungen ins Winterquartier, bei Höckerschwänen kommt das auch vor, doch in den halbwilden Populationen Europas ist dieser Familienzusammenhalt nicht mehr zwingend nötig und die Eltern vertreiben oft ihre erwachsenen Jungen aus dem Revier. An manchen Orten gibt es auch gar keine Höckerschwanreviere mehr, die Paare brüten in Kolonien, die allerdings ungünstigere Erfolgsaussichten für das einzelne Paar bieten.

Als wichtigste Frage ist zu beantworten: Welche Vorteile bringt lebenslange Monogamie für Schwäne mit sich? Eine Verbesserung des Bruterfolgs ist am wahrscheinlichsten. Für den Zwergschwan hat man tatsächlich einen wachsenden Erfolg über die ersten Jahre eines Paarzusammenhalts ermittelt und ihn bis zu 11 Jahre der gemeinsamen Bruten verfolgen können. Langzeitehe verringert die Kosten für Balz und Suche neuer Partner. Das wiederum bedeutet einen flotten Beginn des Brutgeschäfts ohne Verzögerung und kann auch den Zugang zu Nahrungsgründen im Winterquartier durch frühe Ankunft und Erfahrung verbessern. Über Jahre hinweg eingespielte Koordination der Aktivitäten beider Partner wird zu einem Langzeiteffekt, der sich günstig auf die Zahl und wohl auch Kondition der Jungen auswirkt.

Auch für mehrere gut untersuchte Gänsearten sind solche Zusammenhänge erwiesen oder zumindest wahrscheinlich. Manches bedarf aber noch eingehender Untersuchung. Die Realität fordert manche Ausnahmen von der Regel. In einer umfassenden Studie über viele Jahre an Hunderten von Paaren ergab sich, dass die meisten Paarzusammenhalte mit dem Tod eines Partners endeten, zu 94% bei Singschwänen, 96% bei Höckerschwänen und 100% bei Zwergschwänen. Scheidungen mit anschließender Verpaarung mit einem neuen Partner kamen bei 6% der Singschwäne und bei 4% der Höckerschwäne vor. Zwei Singschwäne gingen sogar zweimal auseinander und hatten dann einen neuen Partner. Also alles in allem Verhältnisse, die einer monogamen Gesellschaft entsprechen.

Die Dynamik der Partnerschaften kann aber auch höher sein. In einer anderen Langzeitstudie von Höckerschwänen in Großbritannien behielten 40% der Männchen und 43% der Weibchen Revier und Partner ein Leben lang, 23% beziehungsweise 21% wechselten mindestens einmal nur den Partner, 10% beziehungsweise 11% mindestens einmal nur das Revier und 27% beziehungsweise 26% Revier und Partner. Die Ursachen für einen Partnerwechsel waren bei beiden Geschlechtern zu etwa 37% Partnertrennung und bei 17% der Männchen und 11% der Weibchen Tod des Partners[20]. Auch wenn anscheinend klare Verhältnisse herrschen, ist die Populationsdynamik bei Vögeln also ein kompliziertes System.

Sperberpaar mit Arbeitsteilung:

Bei einem Sperberpaar sind die Männchen auffallend kleiner als die Weibchen. Sie bringen im Mittel nur etwa 70% des Körpergewichts eines Weibchens auf die Waage. Weibchen sind um etwa 15% länger und haben eine um etwa 20%

größere Flügelspannweite als Männchen. Bei fast allen Greifvögeln und manchen Eulen sind Männchen das nach Körpermaßen schwächere Geschlecht. So groß wie beim Sperber sind aber die Unterschiede nirgends. Über diese Umkehrung des als „normal" betrachteten Verhältnisses von Männchen und Weibchen hat man viel spekuliert. Ein moderner Ansatz ist die Frage, wieso Sperberweibchen wie bei vielen anderen Vögeln nicht Männchen wählen, die sich als kräftig und stark präsentieren, sondern solche die kleiner sind, die sexuelle Selektion also den umgekehrten Weg als üblich in Richtung stattlicher und eindrucksvoller Männchen gegangen ist.

Die Unterschiede in der Größe der Geschlechter bei Greifvögeln hängen mit der Nahrung zusammen. Im Vergleich stellt sich heraus, dass Arten, die unbewegliche (zum Beispiel Aas) oder sich langsam bewegende Beute aufnehmen, die geringsten Geschlechtsunterschiede aufweisen. Die Größenunterschiede werden mit zunehmender Agilität der Beute deutlicher. Bei Vogeljägern sind sie daher am auffälligsten. Kleine Vögel sind schneller und wendiger als größere vergleichbarer Gestalt und Flugweise, können im horizontalen Flug schneller beschleunigen, rascher und steiler die Flughöhe ändern und in kleinerem Radius Kurven fliegen. Sie sind also die erfolgreicheren Jäger, müssen es auch sein, denn kleinere Körper mit konstant hoher Körpertemperatur verbrauchen mehr Energie wegen eines ungünstigeren Verhältnisses Körperoberfläche zu Körpermasse und können auch nicht so viel Energiereserven im Körper anlegen. Fett und behäbig jagt es sich schlecht. Größere Artgenossen sind weniger wendig, verbrauchen pro Masseneinheit des Körpers weniger Energie und können mehr Körperreserven anlegen.

Der Konflikt zwischen hoher Beweglichkeit und großen Körperreserven ist bei Sperbern nicht individuell in einem Kompromiss gelöst, sondern durch eine Verteilung auf kleine Männchen und große Weibchen. Das Männchen ist mehr als Jäger, das Weibchen mehr als Energiespeicher ausgelegt. Das spielt in der Fortpflanzung eine entscheidende Rolle. Weibchen benötigen viel Energie bei der Bildung der Eier, nehmen in dieser Periode noch an Gewicht zu und könnten bei der für Sperber erforderlichen Überraschungsjagd auf Singvögel, die vor Beginn der Brutzeit noch keine unerfahrenen und ungeschickten Jungvögel als leichter zu erjagende Beute zu bieten haben, auch die im Körper entstehenden Eier verletzen. Weibchen hören daher schon etwa zwei Wochen vor Beginn der Eiablage mit der Jagd ganz auf und werden von ihren Männchen gefüttert. Das Männchen füttert auch das allein brütende Weibchen im Nest und später die ganze Familie, bis die Jungen nach rund zwei Wochen soweit herangewachsen sind, dass sie vom Weibchen nicht mehr gehudert werden müssen und beginnen können, von den Altvögeln eingetragene Beute selbst zu zerlegen. Vorher hatte ihnen das Weibchen die vom Männchen erjagte und ins Nest gebrachte Beute schnabelgerecht zerkleinert. Für das Weibchen zahlt sich Körpergröße aus, wenn die Eier bebrütet und die Jungen bedeckt werden müssen. Das kleinere Männchen kann diese wichtigen Aufgaben kaum übernehmen; es ist zu klein dazu. Schon vor Beginn des Brutgeschäfts verzichtet also das Weibchen auf Beweglichkeit, sitzt, nimmt Nahrung auf und produziert Eier. Ganz nebenbei muss es auch Nest- und Brutverteidigung übernehmen. Körpergröße hilft dabei [21].

Die Begründungen für die Rollenverteilung leuchten ein. Wie kann man sich aber die Evolution des auffälligen Geschlechtsunterschieds erklären? In der Regel spielt bei der Ausbildung sexueller Unterschiede in Gestalt und Verhalten sexuelle Selektion eine wichtige Rolle. Auf Entwicklung von Schmuck, Gestalt und Größe der Männchen und viele Details ihres Verhaltens bei der Balz hatte ganz offensichtlich die Wahl der Weibchen einen entscheidenden Einfluss. Weibchen erhalten von den Männchen durch ihr Aussehen und ihr Verhalten Informationen über die Qualität des potenziellen Partners. Wie beurteilen Sperberweibchen die Qualität eines Männchens?

Brutgröße und Bruterfolg hängen bei manchen Greifvögeln, so auch beim Sperber, von der Qualität der Ernährung des Weibchens vor der Eiablage ab. Erwiesen ist, dass die Zahl der von einem Paar produzierten Jungen mit den Fettreserven im Körper des Weibchens korreliert. Also könnte es sein, dass die Weibchen die Qualität kleiner wendiger Sperbermännchen an den Futtergaben erkennen und sich daran orientieren, was die Evolution kleiner Männchen erklären könnte.

Das Versorgungsprinzip der Sperber erklärt ihre Monogamie, doch ist Polygynie nicht ganz ausgeschlossen. Die größeren Weibchen leben nämlich länger als Männchen. In einer Population in Schottland gab es unter den Sperbern im brutfähigen Alter mehr Weibchen als Männchen, obwohl das Geschlechterverhältnis der Jungen ausgeglichen war. Besonders tüchtige Männchen könnten vielleicht zwei Weibchen angemessen versorgen, doch das ist offensichtlich sehr schwer zu beweisen. In einem Fall in Schottland hatte ein Männchen wohl zwei Weibchen, fiel aber einem Schießer zum Opfer und die Nester wurden verlassen. In einem nahrungsreichen Gebiet Schottlands legten in sieben Fällen zwei Weibchen in ein Nest. Ob aber ein Männchen wirklich zwei Weibchen hatte, konnte nicht erwiesen werden. Es handelte sich dabei auch nur um etwa 1%

der untersuchten Nester; 22 mit Sendern versehene Männchen hatten nur ein Weibchen. Hohe Jahressterblichkeit und häufiger Revierwechsel verringerten allerdings Chancen für lang dauernde Ehen. In zwei Untersuchungsgebieten wechselten 54 % der Sperbermännchen und 38 % der Weibchen von einem Jahr auf das andere den Partner, 16 % bzw. 10 % durch Scheidung[21].

Nahrung herbeizuschaffen ist das Problem der Männchen, die daher um lohnende Jagdreviere konkurrieren, in denen sie unter den eindringenden Weibchen eines durch ausreichende Fütterung für eine Brut an sich binden können. Für Weibchen ist entscheidend, ein Männchen mit Revier zu treffen, das ausreichende Ernährung verspricht.

Die Treue der Eisvögel:

Eisvögel leben überwiegend in monogamer Saisonehe, die längstens von Spätwinter bis in den September hinein hält. Ein Paar bleibt eine Brutzeit über beisammen, unternimmt durchschnittlich zwei Bruten und trennt sich nach dem Brutgeschäft. Manchmal gibt es Schachtelbruten, wenn das Weibchen schon Eier legt, bevor die Jungvögel der vorangegangenen Brut ausgeflogen sind. Mit diesem Trick sind bis zu vier Bruten im Jahr möglich. Das Paar ist also gut beschäftigt, denn beide Partner bebrüten die Eier und füttern die Nestlinge. Das Weibchen ist daran oft stärker beteiligt als das Männchen. Wenn es aber zu einer Schachtelbrut kommt und das Weibchen bereits wieder auf Eiern sitzt, ist das Männchen allein gefordert, die noch in der Nesthöhle sitzenden Jungen der vorangegangenen Brut zu füttern. Ein Paar kann aber sich aber auch schon nach einer Brut wieder trennen.

Diese knappe Zusammenfassung beschreibt nur die Regel[22]. Kompliziert wird es, wenn man eine Eisvogelpopulation genauer untersucht, wie über Jahrzehnte Margret Bunzel-Drüke mit ihrem Team in Mittelwestfalen. Da kann es vorkommen, dass ein Männchen mit zwei Weibchen an zwei verschiedenen Brutplätzen liiert ist (Bigynie). Ein Weibchen kann sich aber auch mit zwei Männchen einlassen (Biandrie), vor allem im Zusammenhang mit Schachtelbruten. Bevor die Jungen mit dem ersten Männchen der ersten Brut flügge sind, beginnt das Weibchen eine neue Brut mit einem anderen Männchen, das offenbar bisher keine Partnerin hatte. Zur dritten Brut kehrt das Weibchen dann wieder zum ersten Männchen zurück. In einem Fall war dann das zweite Männchen wieder der Partner für eine vierte Brut in der Saison. Als Biandrie abwechselnd an zwei verschiedenen Brutplätzen lässt sich dieser Vorgang einordnen.

Neben solch komplizierten Zweimännerbeziehungen ist Scheidung oder Partnerwechsel nach einer abgeschlossenen Brut während einer Saison nicht außergewöhnlich. Die Bestandsdichte der Eisvögel schwankt je nach Härte des Winters erheblich (S. 168). In Jahren niedriger Dichte war Bigynie häufiger, in solchen mittlerer bis hoher Biandrie. Das könnte mit unterschiedlichem Zugverhalten der Geschlechter zusammenhängen. Weibchen neigen eher dazu, vor Wintereinbruch abzuwandern. In harten Wintern der Kälte ausgewichen zu sein, bringt einen Vorteil. Also dürfte es dann im folgenden Sommerhalbjahr mehr Weibchen geben, da die Sterblichkeit der Männchen im kalten Winter höher war. Umgekehrt bedeutet milder Winter für die Dagebliebenen geringere Sterblichkeit, da sie sich nicht den Strapazen einer weiteren Wanderung ausgesetzt haben. Das könnte bedeuten, dass in der folgenden Brutzeit mehr Männchen zur Verfügung stehen.

Also wären die Abweichungen von der Monogamie Folgen unterschiedlichen Verhaltens und damit unterschiedlicher Sterblichkeit eines ohnehin kurzlebigen Vogels (S. 168). Vorteile in der Reproduktion für Weibchen, die sich ein Männchen teilen, entstehen nicht, sie müssen lediglich mehr Arbeit leisten, ebenso wie ein Männchen, dessen Weibchen schon vor Ende der Brut mit einem anderen Männchen neu beginnt. Damit scheiden andere Paarstrategien als Monogamie aus, um zu höherer Reproduktion zu kommen.

Irrtum

37. Die Jungen in einem Nest haben dieselben Eltern.

Aber das sind bis zum Augenblick wohl nur Annahmen. Viel genauer weiß man inzwischen, dass Eisvögel trotz ihrer variablen Partnerschaften nach einer einmal begonnenen Brut überraschend treu sind. In solchen Fällen hatten von 177 Männchen 93 % und von 159 Weibchen 80 % pro Saison nur einen Partner, die übrigen waren an Partnerwechseln oder Verbindungen mit zwei Partnern des anderen Geschlechts beteiligt. Trotz enthüllender DNA-Fingerprints: In keiner Brut gab es eine Fremdvaterschaft als Ergebnis von Seitensprüngen[23].

Singvögel – opportunistische Polygynie oder soziale Monogamie:

Elternschaft genetisch zu überprüfen ist mittlerweile eines der wichtigsten Werkzeuge der modernen Verhaltensökologie, die irrtümliche Vorstellungen durch völlig neue Einsichten beseitigen und für manche Erscheinungen neues Verständnis erschließen helfen.

Fremdvaterschaften kommen bei fast allen bisher mit modernen Methoden untersuchten Singvögeln vor. Norwegische Fichtenkreuzschnäbel scheinen aber eine Ausnahme zu sein, denn sie erwiesen sich als streng monogam. Unter 96 Nestlingen aus 34 Bruten gab es keinen Hinweis auf einen Seitensprung des Männchens mit Folgen. Die Gründe für die eheliche Treue liegen womöglich in den rauen Umweltbedingungen, denn die untersuchten Vögel brüteten von Januar bis April, also großenteils im nordischen Winter. Da ist männliche Brutfürsorge sehr gefragt und lässt wohl wenig Zeit für außereheliche Aktivitäten[24].

Der Befund stößt eine Tür auf für das Verständnis vieler Abweichungen von strenger Monogamie, die nach überkommener Vorstellung hauptsächlich garantiert, dass dann, wenn gemeinsame Brutpflege erforderlich ist, das Paar als eine Einheit zusammenarbeitet. Wenn die Umweltbedingungen eine biparentale Brutfürsorge nicht zwingend erfordern, also ein zweiter Partner, ohne Nachwuchsverlust heraufzubeschwören, seine Mitarbeit etwas lässiger angehen kann, zeigen sich auch bei Monogamie unterschiedliche Fortpflanzungsstrategien der Geschlechter etwa im Sinn der Weitergabe ihrer Genkopien, also ihrer individuellen Fitness. Damit könnte es sein, dass Verhältnisse von Monogamie oder Polygamie auch Ausdruck dafür sind, welche Lockerungen partnerschaftlicher Brutpflege die jeweiligen Umweltverhältnisse zulassen.

Bei Rohrammern übertrifft soziale die genetische Monogamie, denn bei 55% der Jungen und in 86% der Nester wurden Junge fremder Väter festgestellt. Man kann also von einem gemischten System der Partnerschaften von Monogamie bis Polygynie sprechen. 12 Paare zogen in einer Brutsaison zwei Bruten groß, bei denen die Zahl der Jungen, die nicht vom sozialen Vater stammten, verschieden war. Der Einsatz der Väter bei der Fütterung der Jungen war dementsprechend unterschiedlich. In der Brut mit mehr Jungen aus einer fremden Vaterschaft waren sie weniger engagiert als in der Fütterung der Brut mit größerem Anteil eigener Vaterschaft. Die Abnahme der Beteiligung des Männchens mit der Zunahme von Fremdvaterschaften in seinem Nest wurde an einer anderen Population bestätigt. Die Weibchen müssen in diesen Fällen die geringere Beteiligung des Männchens an der Fütterung zu kompensieren versuchen. Das bedeutet: Seitensprünge der Weibchen schaffen Probleme für ihren Nachwuchs durch die abnehmende Beteiligung ihrer Männchen an der Fütterung, die Sterblichkeit nicht optimal versorgter Junge erhöht sich. Männchen haben durch Seitensprünge rein statistisch keinen Nachteil ihrer Fitness, weil sie Nachkommen in mehr als einem Nest haben.

Wenn das System einer großenteils sozialen statt genetischen Monogamie, also ein Gemisch aus unterschiedlichen Paarungssystemen, bei der Rohrammer Bestand haben soll, dürfen die Kosten der Fremdvaterschaften die Fitnessgewinne beider Geschlechter nicht übersteigen. Ein ausbalanciertes Gleichgewicht ist daher zu vermuten. Weibchen haben nicht nur Kosten zu tragen, denn sie könnten durch Fremdbefruchtung auch genetisch gewinnen oder sogar mehr Nachkommen pro Saison haben[25]. Bei Blaumeisen hat sich herausgestellt, dass Fremdbefruchtungen darauf zurückzuführen sind, dass Weibchen dominante Männchen, die bessere Überlebenschancen haben, vorziehen und dadurch wenigstens einige ihrer Nachkommen im eigenen Nest sicher von guten Genen profitieren; starke Männchen in der Population haben durch Seitensprünge höhere Fitness[26].

Soziale Monogamie schränkt die Freiheit der Partnerwahl ein. Durch Kopulation mit fremden Männchen umgehen dies die Blaumeisenweibchen und erhalten daher einen höheren Grad an Gemischterbigkeit (Heterozygotie) unter ihrem Nachwuchs, eine gute Voraussetzung für ihren Fitnessgewinn, da die Chancen für ein Überleben für gemischterbige Junge höher sind[27]. Fremdverpaarungen in einem System sozialer Monogamie können also beiden Geschlechtern auf unterschiedlichem Weg Fitnessvorteile bringen.

Eine besonders bescheiden gefärbte Vogelfamilie, in der man wie bei Sumpf-, Teich- oder Buschrohrsänger optisch die eine oder andere Art nicht oder nur in der Hand voneinander unterscheiden kann, liefert weltweit gesehen mit über 60 Arten ein besonders spannendes Kapitel der Vielfalt von Anpassungen[28]. Vielleicht hängt das damit zusammen, dass viele der zu dieser Familie zählenden Arten in einem Lebensraum brüten, der an Binnengewässern den Übergang von der freien Wasserfläche bis zum festen Boden markiert. In dieser Verlandungszone wechseln Biotope unterschiedlicher Struktur vom Schilfrohr bis zu Seggenwiesen und Gebüsch einander ab.

In den äußeren Anfangsstadien, dem reinen Schilfrohr, brüten Drosselrohrsänger. Sie verteidigen besonders große Reviere. Die Männchen beteiligen sich nicht an der Bebrütung der Eier. In verschiedenen europäischen Populationen waren 12-14%, 27% und sogar 40% der Männchen polygyn. Mehr als ein Weibchen scheinen vor allem ältere Männchen für sich gewinnen zu können, weil sie größere Reviere kontrollieren. Aber die Zusammenhänge sind wohl komplizierter. Das Nahrungsangebot spielt eine große Rolle, denn auch polygyne Männchen müssen sich an der Fütterung der Jungen beteiligen. Polygyne Männchen konzentrieren sich dabei oft auf die Brut mit dem ersten Weibchen, während Zweitweibchen mehr oder minder allein arbeiten müssen oder erst dann die Unterstützung des Männchens bei der Jungenfütterung erhalten, wenn die Jungen mit dem Erstweibchen bereits ausgeflogen sind. Daher ist der Erfolg in Bruten von Zweit- oder Drittweibchen in der Regel geringer.

Aber einen gewissen Ausgleich kann Verschachtelung der Bruten bedeuten. Wenn die Brut mit dem Erstweibchen ein paar Tage früher beginnt, bleiben gegen Ende noch einige Tage für Beteiligung der Männchen an der Fütterung der etwas späteren Bruten von Zweitweibchen. Bis zu vier Weibchen hat man einem polygynen Männchen schon nachweisen können. Die Verhältnisse sind so variabel, dass man erst bei sehr eingehendem Studium lokaler Populationen dahinterkommt und sich allgemeine Regeln oft nur mit vielen Ausnahmen erkennen lassen.

Ganz auf die Hilfe der Männchen verzichten die Weibchen des in Deutschland fast ausgestorbenen Seggenrohrsängers. Die Nester dieser Art stehen im landwärtigen und damit ältesten Gürtel einer Verlandungszone mit geringer Wassertiefe und niedriger Vegetation. Großer Nahrungsreichtum lässt zu, dass zwischen den Geschlechtern keine sozialen Bindungen bestehen. Die Männchen bewegen sich viel in den von ihnen kontrollierten Flächen, die mehr Streifgebiete darstellen als fest abgegrenzte Reviere. Bei molekulargenetischen Kontrollen ergab sich, dass mehr als die Hälfte aller Bruten von zwei bis vier Vätern stammte. Lange Bebrütungszeit und verzögerte Nestlingsentwicklung sind die Folgen davon, dass nur die Weibchen sich um die Brut kümmern. Die Männchen helfen der Fortpflanzung wohl nur indirekt, wenn sie Gebiete mit günstigen Voraussetzungen kontrollieren, also dafür sorgen, dass Neststandort und Nahrungsgebiete optimal sind.

Möglicherweise ist dieses System, das nur in Zonen üppigen Nahrungsangebots funktioniert, mit ein Grund für die hohe Bedrohung des Seggenrohrsängers in seinem Bestand. Beim Teichrohrsänger kommt es auf die Mithilfe der Männchen an. Sie beteiligen sich an der Bebrütung des Geleges, füttern das die Jungen hudernde Weibchen und arbeiten auch an der Nestlingsfütterung mit.

Die Reviere sind klein, Monogamie ist die Regel. Nur ausnahmsweise kann sich ein Männchen zwei Weibchen leisten. Auch beim sehr ähnlichen Sumpfrohrsänger ist saisonale Monogamie die normale Form der Partnerschaft[29].

Man sieht es also einem Vogel nicht immer an, ob er eine vorübergehende oder dauernde Partnerschaft bevorzugt oder keinerlei soziale Bindung eingeht. Auch wenn bei flüchtigem Hinsehen in den meisten Vogelfamilien Monogamie als Normalfall einer Fortpflanzungsgemeinschaft erscheint, entsteht eine Vielfalt an Beziehungen im Zusammenhang mit Lebensdauer, Klima, Nahrungserwerb, Nahrungsangebot, Habitatstruktur und weiteren Faktoren. Daran richten sich Strategien aus, individuelle Fortpflanzungsinteressen zu verfolgen.

„Es wird regnen!" Xylographie nach einer Zeichnung von E. Schmidt, Gartenlaube um 1885

Vögel als Wetterpropheten

Irrtum

38. Frühe Ankunft von Zugvögeln lässt mildes Wetter erwarten. Invasionen von Bergfinken, Seidenschwänzen und anderen nordischen Wintergästen kündigen harte Winter an.

Im September 2017 feierte die Deutsche Ornithologen-Gesellschaft ihre 150. Jahresversammlung. Das erste Mal in dieser historisch einmalig langen Reihe von Veranstaltungen einer wissenschaftlichen Gesellschaft hatten sich deutsche Ornithologen 1845 in Köthen versammelt und der erste Fachvortrag unter ungezählten tausenden auf bisher 150 Veranstaltungen befasste sich mit dem Wetter. Der hochangesehene Ornithologe Christian Ludwig Brehm (1787-1864), Pfarrer in Renthendorf/Thüringen und Vater von Alfred, dem Autor des Tierlebens, *„ward veranlasst… über mögliche Vorausbestimmung der Witterung durch Beobachtung der Thiere, besonders der Vögel mitzuteilen"*. Der Vortragende betonte die *„Wichtigkeit des Gegenstandes"*, konnte aber offensichtlich nicht allzu viel an konkreten Ergebnissen beitragen. Das Protokoll vermerkt lediglich: „So *verlassen Wasservögel auch noch wasserreiche Teiche zeitiger als sonst, wenn ein dürrer Sommer erfolgt. Kiebitze bauen auf Anhöhen wenn ein nasses Frühjahr kommt und so ferner….*": Anschließend heißt es dann „*Die Versammlung bezeigt dem geehrten Vortragenden ihre volle Anerkennung, kam aber nach ausführlicher Besprechung des Gegenstandes in der Ansicht überein, dass man zwar für kleine Entfernungen und geringe Zeitabschnitte, besonders aus genauer Beobachtung der Vögel, häufig sichere Anzeigen der Witterung erlangen könnte, auf größerer Entfernung und Zeitabschnitte kämen so vielfältige Abweichungen vor, dass häufig Täuschungen unvermeidlich wären*"[1]. Überzeugend war der Wissensstand zum Thema der vogelkundlichen Wettervorhersage zumindest für Ornithologen auch damals offenbar nicht.

Wenn man heute über das Wetter redet, spielen Vögel kaum mehr eine Rolle. Ab und zu tauchte bis vor kurzem im öffentlich-rechtlichen Fernsehen die Zeichnung einer Saatkrähe im heftigen Schneetreiben auf, wenn eine miese Prognose zu erwarten war. Zeitungen füllen Leerräume irgendwann im zeitigen Frühjahr häufig mit der überraschenden Meldung, die ersten Stare seien schon da. Die Zeiten, in denen ein Schwarzweißfoto mit vielen dunklen Vögeln am Himmel einen Krähenschwarm zeigte, der dieses Ereignis dokumentieren soll, sind wohl vorbei, denn auch Tageszeitungen bieten mittlerweile Farbfotos an und da meistens einen prächtigen Star im schillernden Prachtkleid auf der Sitzstange seines Nistkastens oder einen Perlstar im Spätsommer.

Aber immer noch hat sich offenbar in der Medienlandschaft nicht herumgesprochen, dass Stare regelmäßig in größerer Zahl in Mitteleuropa überwintern. Im Januar 2017 wurden bei ornitho.de, der Plattform des Dachverbands Deutscher Avifaunisten, nicht weniger als 4051 Starenbeobachtungen aus allen Teilen Deutschlands registriert, die sich tagtäglich zu einer Summe von einigen Tausend Individuen addierten. Ringfunde zeigen, dass sogar ein Teil der einheimischen Brutstare in der Nähe ihres Brutplatzes überwintert[2]. Starenschwärme scheinen als Pressefotos mit brandaktuellem Kommentar aber auch andersherum interessant. Am 17. August 2016 wird die bayerische Öffentlichkeit mit einem Starenschwarm darüber informiert, dass sich die Stare offenbar verführt nach dem Süden aufmachen, weil nach einem schlechten Sommer „*das Wetter Mitte der Woche wieder schlechter werden soll*"[35].

Der Ruf des Stars als auch heute noch medienwirksamer Frühjahrsbote hängt unter anderem sicher damit zusammen, dass man ihn beobachten kann, wenn sich der Frühling noch nicht richtig angekündigt hat. Und ein bisschen gefühlte Prognosehoffnung für ein zeitiges und mildes Frühjahr kommt bei einer Starenbeobachtung auf, vor allem über Zeitspannen hinaus, die heute von der modernen Wettervorhersage noch präzise erfasst werden können. Ob die Winterbestände des Kurzstrecken- und Teilziehers in Mitteleuropa als Folge des Klimawandels zugenommen haben, ist durchaus wahrscheinlich, aber nicht überall sind die Beobachtungen eindeutig. In Brandenburg mit stärker kontinentalem Klima haben die Winterbestände ab 1980 nicht zugenommen[3]. In der Steiermark im südlichen Alpenrand werden im Alpenvorland, in einem Naturraum ohne Winterstare, neuerdings fast alljährlich Einzelvögel oder kleine Trupps beobachtet[4]. Amsel, Drossel, Fink und Star – die Protagonisten des Kinderliedes stehen auf alle Fälle zumindest heute nicht mehr für die Rückkehr von Zugvögeln, sondern mit ihrem Gesang für das Kommen des Frühlings.

Vögel als Wetterpropheten waren feste Bestandteile in den traditionellen Bauernregeln. Unter 27 von ihnen, die Vogelbeobachtungen im Zusammenhang mit dem Wetter sehen, gelten Schwalben, Kuckuck und Feldlerchen am häufigsten als Wetterpropheten[5]. Aber wenn man genau hinsieht, beschreiben 14 dieser traditionellen Weisheiten Zustände oder höchstens kurzfristige Wetterprognosen, die auch durch Wolkenbildung oder andere Merkmale gestützt werden. Nur 13 Bauernregeln wagen eine allerdings sehr unbestimmte Vorhersage für die kommende Jahreszeit.

Die Bewegungen von Zugvögeln wurden von jeher und werden auch heute noch im Zusammenhang mit Wetterereignissen gesehen. Datensammlungen von Ankunftszeiten galten schon vor Jahrhunderten als brauchbare Vorzeichen für den Beginn ackerbaulicher Aktivitäten. Im 18. Jahrhundert notierte man zum Beispiel in Schweden und Finnland systematisch phänologische Daten. Johan Leche (1704-1764), der mit Carl von Linné (1707-1778) befreundet war, publizierte vor mehr als 250 Jahren Daten zur Ankunft einiger Zugvögel, die man auch in modernen statistischen Regressionsanalysen auswerten kann[6]. Bietet aber die Rückkehr von Zugvögeln tatsächlich eine Möglichkeit, den Verlauf des Frühjahrs vorherzusagen?

Ankunft und Abzug von Zugvögeln mit dem Wetter zusammenzubringen ist nicht einfach, denn man muss zuverlässige Datenreihen gewinnen, mit denen sich statistisch sauber arbeiten lässt. Können erste und letzte Beobachtung eines Zugvogels wirklich als repräsentative Stichproben gelten oder handelt es sich dabei nur um einzelne statistische Ausreißer oder eine kleine Minderheit, die für das Verhalten der Individuen einer Population wenig besagt? Sind über erforderliche längere Zeiträume die Erhebungen in den einzelnen Jahren tatsächlich vergleichbar, zumal wenn die Beobachtungen von mehreren Personen stammen und nicht nach strikten Zeitvorgaben kontrolliert wird, was über Jahrzehnte ohnehin kaum einzuhalten ist?

Bei Erstankömmlingen handelt es sich in der Regel um wenige oder einzelne Individuen. Die Chance, sie in einem größeren Kontrollgebiet überhaupt zu entdecken, ist daher wohl geringer als später, wenn andere Individuen nachkommen und ihre wachsende Dichte die Wahrscheinlichkeit der Entdeckung steigert. Selbst bei täglicher Kontrolle sind die Ergebnisse dann wohl manchmal stärker vom Zufall bestimmt als später. Besser scheinen auf den ersten Blick daher Daten gesichert, die aus täglichen Kontrollen eines kleinen, gut überschaubaren Platzes stammen. Aber man muss dann bedenken, dass wenige Erstankömmlinge, die weit weniger als Reviervögel an einen Platz gebunden sind, umherstreifen, also mitunter an einem übersichtlichen Kontrollpunkt gar nicht oder nur kurz auftauchen und daher leicht übersehen werden, obwohl sie schon in der weiteren Umgebung angekommen sind.

Handelt es sich bei einem Erstankömmling um einen Brutvogel der Umgebung oder um einen Durchzügler, der rasch weiterwandert? Veränderungen von Erst- und Letztbeobachtungen einer Vogelart über die Jahre könnten auch mit Bestandsveränderungen von Brutvögeln am Beobachtungsort oder am Zielort von Durchzüglern zusammenhängen. Und wie steht es im Vergleich verschiedener Arten, die optisch oder akustisch unterschiedlich gut erfassbar sind? Bezieht sich die Erstbeobachtung auf einen singenden Vogel oder nur auf eine Sichtbeobachtung[7]?

Bevor man den Daten mit statistischem Werkzeug zu Leibe rückt, ist also zu prüfen, wie sie zustande gekommen sind und welche Größen man messen will. Am unschärfsten sind natürlich Datenmengen von vielen Beobachtern, wie sie heute die Zusammenarbeit in Programmen der Bürgerwissenschaft (Citizen Science) liefert. Man kann aber durch überlegte Auswahl und Zusammenfassung mit ihnen durchaus überzeugende Ergebnisse von Zusammenhängen mit dem aktuellen Wetter präsentieren. In der Auswertung der Daten von ornitho.de hat man sich zum Beispiel auf die Wahl des Mittelwerts jeder zehnten Beobachtung in einem Bundesland geeinigt, mit der Angabe von Maxima und Minima. Mit den erhaltenen Werten lassen sich bei relativierender Interpretation Ankunftszeiten von Zugvögeln anschaulich mit dem jeweiligen Frühjahrswetter in Beziehung setzen[8].

In Großbritannien hat man mit statistischen Modellen aus gesammelten Amateurbeobachtungen über 40 Jahre bei 11 von 14 häufigen Brutvögeln eine Vorverlegung der Ankunft nachweisen können, bei fünf Arten sogar um mehr als 10 Tage. Auch eine Verzögerung des Abzuges lies sich bestätigen. Das Resultat ist ein längerer Aufenthalt im Brutgebiet, was der Bestandsentwicklung einiger betroffener Arten, zum Beispiel Zilpzalp, Mönchsgrasmücke oder Hausrotschwanz, in Großbritannien bis jetzt jedenfalls gut bekommen ist[9]. Mittelwerte oder Mediane von Durchzugsterminen können aufzeigen, wie repräsentativ Erstbeobachtungen für das Zeitmuster von Zugvögeln für die Population einzuschätzen sind[10]. Aber Mittelwerte über die Ankunfts- oder Abzugsphase möglichst vieler Individuen zu gewinnen, erfordert einen hohen Aufwand an Feldarbeit.

Die genauesten Werte erhält man mit Fängen in konstant arbeitenden Fanganlagen. Hier hat die Auswertung über viele Jahre auf Helgoland eine einmalige Grundlage für die Beantwortung entscheidender Fragen gelegt. Beginn, Höhepunkt und Ende des Durchzuges lassen sich aus Fangzahlen unter konstanten Bedingungen hervorragend darstellen[11].

Sorgfältige Korrekturen der Fangzahlen je nach örtlichen Bedingungen erlauben auch der Frage nachzugehen, wie sich Witterungsverlauf nachträglich auswirkt. Je trockener die Regenzeit in der Sahelzone vor der Überwinterungsperiode europäischer Langstreckenzieher war, desto geringer waren die Fangzahlen in der folgenden Heimzugperiode bei einigen dieser Arten auf der Nordseeinsel. Je trockener die Sommer im Mittelmeergebiet waren, dem Durchzugsgebiet für Langstreckenzieher und Winterquartier für Kurz- und Mittelstreckenzieher, desto niedriger lagen die Fangzahlen der Durchzügler im folgenden Frühjahr auf Helgoland. Positive Folgen höherer Niederschläge im Mittelmeergebiet und in der Sahelzone waren auch noch in Erhöhung der Fangzahlen auf dem Wegzug aus den nordischen Brutgebieten im folgenden Herbst zu erkennen. Offenbar hatten die Vögel bei guten Überwinterungsbedingungen auch höheren Bruterfolg im folgenden Sommer, weil sie in besserer Kondition das Brutgeschäft beginnen konnten[12].

Umfangreiche Auswertungen in Großbritannien bestätigen die Ergebnisse. Zugvögel, die in den Feuchtgebieten Afrikas überwintern, hatten eine höhere jährliche Überlebenserwartung als Überwinterer in den trockenen Gebieten der Sahelzone und demzufolge war in Populationen einiger britischer Brutvögel der Regen in der Sahelzone positiv mit der Überlebenswahrscheinlichkeit korreliert[13]. Diese wichtigen Ergebnisse sind zwar oberflächlich betrachtet das genaue Gegenteil einer Wetterprognose, erlauben aber Prognosen, wie weit zeitliche und räumliche Auswirkungen von Wetter das Schicksal von Vogelpopulationen beeinflussen können, in Zeiten des Klimawandels eine entscheidende Fragestellung.

Solche Übertragungseffekte, in der Fachsprache als Carry-over bezeichnet, zwischen weit auseinander liegenden Gebieten sind ein aktuell wichtiges Forschungsgebiet im Zusammenhang mit dem Vogelzug. Wie beeinflussen Änderungen und Entwicklungen in Überwinterungs- und Durchzugsgebieten die Leistung der Brutvögel? Als Ansatz, Licht ins Dunkel zu bringen, scheint sich immer mehr die Analyse stabiler Isotope von Stickstoff, Kohlenstoff und Wasserstoff zu bewähren, die wesentliche Einsichten in die Nahrungsökologie verspricht[36]. Bei Trauerschnäppern in Großbritannien variierten in den in Afrika nachgewachsenen Schirmfedern die Anteile der Isotope N^{15} und C^{13} von Jahr zu Jahr signifikant. Legebeginn und Bruterfolg korrelierten mit dem Gehalt an C^{13}.: Vögel mit geringerem Anteil an C^{13} begannen früher mit der Eiablage, hatten größere Gelege, mehr Nestlinge und mehr flügge Junge, also höheren Bruterfolg. Geringe C^{13} -Werte deuten auf mittelfeuchte Überwinterungsgebiete, hohe Werte auf trockene. Trauerschnäpper, die in feuchteren Galeriewäldern überwinterten, brachten demnach bessere Voraussetzungen für einen Fortpflanzungserfolg mit ins Brutgebiet als solche, die in Trockenwäldern den Winter verbrachten[37]. Dies gilt auch für Unterschiede zwischen feuchten und trockenen Jahren im westafrikanischen Überwinterungsgebiet.

Datenreihen über längere Zeitabschnitte werden heute im Zusammenhang mit den Fragen immer spannender, wie sich der Klimawandel auf das Zeitprogramm von Zugvögeln auswirkt. Zu erwarten ist, dass Kurzstreckenzieher deutlicher auf das Wetter reagieren als Langstreckenzieher, deren Winterquartier für europäische Brutvögel erst am Südrand der Sahara beginnt. Kurzstreckenzieher galten schon früher als „Wettervögel", da ihr Wanderverhalten stärker von Umweltfaktoren beeinflusst wird, Langstreckenzieher dagegen mehr durch ein endogenes Zeitprogramm bestimmt werden. Aber auch für sie ist eine Anpassung auf das wechselhafte Wetter vor allem in den letzten Etappen ihres langen Heimzuges zweckmäßig[14].

In einer gründlichen Studie in Bayern ließ sich nachweisen, dass sowohl von Kurzstrecken- als auch von Langstreckenziehern über 36 Jahre die ersten Ankömmlinge stetig früher beobachtet wurden. Für zehn Arten waren Zusammenhänge mit den lokalen Temperaturen des Ankunftsgebiets, für sieben Arten mit Temperaturen in Südfrankreich und für zehn mit Temperaturen in Südspanien zu erkennen[15]. So spielen also Wetterverhältnisse in verschiedenen Breitenlagen innerhalb des Zugweges vom Winterquartier bis zum Brutgebiet eine Rolle, was durchaus logischen Erwartungen entspricht[16].

Auch eine ähnlich sorgfältige Studie aus Mecklenburg-Vorpommern kommt zu dem Schluss, dass die unterschiedlich starke Vorverlegung der Erstankunft und des Sangesbeginns zwischen Kurzstrecken- und Langstreckenziehern nicht mit einer unterschiedlichen Abhängigkeit von lokalen Temperaturen erklärt werden kann. Es kam ähnlich wie bei den Fänglingen von Helgoland auf Ereignisse an, die schon etwas zurücklagen[17]. Mit Zeitmustern von Zugvögeln Prognosen für das lokale Wetter abzugeben kann also aus einer Reihe von Gründen eine etwas unsichere Angelegenheit sein.

Um die Möglichkeiten einer solchen Prognose überhaupt zu diskutieren, sind auf alle Fälle langfristige, sorgfältige phänologische Beobachtungen nötig, zu denen oft nur günstige Umstände verhelfen. In täglichen Kontrollen von zumeist mehreren Vogelkundigen am Arbeitsplatz und von privaten Wohnungen aus auf begrenztem Areal in passender Umgebung, die sich über Jahrzehnte nicht wesentlich veränderte, konnten wir Daten über 43 Jahre sammeln[18]. Dabei ergaben sich auch gut dokumentierte Beobachtungsreihen für Erstankunft und Letztbeobachtung einiger häufiger Zugvögel.

Um die Frage zu beantworten, ob sich aus ersten Beobachtungen im Jahr Wetterprognosen ableiten lassen, werden Daten der nächsten Wetterstation vor und nach der Erstbeobachtung verglichen. Hierzu wählten wir die Mittelwerte von je zehn Tagen vor und nach einem Ereignis aus. Als besonders geeignetes Kontrollobjekt erwies sich der Zilpzalp, Kurzstreckenzieher und daher stärker wetterabhängig als Langstreckenzieher, häufiger und regelmäßiger Brutvogel der Umgebung sowie fleißiger und auffälliger Sänger. Der Median der Erstankunft an unserem Kontrollpunkt in einem Alpental in 811 m Meereshöhe war der 18. März mit Extremwerten 6. März und 2. April, lag also in der Zeit, in der in den Alpen der Frühling noch heftig mit dem Winter kämpft. Maßgebend für die Berechnungen war der erste Gesang, weil er zuverlässiger zu ermitteln ist als ein viel weniger auffälliger, stummer Erstankömmling, der nur in manchen Jahren schon ein paar Tage früher als die ersten Sänger entdeckt werden konnte. Im Durchschnitt der 43 Beobachtungsjahre betrug zehn Tage vor dem ersten Gesang die mittlere Tagestemperatur 2,2° C und zehn Tage nachher 4,3° C. Die

Zahl der Sonnenstunden war aber in beiden Zeitfenstern gleich, der Mittelwert der Tage mit einer geschlossenen Schneedecke vorher 5,6 und nachher 2,9.

Die mittlere Lufttemperatur war also nach dem Erstgesang etwa doppelt, die Zahl der Tage mit geschlossener Schneedecke nur halb so hoch wie vorher. Im Durchschnitt könnte man Zilpzalpe damit durchaus als Frühlingsboten ansehen, die mit ihrem Gesang wärmere Tage mit weniger Schnee ankündigen. Aber die eigentliche Frage ist, wie oft die Zilpzalpe richtig lagen und mit ihrem Gesangsbeginn tatsächlich mildere Tage ankündigten. Nur in 15 Jahren, also in gut einem Drittel, waren nachher Tagestemperatur und Sonnenscheindauer höher, Tage mit Schneedecke weniger, Prognosen für mildere Frühjahr also bestätigt. In zehn Jahren war es nach dem Gesangsbeginn kälter als vorher, dreimal gab es keinen Unterschied. Sonnenschein war in mehr als der Hälfte der Jahre nach Gesangsbeginn weniger oder höchstens gleich, nur zweimal gab es nachher mehr Tage mit Schneedecke als vorher, in 14 Jahren hatten sich die Schneeverhältnisse zwischen vorher und nachher nicht geändert. Sowohl in frühen wie in späten Jahren gab es wärmere oder kältere Zehntagesperioden nach der Erstankunft und dem ersten Gesang. Die Ergebnisse stützen also die Vermutung kaum, Vögel könnten als Wetterpropheten zuverlässig sein.

Große und überraschende Invasionen auffälliger Vögel im Winterhalbjahr nach Mittel- und Westeuropa hat man mindestens seit dem späten Mittelalter mit Ereignissen in Verbindung gebracht, die das Leben der Menschen verändern oder gefährden. Ungewöhnliche Vogelmengen führten zu düsteren Vorahnungen. So wurden die 1552 im Mainzer Becken in Massen eingeflogenen Seidenschwänze als *„prodigium“* betrachtet, also als Wunder- oder Vorzeichen ohne bestimmte konkrete Angabe[19]. Johann Conrad Aitinger (1577-1637) teilt 1631 mit, dass nach landläufiger Meinung Invasionen von Seidenschwänzen die *„drey Principal Hauptstraffen, Krieg, Pest, Theurung, oder Hunger mit sich bringen“*[20], weshalb die nordischen Wintergäste auch zeit- und gebietsweise im deutschen Sprachraum als Pestvögel bezeichnet wurden, in Holland heute noch so heißen.

Die in unregelmäßigen Abständen eintretenden Invasionen der nord- und nordosteuropäischen Brutvögel in Gebiete Mitteleuropas am Südrand des Winterquartiers haben indirekt mit Wetter zu tun, aber nichts mit einer Vorschau auf den kommenden Winter. Als Ursache kommt das Zusammenwirken zweier Faktorengruppen in Betracht, hohe Individuendichte und Nahrungsmangel, hier vor allem verursacht durch ein geringes Angebot an Beeren der Eberesche als ein Schlüsselfaktor. Wenn beides zusammentrifft, lassen sich Evasionen aus dem Brut- und normalen Überwinterungsgebiet und Invasionen weiter südlich und westlich sogar vorhersagen, wie zum Beispiel 1957/58 und 1965/66, als nach guten Brutsommern mit viel Nachwuchs und milden Wintern mit wenig Verlusten die Brutpopulation zunahm und expandierte, eine schlechte Ernte an Vogelbeeren nach einem Spitzenjahr vorhersehbar war[21]. Dass der Winter bei uns mit dem Eintreffen nordischer Seidenschwänze oft wenig zu tun hat, war sorgfältigen Beobachtern schon lange bekannt, etwa Walter Borchert (1888-1971), der im Harz und seinem Vorland keine *„Abhängigkeit .... von der Beschaffenheit des Winters"* feststellen konnte[34].

Bei Masseneinflügen der Bergfinken, die sich in manchem Jahr in bestimmten Gegenden zu Millionen konzentrieren, sodass die Vögel schier den Himmel verdunkeln und der Autoverkehr auf Straßen durch Buchenwälder gefährdet werden kann, ist das Angebot an Bucheckern entscheidend. Die Verwandten unseres Buchfinken, die ihn in Nordeuropa als Brutvogel vertreten, überwintern in der Regel so weit nördlich wie möglich. Wenn aber schlechte Buchenmast eingetreten ist oder eine geschlossene, hohe Schneedecke die auf den Boden gefallenen Bucheckern bedeckt, fliegen Bergfinken weiter südlich und westlich, um sich hier möglichst wieder in Gebieten mit guter Buchenmast und wenig Schnee zu konzentrieren[22]. Bergfinken sind also auch vom Schneefall abhängig, ihr Massenauftreten oder vollständiges Fehlen im Herbst verrät aber nichts über kommende Wintertage.

Vögel und Wetter ist ein weites Feld mit unterschiedlichen Dimensionen und Zusammenhängen. Das gilt zu allen Jahreszeiten und für alle Klimazonen, in denen Vögel leben, sowohl für Auslenkungen nach unten als auch nach oben, wie Kälte und Hitze, Trockenheit und Nässe. Vogelmengen in einem Gebiet werden von Jahr zu Jahr indirekt durch Wetterwirkung auf das Nahrungsangebot und die Qualität des Habitats beeinflusst, unmittelbar durch Sterblichkeit von Individuen, Änderungen des Bruterfolgs oder Wanderungen.

Das Auf und Ab im Umfang regionaler Brutpopulationen der mittleren und höheren Breiten von Jahr zu Jahr ist also teilweise durch die Witterung zu erklären. Unter 39 Arten häufiger Singvogelarten in Großbritannien waren die jährlichen Schwankungen nach den Zahlen des British Common Bird Census für ein Drittel der Populationen signifikant mit Aspekten des vorangegangenen Winters korreliert, entweder mit Mitteltemperaturen oder mit der Zahl der Schnee- oder Frosttage. Nach harten Wintern gab es immer deutliche Abnahmen. Für drei Arten ließ sich eine Korrelation mit dem Frühsommerwetter nachweisen, nämlich Zunahme nach warmem Wetter oder wenig Regen des Vorjahres. Nur eine Art profitierte von einem milden Frühling[23].

Die berühmte Schwalbenkatastrophe 1974 in Mitteleuropa bot für Natur- und Tierfreunde ein Schreckenszenario. Hunderttausende von Mehl- und Rauchschwalben wurden tot gefunden oder geschwächt aufgegriffen, sowohl Brutvögel aus Deutschland und der Schweiz als auch Durchzügler von anderswo her. Ursache war ein Kälteeinbruch Ende September und früher Winter in den Alpen zu einer Zeit, als sich noch viele Schwalben nördlich der Alpen befanden. In vielen Aktionen schaffte man Schwalben mit Hilfe von Fluggesellschaften über die Alpen nach Süden; nach grober Schätzung mögen es in Deutschland und in der Schweiz etwa 1,5 Millionen Vögel gewesen sein.

Aus verschiedenen Motiven wurden diese Verfrachtungen als Erfolg angesehen, weil die Todesfälle bei Ankunft in Flughäfen südlich der Alpen gering waren, wenn man die Schwalben vorher artgerecht gefüttert hatte[24]. Ihr weiteres Schicksal blieb unbekannt. Vielleicht konnten diese umfassenden Bemühungen von Tierschützern und Einrichtungen der öffentlichen Hand tatsächlich die Todesrate etwas verringern. Andererseits tobten in manchen Gebieten erhebliche Meinungskämpfe um Sinn und Unsinn der aufwendigen Aktionen des allgemeinen Mitleids. Für viele Schwalben war die oft nicht sachgerechte Fütterung, die Haltung und der Transport sicher nur eine Verlängerung einer qualvollen Lage und man hat keine Zahlen darüber, wie viele der verfrachteten Vögel im Vergleich zu Normaljahren tatsächlich im folgenden Jahr wieder zurückkamen, die Verfrachtungen also in ihr angeborenes Zugprogramm integrieren konnten. Sicher hat sich die etablierte Wissenschaft auch zu wenig eingeschaltet, da sich zumindest damals manche Institute von emotionalen Bürgerinitiativen gerne etwas absetzten. Jedenfalls waren die Brutbestände in Mitteleuropa im Jahr nach der Katastrophe nicht katastrophal zurückgegangen und die Abnahmen oft nach ein bis zwei Jahren wieder ausgeglichen[25].

Interessant sind in diesem Zusammenhang Populationsstudien an Mehlschwalben in einem Ort in Baden-Württemberg. 1969 herrschte während der Brutperiode nasskaltes Wetter, der Bruterfolg war gering und dementsprechend auch die Brutpaarzahl im folgenden Sommer. Natürlich ging auch nach der Herbstkatastrophe 1974 der Bestand stark zurück. Wettereskapaden hatten aber in diesem Vergleich zwei verschiedene Altersklassen einer Population betroffen. Schlechtes Sommerwetter reduzierte die Zahl der Nestlinge wegen Futtermangels, der durch zahlreiche hungrige Schnäbel vieler Bruten noch verstärkt wird. Damit bestimmte ungünstiges Wetter über die Brutdichte die Dynamik der Population. Man spricht daher von einem dichteabhängigen Faktor. Der Wintereinbruch im Herbst erhöhte die Sterblichkeit der erwachsenen Vögel aber ohne Rücksicht auf den vorhergehenden Bruterfolg[26].

Ob die ständig wachsenden Möglichkeiten, den Zug einzelner Individuen, aber auch den Ablauf des gesamten Zuges zumindest über Teile Europas oder über Nordamerika am Computer in Echtzeit zu verfolgen, etwas dazu beitragen können, in Zugkatastrophen wie 1974 effektiver zu reagieren, bleibt derzeit noch offen. Als ein Ziel der enormen technischen Möglichkeiten, die den bewährten traditionellen Vogelring für die Vogelzugforschung schon so gut wie abgelöst haben, wäre ein computerbasierter Vogelschutz im Zusammenhang mit Wetterkapriolen durchaus denkbar.

Zu allen Jahreszeiten führen längere, von der Norm abweichende Perioden, in der Regel als Witterung einer Zeitspanne von Tagen bis zu einer Jahreszeit bezeichnet, oft zu Engpässen im Nahrungsangebot. Episodisch kurze Ereignisse können Vögel je nach Umständen in Massen töten oder durch Zerstörung von Habitat und Nahrungsquellen die Dynamik lokaler Populationen unvorhergesehen unterbrechen, lokale oder regionale Artbestände auch dauernd oder vorübergehend auslöschen. Auf ihren Wanderungen kommen Zugvögel als Folge kurzfristiger Wetterereignisse oft weit vom Kurs ab. So genannte Irrgäste beweisen mitunter Verdriftungen über riesige Entfernungen. Sie bringen zum Beispiel nach Osten über den Atlantik manchen amerikanischen Vogel von Nordamerika nach Europa oder verschlagen Meeresvögel vom Ozean bis tief ins Binnenland. Manchmal scheinen sich auch durch extreme Wetterverhältnisse erzwungene anfängliche Kursabweichungen durch weitere Wanderungen zu großen Entfernungen vom normalen Artareal zu addieren.

In außergewöhnlichen Wetterereignissen können auch Chancen für neue Anfänge liegen. Viele ozeanische Inseln in unterschiedlichen Klimazonen wurden von manchen Vogelarten wohl nur durch Verdriftungen einiger Individuen als Folgen starker Winde besiedelt. Eine gut dokumentierte Geschichte ist das Schicksal der Wacholderdrossel auf Grönland. 1937 harrten in Skandinavien ungewöhnlich viele Wacholderdrosseln im Winter aus. Mit stürmischen Winden geriet eine größere Zahl im Januar über Jan Mayen nach Südgrönland. In der Folgezeit wurden Wacholderdrosseln dort zu Jahresvögeln, bis 30 Jahre später in einem schneereichen Winter die Population so gut wie fast ganz zusammenbrach. Einzelne Brutvögel scheinen das zumindest bis 1979 überlebt zu haben[27]. Bis mindestens 1990 wurden dort noch einige gesehen und auch nach der Jahrtausendwende schätzte man ein Brutvorkommen auf Grönland noch als möglich ein[28]. Das sind wohl nicht die letzten positiven Nachrichten, denn mit dem Klimawandel dürfte sich die Zukunft der Wacholderdrossel auf Grönland verbessern.

Als Warmblüter mit konstanter Körpertemperatur halten Vögel innerhalb einer bestimmten Außentemperatur, der thermoneutralen Zone, mit häufiger Nahrungsaufnahme und hoher Stoffwechselrate ohne große Kosten ihre Körpertemperatur aufrecht. Fällt die Außentemperatur unter diese Zone, muss durch zusätzliche Nahrungsaufnahme und Einsparung von Energieausgaben die Energiebilanz verbessert werden. Verschiedene Möglichkeiten bieten sich an. Innerhalb des individuellen Aktionsraums oder Habitats werden wärmere oder wettergeschützte Stellen aufgesucht. Genaue Kenntnisse des Aufenthaltsgebiets oder Reviers sind dann von Vorteil. Oft kann man bei sorgfältiger Beobachtung auch die Erfolge mancher individuellen Erfahrungen entdecken, wenn etwa Kohlmeisen abends ihren Schlafplatz in einem Nistkasten aufsuchen oder Zaunkönige in ein Schlafnest oder in einen geschützten Winkel am Haus einfliegen, zum Teil sogar unter parkenden Autos Schutz suchen. Zaunkönige, Gartenbaumläufer oder Schwanzmeisen verbringen lange kalte Winternächte auch zu mehreren dicht zusammengedrängt, um den Wärmeverlust zu verringern. Massenschlafplätze von Krähen, Staren oder Bergfinken, die allabendlich auch über größere Strecken angeflogen werden, können, wenn die einzelnen Vögel nahe zusammenrücken, dazu beitragen, weniger Energie zu verlieren. Seeschwalben und Möwen an offenen Küsten sitzen alle gegen den Wind gerichtet, damit das isolierende Gefieder geordnet bleibt.

Bei großer Kälte wird Bewegung, die nicht mit der Futteraufnahme zusammenhängt und Energie kostet, eingeschränkt oder mehr Zeit für Nahrungserwerb eingesetzt. Ist es aber so kalt, dass der Energieverbrauch für Nahrungssuche die durch Nahrungsaufnahme gewonnene Energie übertrifft, kann Ruhe an einem geschützten Platz und so wenig Bewegung wie möglich die bessere Strategie sein. Das erklärt auch die unerwartete Beobachtung, dass ausgerechnet an besonders harten und schneereichen Wintertagen regelmäßige Gäste an der Fütterung mitunter ausbleiben, und dass Vermutungen, es würden bereits große Winterverluste eingetreten sein, glücklicherweise verfrüht sind.

Grundsätzlich sind Folgen von abnormen Wetterereignissen, auch wenn sie nicht vorhersehbar sind, für eine Vogelpopulation in groben Grenzen im Zusammenhang mit der individuellen Lebensdauer kalkulierbar. Kleine Vögel mit kurzer Lebenszeit werden kaum mehr als einmal ein solches Ereignis erleben. Andererseits ist nicht unwahrscheinlich, dass bei ihnen mehrere Generationen hintereinander ungeschoren davonkommen. Individuen langlebiger größerer Arten aber können in demselben Gebiet mitunter von mehreren abnormen Wetterereignissen ereilt werden und kaum eine ihrer Generationen wird davon nicht betroffen sein.

So sorgt allein schon das Wetter für unterschiedliche Dynamik in lokalen Vogelgruppierungen. Grundsätzlich gilt, dass Wetteropfer sich nicht zufällig über eine Population verteilen, sondern empfindliche, schwächere und vielleicht nicht rasch genug reagierende Individuen und ihre Nachkommen in weniger günstig platzierten Nestern stärker dezimiert werden. Daher wirkt die vom Wetter betriebene Auslese bei kurzlebigen Arten rascher und kann vielleicht innerhalb relativ kurzer Zeit auch zu morphologischen Änderungen führen, die man beobachten und messen kann. Daraus könnten sich neben einer spannenden Verfolgung von kurzfristigen Bestandsfluktuationen auch interessante Aspekte der Mikroevolution im Zusammenhang mit dem Klimawandel ergeben, für den eine zunehmende Häufung extremer Wetterereignisse prognostiziert ist.

Oft reichen aber Messwerte zur Kennzeichnung des regionalen Wetters nicht aus, um Reaktionen der Vögel zu erklären, der Horizont muss erweitert werden. Als ein wichtiger Ansatz haben sich für Europa Vergleiche mit der Nordatlantischen Oszillation (NAO) erwiesen. Darunter versteht man Unterschiede des Druckes zwischen tropischen und polaren Luftmassen, die sich im Jahresverlauf ändern. Indizes (NAOI) geben an, ob diese Unterschiede größer oder kleiner als normal sind. Positive Indexwerte sind in Nordeuropa mit warmem, feuchtem und stürmischem Wetter verbunden, negative mit kaltem und trockenem. Das wunderbare Buch *„Die Vogelwelt der Insel Helgoland"* veranschaulicht die Verhältnisse für das mittlere und nördliche Europa an zwei Extrembeispielen März 1989 und 1996[32]. Im südlichen Europa sind die Bedingungen jeweils umgekehrt.

Da die NAO über einen weiten Breitenbereich operiert, werden mit den Indexwerten Seevögel wie Landvögel, Brutgebiete wie Durchzugsgebiete und bei vielen Arten auch Überwinterungsgebiete mit einbezogen. Die Indizes tendieren dazu, in jeweiligen Phasen über mehrere Jahre mindestens ähnlich zu sein. Langfristig sind NAOI daher für die Erforschung von Folgen des Klimawandels auf Vogelpopulationen interessant. Ankunftszeiten von Zugvögeln lassen sich manchmal mit NAOI besser erklären als mit regionalen Wetterereignissen[29]. In Großbritannien war die jährliche Überlebensrate unter zehn untersuchten Singvogelarten bei Zaunkönig, Heckenbraunelle, Rotkehlchen, Singdrossel und Grünfink signifikant mit dem NAOI korreliert, im ersten Lebensjahr die Sterblichkeit durch das Wetter stärker beeinflusst als bei Altvögeln, wobei Angebot und Erreichbarkeit von Nahrung den größten Einfluss hatten[30].

Unterschiedliche Maßstäbe haben aber auch verschiedene Wirkungen. Der Brutbeginn von Rauchschwalben in Ostdeutschland war hauptsächlich von den Nordatlantischen Oszillationen beeinflusst und weniger vom Lokalklima am Brutplatz. Aber der Bruterfolg ging ausschließlich auf das Konto des Lokalklimas[31]. Hinweise auf die Auswirkung des Klimawandels korrekt zu interpretieren ist also gar nicht so einfach.

Wenn Schwalben niedrig fliegen, kündigen sie nicht schlechtes Wetter an, sondern reagieren auf Konzentrationen fliegender Insekten an geschützten Stellen oder niedrig über dem Boden bei ansteigender Luftfeuchtigkeit und/oder abnehmenden Temperaturen. Es kann natürlich sein, dass sie damit, wenn es noch nicht regnen sollte, ohne Vorahnung auf kommendes Wetter auf baldigen Regen aufmerksam machen. Aber mehr als andere Informationen für kurzfristige Wetteränderung, die von Wolken, Wind, Lufttemperatur und vor allem Luftdruckänderungen kommen, ist das nicht.

Vögel können mit dem paratympanischen Organ im Mittelohr kleinste Luftdruckunterschiede wahrnehmen. Das erlaubt ihnen, den typischen Luftdruckabfall vor einem Unwetter zu registrieren, und verschafft ihnen mitunter über einige Stunden Vorlaufzeit für effektives Verhalten, wie Ortswechsel, Aufsuchen einer geschützten Lage oder auch intensive Nahrungsaufnahme[32]. Überregional kann Ortsveränderung von Zugvögeln großräumige Vorgänge in der Atmosphäre und Wetterveränderungen anzeigen, die demnächst vielleicht auch am Beobachtungsort das Wetter beeinflussen werden. Aber das ist dann auch auf der täglichen Wetterkarte vorherzusehen.

Vögel reagieren vielfältig auf das Wetter, denn das ist für sie überlebenswichtig. Folgen extremer Wetterereignisse lassen sich nach vielen Erfahrungen für das Schicksal von Vögeln, Individuen wie Populationen, prognostizieren. Kurzfristig können Vögel sich auf Wetteränderungen vorbereiten und Entscheidungen treffen. Für langfristige Wetterprognosen sind aber noch keine überzeugenden Signale aus der Vogelwelt entdeckt worden.

„Blinde Liebe“. Xylographie nach einem Gemälde von C. Nielssen,
Allg. Illustrirte Zeitung um 1885

Ein heißes Eisen: Katzen und Vögel

Irrtum

39. Frei laufende Hauskatzen sind keine ernsthafte Gefahr für Vögel und Vogelbruten.

Für Vogelschützer war der Fall immer schon klar: Katzen *„vernichten hauptsächlich die Vögel und deren Bruten in unserer Umgebung"*[1]. Freiherr von Berlepsch (1857-1933), der Pionier des klassischen Vogelschutzes, sah in der rohen Behandlung von Katzen, die zu seiner Zeit der bäuerlichen Landwirtschaft *„als Schutz gegen Mäuse... nicht hoch genug einzuschätzen"* waren, eine der Ursachen ihrer Verwilderung und damit der Vogeljagd. Geschickt spricht er von der armen Katze, die gar nichts dafür kann, wenn sie Haus und Hof verlassen muss, weil sie nicht sorgfältig gehalten wird. Man durfte wohl schon damals die Katzenfreunde nicht verprellen, obwohl die heute so beliebte Wohnungskatze noch keine Rolle spielte. Andererseits forderte von Berlepsch ganz unverblümt: *„gegen alle außerhalb der Gebäude herumlungernden Katzen der schonungsloseste Vernichtungskrieg!"*. Schon vor mehr als 110 Jahren waren damit die Frontlinien gezogen. Anlässe zu sachbezogenen Diskussionen sah man offenbar nicht, zumal auch die Wissenschaft nur dazu beitragen konnte, dass auf exotischen Inseln ausgesetzte Hauskatzen die Ausrottung endemischer Vogelarten besorgten. Berühmtestes Beispiel ist die Katze Tibbles des Leuchtturmwärters von Stephen Island bei Neuseeland, die im November 1895 einen Stephenstummelschwanz (*Traversia lyalli*) anschleppte, den letzten der einzigen bekannten flugunfähigen Singvogelart[2].

In der Schweiz sah man das Problem nüchterner. Im ersten Jahrgang der renommierten Zeitschrift „Der Ornithologische Beobachter" empfahl man 1902, Katzen die Krallen zu beschneiden und eine Katzensteuer einzuführen, um das Problem der Vogeljagd etwas zu entschärfen[3]. Damit war natürlich ein heißes Thema nicht vom Tisch. Aber merkwürdigerweise war es für Jahrzehnte aus den wissenschaftlichen Journalen verschwunden. Auch in den Veröffentlichungen für den Vogelschutz beschränkte man sich meist darauf, durch Empfehlungen und schützende Vorrichtungen Futterstellen und Nistkästen katzensicher zu machen[4]. Nur wenige Autoren befassten sich ausführlicher mit dem Thema und selbst sachliche Beiträge versäumten nicht, emotionale Töne anzuschlagen und *„verzweifelte Angstrufe der bedrohten Vögel"* zu bemühen[5].

Als mittlerweile die Zahl der Hauskatzen vor allem nach dem Zweiten Weltkrieg in Mitteleuropa wie auch in anderen europäischen Ländern gewaltig stieg, erschienen nach etwa 1975 die ersten Fachbeiträge, die auf einen alten Konflikt in neuer Dimension aufmerksam machten und Vorschläge für eine kontrollierte Katzenhaltung anboten[6]. Doch wurden sogleich Vorwürfe erhoben, solche Überlegungen seien anachronistisch und für den Vogelschutz wohlmeinende Kreuzzüge würden erstaunlicherweise wieder auftauchen. Es gebe keine konkreten Hinweise darauf, dass Hauskatzen einen negativen Einfluss auf Vogelbestände hätten[7]. Diese Diskussion fand 1986 im „Journal für Ornithologie" statt, wobei die eine Seite zumindest das gewichtige Argument der wachsenden Zahl von Katzen in einer zunehmend verbauten Landschaft für sich in Anspruch nehmen konnte mit einem Abschuss von 250 000 bis 300 000 streunenden Katzen fern von menschlichen Siedlungen in bejagten Flächen Deutschlands; die andere, um die Würde der Wissenschaft bemüht, sich lediglich auf wenige Hinweise aus methodisch fragwürdigen Untersuchungen beschränken musste und daher einen Irrtum unterstützte.

Das Problem beider Diskussionsbeiträge: Man hatte zumindest in Deutschland damals noch viel zu wenig Daten, um als Wissenschaftler in einer heftigen, teilweise emotionalen und sogar ignoranten Auseinandersetzung zwischen

Jägern, Vogelschützern, Tierschützern, Katzenfreunden, Katzenhassern und so gut wie untätigen Naturschutzbehörden zu punkten.

Untersuchungen des Mageninhalts 189 in der Schweiz erlegter *„wildernder"* Katzen ergaben 1973/74 im wesentlichen nur *„Hauskost"* und an wildlebenden Tieren 160 Nagetiere und 19 Kleinvögel[8]. Zur selben Zeit ermittelte man in Südschweden aus 1 437 Kotuntersuchungen vor allem im Winter Wildkaninchen als Hauptbeute, im Sommer Kleinnager; Vögel (vor allem Stare) machten nur drei Prozent des gesamten Beutegewichts aus[9]. 67 Mageninhalte aus Norddeutschland ergaben überhaupt keinen Vogel[10]. Solche und ähnliche lokalen Befunde sind Beiträge zur Diskussion, aber ähnlich wie bei der Rabenkrähe (S. 148 f.) nicht die befriedigenden Antworten, die man zur Bewertung eines komplexen Problems benötigt. Die Kernfrage ist einfach, aber schwer zu beantworten: Wie hoch ist die Bedrohung von Vogelbeständen durch Katzen? Die vorstehenden Ergebnisse konzentrierten sich zudem auf einen Schwerpunkt, der heute nicht mehr zum Kern des Problems zählt, nämlich auf streunende Katzen außerhalb des Siedlungsraums, die von den Jägern als wildernd angesehen werden. Mittlerweile räumen Katzen auch in Gärten und Parks unter den Singvögeln auf.

Wie auch in anderen Ländern gab es für Kanada lange keine realistischen Schätzungen über die von Katzen verursachten Vogelverluste. Inzwischen geht man von jährlich 100 bis 350 Millionen Vogelopfern aus, die auf das Konto von 8,5 Millionen Hauskatzen und etwa 1,4 bis 4,2 Millionen verwilderten Katzen gehen. Die Verluste machen insgesamt zwar nur geschätzte 2 bis 7 % der Vögel des südlichen Kanada aus, doch sind zumindest lokale Vogelbestände durch Katzen gefährdet. Katzen dürften im Land die höchste durch Menschen verursachte Sterblichkeit unter Vögeln bedeuten. Jedenfalls fordert eine umfassende kanadische Studie mehr wissenschaftliche Aufmerksamkeit für das Phänomen als bisher[20].

Das Problem hat sich durch ständige Zunahme von Hauskatzen so vervielfältigt, dass es nach der Jahrtausendwende schon fast zu einer Explosion im Blätterwald kam. „Der Spiegel" titelt 2013 *„Killer mit Kulleraugen"* und präsentiert eine Milliardenrechnung: In den USA töten 110 Millionen Hauskatzen jährlich bis zu 3,7 Milliarden Vögel und bis zu 20,7 Milliarden kleine Säugetiere[11]. Natürlich bergen solche Milliardenschätzungen die Gefahr, unkritisch der Magie großer Zahlen zu verfallen, die isoliert in den Raum gestellt aber noch gar nichts über die Folgen für die biologische Vielfalt in einem Areal von über

9,8 Millionen Quadratkilometern besagen. Der Biologe Andreas von Lindeiner vom Landesbund für Vogelschutz in Bayern meint in diesem Spiegel-Artikel denn auch, den *„Faktor Katze"* könne man bei uns nicht quantifizieren, weil die Entwicklung einzelner Vogelpopulationen nicht mit einer pauschalen Schätzung des *„täglichen Sterbens"* durch Katzen schlüssig zu erklären sei.

Inzwischen kommen aber Meldungen aus Australien, die in einem *„belastbaren Ansatz"* (robust attempt) genau das versuchen. Ein Team um John Woinarski von der Charles Darwin University schätzt, dass Australiens Katzen mehr als eine Million Vögel pro Tag töten. Grundlage dieser Zahl sind neue Schätzungen aus Daten über die Größe der Population, die Jagdhäufigkeit und die räumliche Verteilung von Hauskatzen auf dem Kontinent. Die Jahreskalkulation kommt auf 377 Millionen Vogelopfer. Nach rund 100 detaillierten Studien fängt eine durchschnittliche australische Hauskatze alle 5 Tage zwei Vögel. Man kann auch bereits auf einer Karte des Kontinents die Verteilung der Vogelverluste durch Katzen pro Tag ersehen. Die naturnahen trockenen Teile und manche Inseln sind am höchsten betroffen, eine Folge der Verwilderung von importierten und dann nicht weiter kontrollierten und gepflegten, also entkommenen Katzen und ihres Nachwuchses. Aber auch die Schmuse- und Hauskatzen in städtischen Lebensräumen und ihrer nächsten Umgebung sorgen für über 60 Millionen getötete Vögel im Jahr. Die hohe Dichte der täglichen Vogelverluste durch Katzen im australischen Outcast bedeutet, dass vor allem Australiens endemische Vogelwelt betroffen ist. Vögel von 71 der 117 gefährdeten Vogelarten Australiens sind als Katzenbeute nachgewiesen. *„Wem die Stunde schlägt"* – Ernst Hemingways Romantitel über den Meldungen aus Australien im Internet dürfte auch für Katzen dort nichts Gutes verheißen[21].

Warum man bei uns dem wachsenden Problem wissenschaftlich noch kaum nachgegangen ist, sich vor Schätzungen und Hochrechnungen scheut und nichts tut, hat verschiedene Gründe. Der auch im Umgang mit Interessengruppen, Medien und Behörden sehr erfahrene Wissenschaftler Peter Berthold stellt fest, die heutige Katzenhaltung sei inzwischen für unsere Artenvielfalt bedrohlich geworden. Und er sieht eine Reihe von *„Duckmäusern"* und *„Ignoranten"*, von Spitzenpolitikern bis durch alle Fachverbände, die eine verheerende Wirkung von Katzen auf freilebende Tiere lieber nicht ansprechen, da sie fürchten, Wähler und Mitglieder könnten verprellt abspringen und Spenden einbrechen[12].

Das Thema ist also mit Emotionen befrachtet und daher ein Politikum. Das ist immer eine Gefahr für eine möglichst objektive, sich an den Fakten orientierende Bewertung. *„Unbekannter schießt Katze in den Kopf"* – die Heimatzeitung berichtet von einem *„heimtückischen"* Vorfall aus Mittenwald auf der Titelseite ausführlicher als über manchen Bergunfall, der heute schon eher zur Routinemeldung geworden ist[13]. Katzenliebhaber und Katzenhasser sind immer ein gutes Medienthema, weil es allgemeiner Aufmerksamkeit und emotionaler Leserbriefe sicher sein darf, sicher auch einen Shitstorm in den sozialen elektronischen Medien auslösen kann.

Darüber hinaus ist bei Katzen auch Geld mit im Spiel. Hersteller und Verkäufer von Katzenfutter und allerlei Geräten, vielfältige tierärztliche und tierklinische Aktivitäten und nicht zuletzt Katzen als Werbefiguren sind nur einige der Interessen, die mit Katzen als ökonomische Größe rechnen. Diese Konjunktur wiederum hängt von vielen Katzenfreunden ab. Hier beweist sich wieder einmal, dass Tierschutz und Artenschutz, besser Schutz der biologischen Vielfalt, oft überhaupt nichts miteinander zu tun haben, auch wenn selbst in den Nachrichten der öffentlichen Fernsehanstalten beide in der Regel verwechselt werden. Allerdings darf man nicht übersehen, dass Tierschutzvereine durch Sterilisation von Katzen etwas gegen die Zunahme der jagenden Streuner unternehmen.

In der wissenschaftlichen Beurteilung der Situation ist man sich mittlerweile einig, obwohl die Situation auch hier komplizierter ist als man lange vermutete. Man unterschied in den frühen Studien sorgfältig zwischen wildernden oder streunenden Katzen und Wohnungskatzen oder in gepflegten Umständen lebenden Freigängern. Aber auch letztere jagen Vögel. Man nimmt sogar an, dass echte Streuner, die von ihrem Fang leben müssen, als überwiegende Mäusejäger für Vögel weniger gefährlich sind als wohlgenährte Freigänger, die sich jägerisch allem widmen können, was ihnen in den Weg läuft oder fliegt.[12]

Datensummen über zerstörte Bruten und getötete Vögel bilden zwar den Schwerpunkt der Argumentation, übersehen aber die andere Seite, nämlich Störungen durch lauernde Katzen, die Altvögel vom Füttern einer Brut abhalten und damit den Reproduktionserfolg einer Population beeinträchtigen. Das Hauptproblem ist die Beschaffung von Belegen in ausreichender Zahl und Qualität, sei es durch Beobachtung, Spurensuche, Beutefunde oder Sektion erlegter Katzen. Die ökologische Situation lässt sich daher meist nur mit Hochrechnungen und Schätzungen beschreiben, die, auch wenn sie statistisch einwandfrei sind, Katzenliebhaber nicht überzeugen und von manchen zuständigen Behörden daher lieber ohne weitere Veranlassung im Vollzug zur Kenntnis genommen werden oder auch nicht, weil man sich nicht zuständig fühlt. Man will sich die Finger am heißen Eisen nicht verbrennen. Weiterkommen wird man vielleicht durch Analyse der Aktionsradien besenderter Katzen. Anfänge dazu sind laut Medienankündigungen schon gemacht, das Problem fordert aber professionell wissenschaftliche Planung, Durchführung und Auswertung.

Wie wirken sich die Millionen von Katzen im konkreten Einzelfall aus? Selbst einem aufmerksamen Beobachter in einer gartenreichen Kleinstadt entgeht fast alles, sodass man auf Schätzungen und Vermutungen angewiesen ist. Bei Vogelzählungen in den frühen Vormittagsstunden in und um Garmisch-Partenkirchen wurden auf je 8 einheitlich festgelegten Kontrollgängen pro Monat über einen Zeitraum von 70 Monaten (= 560 Gänge) 165-mal (= 32 %) freilaufende Katzen registriert, davon in 16 Monaten mindestens 5 bis 11 verschiedene. In diesen 165 Katzentagen erwischte ich aber nur je einmal eine Katze beim Vertilgen einer Brut eben ausgeflogener Amseln und kurz vor einem Sprung auf einige Feldsperlinge in einem Busch. Immerhin, ein Drittel positiver Kontrollbefunde lässt zumindest vermuten, dass Katzen zwischen den Häusern regelmäßig auf Streife waren. Noch eingehendere Kontrollen belegen dies, zeigen aber auch eindrucksvoll, dass mit persönlichem Beobachten wenig zu beweisen ist.

In über 10-jährigen über weite Zeitabschnitte täglichen Kontrollen eines Gartengrundstücks inmitten katzenfreier Häuser ließen sich wiederholt drei verschiedene Katzen ermitteln, die aber jeweils sofort Reißaus nahmen, wenn sich auch nur ein Fenster öffnete. Dass diese Besuche nicht nur gelegentlich stattfanden, enthüllte erst sorgfältige Spurensuche. Trittspuren im Schnee sowie Kot und Haare auf Sitz- und Liegemöbeln der Terrasse ließen allnächtliche Katzenbesuche über Wochen zu verschiedenen Jahreszeiten erkennen. Am Futterhäuschen lernte offenbar nur eine das zielsichere Hochspringen, dem dann auch eine Kohlmeise zum Opfer fiel. Das ließ sich leicht abstellen. Aber wenn Amseln Nestlinge füttern oder ihre noch nicht voll flüggen Jungen betreuen, wird das gedämpfte „duck duck…“, der charakteristische Alarmlaut für Bodenfeind, in langen Folgen vor dem Fenster zum täglichen Morgenwecker. Da kann ein Vogelbeobachter wirklich nicht mehr ruhig schlafen, auch wenn die Geräusche des erwachenden Verkehrs, die das sich akustisch meldende Amseldrama weit übertönen, als gewohnte Alltagsgeräusche den Morgenschlaf gar nicht mehr beeinträchtigen. Immer huscht dann irgendwo eine Katze davon, wenn man der Amselwarnung nachgeht. Man erhält einen Eindruck von der hohen Störwirkung, die von einer lauernden Katze ausgeht. Amseln sind übrigens trotz Katzen in der Umgebung nicht weniger geworden, der jährliche Anteil flügger Jungvögel ist allerdings katastrophal niedrig. Daran sind aber wohl nicht allein die Katzen schuld.

Sorgfältige Beobachtungen bringen also kaum neue Erkenntnisse zum Thema. In Großbritannien hat man es daher mit gezielten Umfragen versucht, um die Wirkung von Stadtkatzen näher zu erforschen. In mehreren britischen Städten fand man mit diesem Ansatz heraus, dass von April bis August 1997 in 618 Haushalten 986 Katzen 14370 Tiere erbeutet hatten, darunter 68% Kleinsäuger, 24% Vögel in mindestens 44 Arten, 4% Amphibien und 1% Reptilien. In Grundstücken mit Fütterung von Gartenvögeln war der Anteil der Vögel geringer, jedoch die Artenzahl der Opfer größer. Mit zunehmendem Alter der Katzen nahm die Zahl der angeschleppten Beutetiere ab[14]. Auf der Grundlage dieser Stichprobe ergibt sich, dass die rund 8 Millionen Hauskatzen und eine Million streunende Katzen in Großbritannien in einem Jahr 80-100 Millionen Beutetiere eintrugen, davon 57 Millionen Säugetiere (einschließlich Fledermäusen), 27 Millionen Vögel und 5 Millionen Amphibien und Reptilien[15].

In mehreren Stufen wertet eine andere Studie die Umfrageergebnisse über ein Jahr im Stadtgebiet von Bristol aus. Auf 10 Kontrollflächen wurde die Dichte der Katzen mit rund 350 pro Quadratkilometer ermittelt, auf 100 Haushalte trafen 26 Katzen. Man befragte Haushalte mit einem Fragebogen, der dann vor die Haustür gelegt wieder eingesammelt wurde. In einem zweiten Durchgang wurden die Haushalte aufgesucht und befragt, die beim ersten Durchgang keine Fragebogen ausgefüllt hatten. In einer Pilotstudie wurde dann getestet, wie man die Meldungen von durch Katzen zurückgeschleppte Beutetiere zu bewerten hatte. Nach verschiedenen Prüfungen waren 495 Beutereste identifiziert, die zu 60% aus Säugetieren in acht Arten und zu 19% aus Vögeln in 16 Arten bestanden. Haussperling, Rotkehlchen, Heckenbraunelle und Amsel, also Arten, die vor allem am Boden Nahrung suchen, führten die Liste der erbeuteten Vögel an. Rund 60% der Katzen kamen von einem Ausflug ohne Beute zurück.

Wie wirkt sich das auf die Vogelbestände aus? Man ermittelte auf fünf Kontrollflächen für die 8 häufigsten Vogelarten eine Dichte von 367 Altvögeln und 958 Jungvögeln pro Quadratkilometer. Pro Katze wurden im Kontrolljahr 1,17 Alt- und 3,07 Jungvögel angeschleppt. In Kontrollflächen, auf denen eine Vogelart als Katzenbeute auftauchte, war abgesehen vom Haussperling bei diesen häufigen Vogelarten die Zahl der Opfer größer als die Hälfte der produzierten Jungen und lag natürlich auch weit über der Dichte der Altvögel. Die Werte lassen durchaus die Vermutung zu, dass manche Stadtpopulationen, wie die der Heckenbraunelle, sich nur durch Nachwandern von Individuen aus Überschussgebieten mit guter Reproduktionsrate halten können. Katzen würden also mit dazu beitragen, Stadtbiotope zu Lebensräumen zu machen, die auf Zuwanderung angewiesen sind und gewissermaßen auf Pump besiedelt werden.

Doch mit solchen Zahlenvergleichen ist bestenfalls eine Annäherung an das Problem, noch keine wirklich befriedigende Abschätzung des Eingriffs von Katzen in Vogelpopulationen möglich. Man verglich Größe, Flügellänge und auch Todeszeitpunkt zwischen Katzenopfern und an Glasscheiben zu Tode gekommenen Vögeln. Zwischen beiden Gruppen ergab sich kein Unterschied. Deutliche Unterschiede aber waren in Gewicht, Fettanlagerung und Muskelmasse zu erkennen. Katzenopfer hatten signifikant geringere Werte und also eine signifikant schlechtere Kondition als Unfallopfer. Das wäre ein Hinweis darauf, dass Katzen weniger als additive (zusätzliche) Todesursache in Frage kommen, sondern kompensatorisch wirken, also viele von Katzen erbeutete Vögel ohnehin keine guten Überlebensaussichten gehabt hätten. Andererseits wurden viele Vögel in der Morgendämmerung erbeutet, wenn die Fettreserven im Vogelkörper ganz natürlich am niedrigsten sind. Das wiederum deutet an, dass Katzenjagd doch eine zusätzliche Todesursache darstellt. Da alle Katzen, die ohne Beute nach Hause kamen, in der Studie als Katzen ohne Jagderfolg gewertet wurden, stellen die ermittelten Beutezahlen natürlich nur einen Mindestwert da. Man muss außerdem noch annehmen, dass nicht alle Katzenbesitzer über die „Schandtaten" ihrer Lieblinge vollständig berichteten und die Beute komplett zur Untersuchung abgaben. Und noch ein Messwert ist wichtig: Die Hauskatzendichte in der Stadt war etwa 10-mal so hoch wie die höchsten aus ganz Großbritannien bekannten Werte von Füchsen, die häufigsten natürlichen Räuber[16].

Die Ergebnisse an Stadtkatzen werden ergänzt durch Untersuchungen in ländlichen Gebieten. In Bedfordshire brachten in einem Jahr etwa 70 Katzen 1 090 Beutetiere von ihrer Jagd nach Hause, darunter konnten 535 Säugetiere und 297 Vögel identifiziert werden. Insgesamt ergaben sich 44 Beutetiere pro Katze und Jahr. Waldmäuse, Haussperlinge und Schermäuse waren am häufigsten nachzuweisen. Ältere Katzen jagten weniger erfolgreich als junge. Etwa 30 % der Todesfälle von Haussperlingen ging auf das Konto jagender Katzen[17].

Solche Untersuchungen belegen überzeugend, dass Katzen auf die Entwicklung von Vogelbeständen und Stadt und Land Einfluss haben. Um aber die Auswirkungen näher quantifizieren und bewerten zu können, bedarf es weiterer Untersuchungen, die allerdings erheblichen Aufwand fordern und verzwickte methodische Probleme bereit halten. Schon die beiden vorerwähnten britischen Studien aus Städten machen klar, wie komplex unterschiedliche Faktoren zusammenwirken und wie leicht man in argumentative Fallen tappen kann. Moderne Forschungsansätze können vielleicht mit Einsatz von Hightech neue Einsichten bringen. Geeignete Kameras und besenderte Katzen würden genaueren Aufschluss darüber geben, wie viele Katzen wo unterwegs sind, also Streifgebiete, bevorzugte Jagdgründe und Jagderfolge genauer quantifizieren. Damit bestünde auch eine Möglichkeit, das Störpotenzial für Vogelbruten durch lauernde Katzen näher zu bestimmen, das bei reinen Beuteanalysen überhaupt nicht erfasst werden kann.

Anwesenheit von Katzen in Nestnähe steigert die Verlustrate durch andere Beutegreifer enorm und unterbricht die Futtergaben am Nest gefährlich lange[18]. Auf der anderen Seite sind gewissenhafte Bestandsaufnahmen von Vogelpopulationen erforderlich, die erhebliche Investitionen an Zeit und Fachpersonal fordern. Bleibt zu hoffen, dass das Thema auch in Mitteleuropa das Interesse seriöser wissenschaftlicher Arbeit mit modernen Methoden findet, auch wenn keine neuen Fronten der Grundlagenforschung damit erreicht werden können.

Bleibt noch die Frage nach Möglichkeiten, eine zumindest als bedrohlich eingestufte Entwicklung zu steuern und Gefahren für die Artenvielfalt in menschlichen Siedlungsräumen und ihrer Umgebung zu minimieren. Ungeachtet noch mancher nicht eindeutig zu beantwortender Fragen ist festzuhalten: Die Verstädterung von Arten ist das große Thema der Gegenwart, weil urbanisierte Lebensräume mehr oder minder naturnahe Räume einholen und längst zu einem gewaltigen Flächenfraß geworden sind. Unter den Fragen der Gefahren für die Artenvielfalt in verstädternden Räumen stehen Katzen mit obenan, schon allein deshalb, weil sie keiner Regulation durch die Umwelt ausgesetzt sind, sondern im Gegenteil ihre Zahl völlig unabhängig von allen regulierenden Faktoren nur von menschlicher Haltung bestimmt wird. Wie bei Hunden nimmt ganz offensichtlich die Zahl der Hauskatzen zu, die übrigens von der nordafrikanischen Falbkatze abstammen, nicht von der heimischen Wildkatze.

Die Neigung zu einem liebenswerten Haustier ist längst von der Wirtschaft aufgegriffen worden und daher ist wohl kaum mit einer Reduktion der Hauskatzenmengen oder wenigstens einer merklichen Dämpfung der Zunahme zu rechnen. Gute Ratschläge, Katzen ein Glöckchen umzuhängen, damit Vögel rechtzeitig gewarnt werden, kratzen höchstens ein wenig am Problem. Immerhin ist erwiesen, dass Katzen mit Glöckchen oder Piepsern weniger Kleinsäuger und Vögel nach Hause brachten[22]. Nistkästen mit Vorbedacht auf mögliche Katzenjagd aufhängen, mechanische Abwehr von Nistkästen und Futtergeräten durch Kunststoffmanschetten, Duftabwehrmittel und sogar Ultraschallgeräte und andere Katzenverscheucher[19,22] sind bestenfalls nur punktuelle und zeitlich befristete Lösungen. Werden sie aber konsequent eingesetzt, kann eine große Zahl von Einzelmaßnahmen in Erfolgen für die Vogelwelt zu Buche schlagen.

Einschlägige Empfehlungen der Naturschutzverbände könnten fester Bestandteil sorgfältiger Gartenpflege werden. Listen von Vorschlägen für Ver- und Gebote, die Auslauf und Sperrzeiten regulieren und teilweise verbieten sollen, für Fanggenehmigungen und Bußgeldkataloge oder Katzensteuern sowie Vorschläge, Katzenrassen zu züchten, die im Haus bleiben, sind lang[3,6] und zumeist politisch nicht durchsetzbar oder nicht zu kontrollieren. Nachhaltige Dezimierungen der Katzendichte, wo und wie immer sie auch beabsichtigt wären, sind zumindest im Augenblick aus ganz unterschiedlichen Gründen utopisch. Es wird also auf die Verantwortung und auf die Vernunft jedes einzelnen Katzenfreundes ankommen. Anzunehmen ist ja, dass auch Katzenliebhaber dafür eintreten, dass ihre Lieblinge möglichst wenig Vögel fangen und Bruten zerstören. Gefahren abzustreiten oder zu verharmlosen, weil man so gut wie nichts davon bemerkt, liegt allerdings auf dem Niveau eines Analphabeten in Sachen Heimatnatur.

Kolkrabe, Raben-, Nebel- und Saatkrähe. Federlitho, handcol., Buch der Welt 1847

Krähenplage – Singvögel mit schlechtem Ruf

Irrtum

40. Krähen und Elstern haben sich stark vermehrt und sind schuld am Rückgang anderer Vogelarten.

41. Abschuss ist ein wirksames Mittel, Populationen von Rabenvögeln zu „regulieren“.

Irrtümer und vorsätzlich gepflegter Rufmord begleiten Vögel aus der Familie der Krähenverwandten seit Jahrhunderten. Allen voran die schwarzen Raben und schwarze oder schwarzgraue Krähen gelten als unheimliche oder mindestens verdächtige Gestalten. Auch der schwarzweißen Elster und dem bunten Eichelhäher wurde und wird noch immer der Kampf angesagt. Allen gemeinsam sind krächzende, krähende, schnarrende oder auch lärmende, kaum als klangvoll geltende Rufe. Das hat sicher dazu beigetragen, seit alten Zeiten Antipathie aufzubauen, die heute in der Diskussion um die sogenannte Rabenvogelproblematik noch gewaltig nachwirkt, auch wenn sie schon *„einen langen Bart“* hat[1].

Dass Kolkrabe, Rabenkrähe, Elster und Eichelhäher wie Nachtigall oder Rotkehlchen Singvögel sind, wird häufig verschwiegen und ist daher vielen Leuten gar nicht bekannt. Singvögel sind nicht nur eine Kategorie der biologischen Systematik, sondern auch der juristischen Bewertung gemäß der EU-Vogelschutzrichtlinie. Singvögel stehen nicht im Anhang II/A der Arten, die in allen EU-Ländern bejagt werden können, sondern einige von ihnen, wie die Krähenverwandten, in II/B unter den Arten, die nur in einzelnen Mitgliedsstaaten geschossen oder gefangen werden dürfen[2]. Das bedeutet in der Praxis, dass für Rabenkrähe, Nebelkrähe, Elster und Eichelhäher Jagdzeiten erlassen werden können, sie aber grundsätzlich geschützt sind. Solche Ausnahmen für die Bejagung durch Abschuss oder Fang müssen begründet sein, nämlich *„zur Abwendung erheblicher land-, forst-, fischerei-, wasser- und sonstiger gemeinwirtschaftlicher Schäden"* und *„zum Schutz der heimischen Tier- und Pflanzenwelt"*.

Krähen und Elstern fallen auf und sind heute in ausgeräumter, vogelleerer Landschaft oft die einzigen, für jedermann sichtbaren, wildlebenden Tiere und in wachsender Zahl oft sogar aus nächster Nähe zu beobachten. Häufig sichtbare Vögel, noch dazu, wenn sie auch in Scharen auftauchen, lösen so gut wie immer negative Gefühle um ihr Wohl besorgter Menschen aus. Auch begeisterte Naturfreunde sind da nicht ausgenommen. Sollten Krähen und Elstern, denen man Nestraub nachsagt und die sich scheinbar so auffallend vermehrt haben, also nicht erhebliche Schuld tragen für den Rückgang der Artenvielfalt in der strapazierten Gebrauchslandschaft, die man immer noch mit Kultur in Verbindung bringt?

„Krähen-Plage im Englischen Garten" titelt der Münchner Merkur im Bayernteil der Ausgabe vom 14./15. August 2017 zum Feiertag Mariä Himmelfahrt[3]. Auf einem großformatigen Foto sitzen im Hintergrund einige der schwarzen Vögel auf Tischen und Stühlen des Biergartens am Chinesischen Turm, soweit erkennbar alle in aufmerksamer Starthaltung. Zwei Rabenkrähen im Vordergrund zeigen mit stark gewinkeltem Lauf, angelegtem Gefieder und nach schräg oben weisendem Schnabel, dass sie der Fotograf in der Sekunde vor dem Start gerade noch erwischt hat. Aber die Bildlegende meint: *„Intelligent und frech: Die Rabenkrähen am Chinesischen Turm fliegen nicht davon, sondern beäugen den Fotografen eher neugierig"*.

Ohne Zweifel intelligent ist es, neugierig zu sein und die Fluchtdistanz nach Erfahrung zu justieren, also nicht unnötig Energie in einen Fehlalarm zu investieren. Frech mag als rein menschliche Interpretation eine harmlose Anmerkung, ja vielleicht sogar schmunzelnde Anerkennung bedeuten, ist aber hier ohne Zweifel Beginn einer gezielten Stimmungsmache. Denn es geht gleich weiter mit einer gruseligen Schauerstory: *„Sie kommen früh am Morgen, wenn alles schläft und es sich in Ruhe räubern lässt.... der schwarze Schwarm rauscht mit Getöse heran, zankt sich um das, was der Mensch übrig gelassen hat. Morgens um halb sieben ist das Gekrächze am Chinesischen Turm ohrenbetäubend. Vierzig, fünfzig Rabenkrähen hacken auf steinharte Breznreste ein, streiten sich flügelschlagend um leere Zigarettenschachteln, stürzen sich auf überquellende Mülleimer"*. Hitchcocks Vögel lassen grüßen[4]. Aber ganz offensichtlich zählt der Autor auch zu den morgendlichen Schläfern, die vom *„rauschenden Getöse"* und vom *„ohrenbetäubenden Gekrächze"* gar nichts merken. Wie denn auch. Fluglärm ist von Rabenkrähen so gut wie nicht zu hören und das Gekrächze hält sich in einem Krähenschwarm sehr in Grenzen. Meist ist nichts oder wenig zu hören, wenn die Vögel in kleinen Trupps oder einzeln von ihren Sammelschlafplätzen ankommen und dann am Ort eines ergiebigen Angebots eifrig nach Nahrung suchen. Geräubert aber wird schon gar nicht, sondern Müllentsorgung betrieben, die Biergartenbetreiber und -besucher ganz offensichtlich nicht schaffen.

Mit Spitzfindigkeiten kann man solche Einwände bis hierher abtun. Aber es geht gleich weiter, denn man schürt Ängste: *„sie können Krankheiten übertragen, ihr Kot ist aggressiv"*. Na, dann sollten erst einmal Besucher und Biergartenbetreiber für bessere Hygiene sorgen und den Krähen kein gefülltes Tablett anbieten. Klar können Krähen wie alle Lebewesen Krankheiten übertragen. Ob dies allgemein für Menschen und in diesem Fall für Erholung suchende Münchner relevant ist angesichts des zurückgelassenen Abfalls, dürfte nicht bewiesen und eher fraglich sein. Ratten und Mäuse wären bei dem geschilderten Abfallszenario in dieser Hinsicht eigentlich eher kritisch zu beäugen. Sie sind für oberflächliche Beobachter aber nicht zu sehen und daher nicht vorhanden. Gezielt eingesetzte Ignoranz setzt die Aktion gegen Krähen fort. Da ist von einer *„ansässigen Krähen-Kolonie"* von 300 Tieren die Rede. *„150 wären in Ordnung"* wird der Parkverantwortliche im Artikel zitiert, als ob man das durch Aufenthaltsgenehmigungen regeln könnte.

Rabenkrähen sind strikt territorial und brüten nicht in Kolonien, im Unterschied zu Saatkrähen, die übrigens tatsächlich eine Kolonie im Münchner Englischen Garten gegründet haben, hier aber nicht in Rede stehen. Die inszenierte Krähenplage bezieht sich vielmehr auf eine Ansammlung von Jungkrähen, Nichtbrütern und vielleicht auch Reviervögeln der Rabenkrähe nach der Brutzeit, wie sie sich ab Spätsommer bei ausreichendem Nahrungsangebot bildet. Also sicher eine vorübergehende Erscheinung, die sich bei besserer Organisation der Abfallentsorgung ohnehin erledigen würde.

Die komplizierte Sozialstruktur einer Rabenkrähen-Population hat sich im Unterschied zu vielen irrtümlichen Vermutungen immer noch nicht herumgesprochen[5, 6, 10]. Das Städtische Kreisverwaltungsreferat geht von *„mehreren tausend"* Rabenkrähen in der ganzen Stadt aus, setzt der Artikel noch einen drauf. Was ist das schon in einer Millionenstadt? 9 bis 13 Rabenkrähen, zur Brutzeit wohl eher nur die Hälfte, im Vergleich zu mehr als 4 660 Einwohnern pro Quadratkilometer. Natürlich hat man auch die Lösung des Problems im Aktenordner: *„Krähen sind außerhalb der Schonzeit vogelfrei"*. Offenbar aber nicht, man möchte ihre Freiheit kräftig beschneiden. Ganz abgesehen davon übergeht der locker dahin geschriebene Satz alle einschlägigen gesetzlichen Bestimmungen von EU bis Kreisverwaltung. Und der Parkchef meint: *„In Zeiten von Terror, IS und Amok käme es nicht gut an, wenn einer mit dem gezogenen Gewehr durch den englischen Garten laufen würde."* Glück für die Krähen.

Ein Artikel dieses Zuschnitts einer seriösen Tageszeitung im zweiten Jahrzehnt des 21. Jahrhunderts unterscheidet sich höchstens in der Scheu vor bewaffnetem Einsatz gegen das schwarze Gelichter von vergleichbaren Druckerzeugnissen, die vor etwa hundert Jahren die Öffentlichkeit bei ganz anderer Rechtslage und biologischem Wissen informierten. Natürlich ist auch wieder von geplünderten Vogelnestern und dem Verschwinden der Singvögel die Rede, für die man Krähen verantwortlich macht. Aber um der Wahrheit die Ehre zu geben: Im Bericht kommt auch ein Sprecher des Landesbundes für Vogelschutz (LBV) zu Wort, der einiges zurechtrückt. Immerhin, mit kulant gerechnet vier bis fünf Irrtümern als Folge von Ignoranz, schlampiger Recherche und vielleicht auch vorsätzlichem Sensationsjournalismus ist der Informationswert einer dreiviertel Zeitungsseite durchaus begrenzt, Stimmungsmache allerdings garantiert. Sollte damit aber eine aktuelle Diskussion angestoßen werden, wäre dem Verfasser eines kritischen Zeitungsartikels zuvor das Studium leicht zugänglicher Faltblätter von Verbänden des Vogelschutzes, aber auch der Jagd, zu empfehlen [11, 12, 13].

Das Problem in der Debatte: Die entscheidenden Fragen im „Rabenvogelproblem" sind nicht mit klarem ja oder nein zu beantworten und damit zu erledigen. Die Geschichte lässt sich auch nicht mit ein paar kurzen Sätzen erzählen[5]. Drei Themenkreise bilden den Kern: (1) Sind Krähen und Elstern für den Rückgang anderer Vögel verantwortlich und welche sonstigen Schäden gehen auf ihr Konto? (2) Haben sie stark zugenommen, sodass sie im Sinne des Naturschutzes oder als Störfaktor für den Menschen dezimiert werden müssen? (3) Wenn ja, ist der immer noch von bestimmten Kreisen geforderte und von Jagdberechtigten praktizierte Abschuss denn auch eine wirksame Methode, Schäden oder die Zahl potenzieller „Schädlinge" zu verringern?

Im Jahr 1988 konnte ich Studenten der Universität Göttingen vortragen: *„Bisher ist kein überzeugender Beweis dafür vorgelegt worden, dass Rabenvögel in Mitteleuropa einen essentiellen Beitrag zum Verschwinden einzelner Arten geliefert haben"*[5]. Das war sehr vorsichtig und allgemein ausgedrückt, um möglichen Irrtümern oder fundierten Gegendarstellungen auszuweichen. Aber eine solche Äußerung war nötig, um den unbewiesenen Behauptungen, Krähen wären Schuld am Rückgang von Artbeständen, etwas entgegenzusetzen. Inzwischen ist die Forschung weiter. Doch ist das Thema bis heute emotional aufgeladen. Wissenschaftlich unzulässige Pauschalierungen sowie handfeste Irrtümer auf beiden Seiten des Für und Wider erhitzen die Diskussion.

Die Ursachen der über Generationen bis heute andauernden Debatte sind komplex. Es ist methodisch äußerst kompliziert, wissenschaftlich seriöse Unterlagen für Schuldzuweisungen oder Entlastungsplädoyers zu erarbeiten. Immer wieder melden sich „Fachleute" zu Wort, die keine Ahnung vom aktuellen Stand von Ökologie und Populationsbiologie und der Bewertung von Forschungsergebnissen haben. Neben Sachargumenten spielen Emotionen eine entscheidende Rolle. Und schließlich sind praktische Erfahrungen und die daraus abzuleitenden Schlussfolgerungen entscheidend von Datenqualität und -menge und vom Maßstab der Betrachtung abhängig. Wie so oft verengt auch der viel zitierte gesunde Menschenverstand die Sicht. Man muss, um Irrtümer zu beseitigen, wohl oder übel die Teilprobleme einzeln aufdröseln und nacheinander abhandeln.

Wie ernähren sich Rabenkrähe und Verwandte?

Auf der Speisekarte von Rabenkrähen und Elstern steht so gut wie alles, was für die Vögel erreichbar und genießbar ist, vom Abfall über Getreidekörner, Beeren, Spinnen, Insekten, Regenwürmer bis zu Eiern und Nestlingen oder kleinen Säugetieren[6]. Sorgfältige Nahrungslisten mit quantitativen Angaben enthalten oft nur winzige Prozentanteile von Vogeleiern oder Nestlingen[7], sind aber in der Regel nur für bestimmte Orte und Zeitfenster repräsentativ und lassen sich daher kaum verallgemeinern. Allesfresser haben es relativ leicht, sich auf unterschiedliches Nahrungsangebot einzustellen. Das bedeutet grundsätzlich große Vielfalt in der Nahrungswahl, aber für lernfähige Vögel auch rasche Fokussierung auf lohnende örtliche Angebote. Opportunistisches Nutzungsmuster von Vielfalt statt enge Spezialisierung auf ein bestimmtes Ziel ist das Konzept.

Das Angebot an Vogelbruten hat sich für optisch orientierte Nestplünderer durchaus verbessert. Nicht, weil es mehr Vögel gibt, sondern weil optimale Neststandorte durch Eingriffe und Störungen des Menschen immer rarer werden. Das gilt vor allem für landwirtschaftlich genutzte Flächen und für Wälder, die zu Forsten wurden, aber leider auch für die Masse der liebevoll gepflegten Gärten. Sichere Neststandorte sind für das Überleben von Vogelpopulationen von entscheidender Bedeutung[8]. Dass Ausstattung des Lebensraums ein Sekundäreffekt sein soll, wie man das in einem Informationsblatt des Deutschen Jagdverbandes lesen kann[11], ist natürlich ein gefährlicher Irrtum. Struktur und Eigenschaften des Lebensraums sind von grundlegender Bedeutung für das Überleben von Populationen. Hinzu kommt, dass in fast allen Lebensräumen vor allem während der Fortpflanzungszeit Störungen enorm zugenommen haben. Krähen und Elstern profitieren davon, weil sie durch gestörte und erregte Nestbesitzer vielleicht erst auf Bruten aufmerksam gemacht werden und sich dann rasch bedienen können. Kleinvögel haben kaum eine Chance, die größeren Beutefeinde zu vertreiben. Doch sind nicht alle potenziellen Opfer Krähen und Elstern hilflos ausgeliefert, sie können die gefährlichen Eindringlinge durchaus vertreiben, Kiebitze etwa oder Uferschnepfen. Aber auch Wacholderdrosseln verfügen über wirksames Abwehrverhalten.

„Spezialisierung" auf Vogelnester wird Rabenkrähen und Elstern auch dann oft nachgesagt, wenn sie nichts anderes tun, als eine sich bietende Gelegenheit rasch auszunützen. Krähen und Elstern sind also dann nur Vollstrecker in einer Situation, für die sie nichts können. Allerdings bringt diese durch viele Bespiele belegte Einsicht keine Entschärfung in der „Rabenvogelproblematik", in der vorgefasste Irrtümer leider häufig Sachargumente ersetzen. Und es verbessert sich durch Verlagerung von Schuldzuweisungen ja auch nicht die Lage der Opfer. Wie so oft muss nach üblichem Handeln, einem Eingriff des Menschen, eine weitere Handlung, hier die Krähentötung, folgen, auch wenn man den Begriff Nachhaltigkeit gern im Munde führt.

Wie hoch sind die durch Krähen und Elstern verursachten Verluste und Schäden?

Auch geringe Anteile von Eiern und Jungvögeln in sorgfältig ermittelten Nahrungslisten sind als Entwarnung kaum brauchbar, da sie einen vorübergehenden hohen Beutedruck auf einzelne Brutvögel keineswegs ausschließen. Das kann sich in einem kleinen Areal, etwa in einem Schutzgebiet für bestimmte Arten, durchaus fatal auswirken. Außerdem berücksichtigt der Blick auf Beutelisten nur die Seite des Jägers, nicht die Situation seiner Beute. Sie angemessen zu berücksichtigen ist außerordentlich kompliziert und daher mühsam, will man nicht einer der vielen Fehlermöglichkeiten aufsitzen und Irrtümer als Argumente in die Debatte bringen.

Nester zu suchen und ihr Schicksal zu verfolgen ist zumindest bei den meisten Vogelarten sehr zeitaufwendig und birgt die Gefahr, selbst als Störfaktor oder zum Wegweiser für tierische Nestplünderer zu werden. Außerdem wird man gut versteckte Nester weniger leicht finden als leichter zu entdeckende, die auch bevorzugte Ziele potenzieller Nesträuber sind. Schließlich wird man vom Ei bis zum Ausfliegen der Nestlinge kaum alle Stadien des Nestinhalts in gleicher Häufigkeit kontrollieren können. Diese Umstände ziehen in der Regel erhebliche statistische Fehler nach sich. In vielen Fällen ist es auch sehr schwierig, anhand der Spuren auf den Nesträuber zu schließen. Selbst für die Nester der offen brütenden Wiesenvögel, wie Kiebitz, Uferschnepfe oder Brachvogel, sind nach eingehenden Untersuchungen und einem Bestimmungsschlüssel nur grobe Zuordnungen zu Gruppen, wie Wildschwein, Marderartige oder Vögel möglich[9].

„Die Forschung hat noch einiges nachzuholen" erlaubte ich mir in dem schon erwähnten Seminarvortrag vor angehenden Wildbiologen 1988 zu fordern[5]. Leicht gesagt, aber mittlerweile hat sich ein neues Kapitel der Forschung aufgetan, nämlich Einsatz von Hightech. Eine Methode setzte bei bodenbrütenden Wiesenvögeln kleine Thermologger ein, die so am Nest angebracht waren, dass sie den brütenden Vogel nicht störten. Durch Temperaturabfall in einer lückenlosen Messreihe kann ermittelt werden, wann ein Nest aufgegeben, das Gelege also verschwunden oder zerstört wurde. Die später am Computer ausgelesenen Werte ergaben, dass in Gebieten mit hohen Eiverlusten 70 bis 90 Prozent der geraubten Gelege in der Dunkelheit verschwunden waren. Da sind keine Krähen und Elstern aktiv, aber Raubsäuger, allen voran wohl Füchse. Krähen griffen untertags an, Kiebitze konnten die meisten von ihnen jedoch vertreiben[14]. Auch

bei hohen Krähendichten ließ sich kein wesentlicher Einfluss von Rabenkrähen auf den Schlüpferfolg bodenbrütender Vogelarten feststellen[15,16]. Bisher hatten Naturschützer in der Bedrohung der Nester von gefährdeten Wiesenbrütern vor allem Krähen im Visier, man muss also umdenken.

Weitere moderne Ansätze sind Videomonitoring und Nestkameras. Ihr Einsatz bedarf sorgfältiger Projektplanung, die Ergebnisse müssen im Zusammenhang mit anderen den Bestand einer Population regulierenden Faktoren gesehen werden. Die Forschungen zum Schutz der hochgradig gefährdeten Uferschnepfe haben mittlerweile eindrucksvolle Belegfotos für nächtliches Treiben an den offenen Nestern geliefert, die man auch außerhalb der streng wissenschaftlichen Literatur einsehen kann[17]. Eine stattliche Reihe von Untersuchungen mit Ergebnissen von Kameraüberwachungen ist jetzt veröffentlicht.

So flogen im Gebiet um den Bodensee unter 193 Nestern der Mönchsgrasmücke in 88 Junge aus[18]. Das ergibt einen Bruterfolg von etwa 45 Prozent, ein relativ günstiger Wert. Man muss für viele Vogelarten, darunter vor allem für Kleinvögel mit hoher jährlicher Jungenproduktion, als Richtwert kalkulieren, dass mehr als die Hälfte der Brutversuche durch Einwirkung von Nesträubern fehlschlagen[8]. Von 126 Nestern, die mit Video überwacht wurden, waren 67, also 53 % erfolgreich; eine Störung durch Videokameras konnte ausgeschlossen werden. Vier Bruten waren wegen Hagels und anhaltenden Regens erfolglos, zwei durch Störungen bei Mäharbeiten, sechs durch andere Störungen. Insgesamt gingen 76 Prozent der Verluste auf das Konto von mindestens 8 verschiedenen Nestplünderern, an der Spitze der Eichelhäher, ferner Rabenkrähe, Waldkauz, Fuchs, Steinmarder, Mauswiesel, Wildschwein und Mäuse.

Beim Grauschnäpper in Südengland standen ebenfalls Eichelhäher an der Spitze der Nesträuber. Erwischt wurden aber auch Hauskatze, Buntspecht, Mäusebussard, Sperber und Dohle[19]. Schließlich entdeckte man an 171 Nestern von Mönchsgrasmücke, Singdrossel, Amsel, Goldammer und Buchfink in Tschechien als Haupttäter den Baummarder, gefolgt von Eichelhäher, Mäusebussard und Buntspecht und einigen anderen. Nebelkrähen, die hier unsere Rabenkrähe vertreten, waren trotz ihrer Häufigkeit nur mit weniger als ein Prozent an den Nesträubereien beteiligt. An mindestens drei Prozent der Nester machte sich mehr als ein Nesträuber zu schaffen[20].

Sind die festgestellten Verluste durch Krähen und Elstern für Bestandsrückgänge verantwortlich?

Die eben kurz geschilderten Beispiele, in die viel Forscherarbeit investiert wurde, sind Einzelfälle, die nicht einfach hochgerechnet oder großzügig verallgemeinert werden dürfen. Sie können von Krähenverteidigern wie -gegnern bei geschicktem Drehen und Deuten als „Argumente" für ihren Standpunkt verwendet werden. Entscheidend ist die Erkenntnis solcher Feldstudien, dass die Dinge viel komplizierter sind als man meinen möchte und durch simple Vereinfachungen Irrtümer produziert und vertieft werden. Auch hat es wenig Sinn, Einzelfälle als Argumente des Für und Wider herauszupicken. Positionspapiere vermitteln dann zwar den Eindruck sorgfältiger Recherche, können damit aber entscheidende Fragen nicht beantworten[11].

Gefährdung lokaler Vorkommen einzelner Arten, ob Singvögel, Wiesenbrüter oder Niederwild, durch Krähen, Elstern oder Eichelhäher ist, das muss eingeräumt werden, immer möglich. Auch solche Fälle können aber nicht hochgerechnet oder pauschaliert werden, will man die Realität nicht vergewaltigen. Nestverluste von Vögeln sind in einer vom Außenstehenden oft nicht erahnten Höhe normale Größen der Selektion und daher gewissermaßen einkalkuliert. Für die Erhaltung einer Population ist maßgebend, wie viele Individuen bis zur eigenen Fortpflanzung überleben. Für manche Arten ist Nestraub daher weniger entscheidend als die Zahl der flüggen Jungen, die wegsterbende Altvögel in der kommenden Generation ersetzen. Daher sind alle Verlustfaktoren in verschiedenen Stadien des individuellen Lebens, an denen Rabenvögel immer beteiligt sein können, ein Beitrag, die Situation einer Population zu beurteilen.

Bei vielen Arten haben Nestverluste oder Fressfeinde auch deshalb keine entscheidende Bedeutung für Bestandszahlen, weil auch der Gejagte gegenüber dem Jäger seine Chancen hat. Ausgleich von Verlusten durch Nachgelege oder geringere Konkurrenz mit Artgenossen um wichtige Ressourcen und daher bessere individuelle Überlebenschancen sind verbreitete Möglichkeiten. Und bei allen Überlegungen wird oft übersehen, dass individuelle Fitness (S. 103) in der Regel sehr ungleich über eine Population verteilt ist.

Ein weiterer Aspekt macht die Diskussion noch eine Stufe komplizierter: Es könnte nämlich sein, dass ein potenzielles Opfer mit seinem Neststandort in der Nähe der Brut eines Beutefeindes auch dessen Schutz genießt. Das jedenfalls schließen israelische Forscher aus ihren Ergebnissen mit Nistkastenbruten von Haussperlingen und Turmfalken[21]. Zumindest in menschlichen Siedlungen sind die als typische Mäusejäger angesehenen Turmfalken zu geschickten Vogeljägern geworden[22]. Die räumliche Nähe zu Turmfalkenbruten könnte Haussperlingsnester vor anderen Nesträubern schützen, etwa vor Rabenkrähen, die von Turmfalken verjagt werden. Das wäre also eine Wahl des kleineren Risikos. Wenn sie auf Dauer erfolgreich ist, kann man darin eine Anpassung sehen.

Mittlerweile lässt sich ein dickes Buch füllen allein mit Berichten über Beobachtungen und Untersuchungen zu Verlusten, die auf das Konto der Krähenverwandten gehen. Einige Autoren haben sich die Mühe einer kritischen Auswertung gemacht. Jochen Bellebaum wertet allein für die Beurteilung der Gefährdung bodenbrütender Vögel Deutschlands durch Nesträuber über 130 wissenschaftliche Studien aus[23] und einige Jahre später zusammen mit Torsten Langgemach[16] in einer grundlegenden Synopse nicht weniger als 237. Die Experten kommen zum Schluss, dass Rabenvögel keinen wesentlichen Gefährdungsfaktor darstellen. Das gilt auch für die Großmöwen, die vor allem an der Küste als Gefahr für Seevogelkolonien in Schutzgebieten in Betracht kamen und mittlerweile auch ins Binnenland eingewandert sind und dort zugenommen haben, wie etwa die Mittelmeermöwe. Sie könnte allerdings manchen sorgsam geschützten kleinen Seeschwalbenkolonien durchaus gefährlich werden.

Sehr wahrscheinlich haben aber seit etwa 1990 Verluste durch Raubsäuger, vor allem durch Füchse, zugenommen und nach mehreren Studien in einigen Fällen auch ein Ausmaß erreicht, das Bestände von bodenbrütenden Vögeln gefährdet. Diese Entwicklung könnte damit zusammenhängen, dass Fuchspopulationen nicht mehr durch Tollwut dezimiert werden. Da viele Kleinsäuger aus der Flur verschwunden sind, könnte sich auch die Nahrungswahl der Füchse verändert haben. Raubsäuger spielen als Verlustursache bei Hühnervögeln, Watvögeln und den letzten Restbeständen der Großtrappe sicher eine Rolle. Bodenbrütende Singvögel sind weniger betroffen und auch in dichten Kolonien von Seeschwalben und Möwen sind Eier vor Raubzügen besser geschützt.

Eine gefährliche Entwicklung zeichnet sich auch in Schutzgebieten für bodenbrütende Vögel ab, die gewissermaßen Nahrung für Raubsäuger produzieren. Unbestritten ist, dass Drainage von Feuchtwiesen Brutplätze von Brachvogel, Kiebitz, Uferschnepfe oder Rotschenkel, mehr Gefahren aussetzt, weil jetzt Füchse trockenen Fußes zu den Nestern gelangen können. Bei Enten und Gänsen dürfte entscheidend sein, wo die Nester liegen und wie gut sie versteckt sind. Der Komplex wichtiger Faktoren ist jedoch noch immer nicht genau bekannt. Eine wichtige Rolle spielen Dynamik und Struktur des Lebensraums, Ausmaß und Muster an Störungen und Einwirkungen auf das Wasserregime. Für Jagd- und Forstbetrieb müssen nicht nur Bestand und Dynamik von Raubsäugern, wie Marderarten und Fuchs, sondern auch die Bestände von Kleinsäugern von Interesse sein, weil sie oft das Grundnahrungsmittel der unerwünschten Beutefeinde liefern.

Ein moderner Ansatz, Nest- und Jungvogelverluste nachhaltig zu verringern, kann nach allen Erfahrungen nicht drum herumkommen, bei den Eigenschaften des Lebensraums und seiner Bewohner anzusetzen und großflächig zu denken und zu handeln. Vieles muss man allerdings erst kleinräumig und am besten in Schutzgebieten untersuchen und erproben[16]. Da mittlerweile nicht nur Uferschnepfe, Großer Brachvogel oder Kiebitz auf landwirtschaftlich genutzten Flächen gefährdet sind, sondern auch viele bisher allgemein verbreitete und häufige Kleinvögel abgenommen haben, sind konkrete Überlegungen zur Verminderung des Prädationsrisikos eine komplexe Aufgabe modernen Vogelschutzes geworden.

Eine globale Übersicht über Auswirkungen von Rabenvögeln auf den Bestand anderer Vogelarten legte kürzlich ein internationales Autorenteam vor, das 42 wissenschaftliche Arbeiten mit insgesamt 326 eindeutig ermittelten Zusammenhängen zwischen Kolkrabe, Krähen, Elstern und einer potenziellen Beuteart kritisch auswertete[24]. Dabei ging es nicht nur um Beobachtungen und Ermittlung statistisch gesicherter Wechselbeziehungen (Korrelationen), die ja noch keine ursächlichen Zusammenhänge beweisen, sondern auch um experimentelle Ansätze. Die Ergebnisse werden unter zwei Zielgrößen eingeordnet, nämlich Veränderung der Häufigkeit, Größe der Brutpopulation oder Nestdichte und Veränderung der Produktion, also Erfolg einer begonnenen Brut oder Brutgröße. In 81 Prozent der genau untersuchten Fälle ließ sich weder ein Einfluss auf Häufigkeit noch auf Produktion feststellen. Negative Folgen waren in den restlichen Fällen für die Produktion mit 41 Prozent deutlich häufiger als für die Häufigkeit mit 10 Prozent. Besonders interessant sind experimentelle Eingriffe: Entfernte man nur alle Rabenvögel, gab es lediglich bei 16 Prozent der Fälle einen positiven Einfluss auf die Produktivität, dehnte man diese Eingriffe auch auf andere Nesträuber aus, war der Erfolg in 60 Prozent erkennbar.

Daraus ist zu schließen, dass der Einfluss der Rabenvögel kleiner ist als der anderer Nesträuber, aber auch, dass die Wegnahme nur von Rabenvögeln möglicherweise die Wirkung der anderen Interessenten vergrößerte, gewissermaßen einen kompensatorischen Einfluss auslöste. Das oben erwähnte Beispiel von Haussperling und Turmfalke würde hierher passen. Was die Verluste anbelangt, gab es zwischen den verschiedenen Vogelgruppen keine grundsätzlichen Unterschiede. Krähen übten einen deutlich größeren Effekt auf die Produktion von Beutearten aus als Elstern, für beide war die Wirkung auf die Häufigkeit aber gleich. Die Autoren schließen aus ihren umfassenden Auswertungen, dass Rabenvögel zwar auf andere Vogelarten negativ einwirken können, das Ausmaß jedoch ganz allgemein gering ist und die Produktion fünf Mal mehr betrifft als die Häufigkeit. Daher ist es in den meisten Fällen unwahrscheinlich, dass Vogelpopulationen von Rabenvögeln in ihrer Größe begrenzt werden. Artenschutzmaßnahmen sollten sich daher besser auf andere begrenzende Faktoren konzentrieren. Die relativ wenigen Fälle, in denen eine negative Einwirkung von Rabenvögeln wahrscheinlich ist, sollten genauer untersucht werden, vor allem auch solche, die ökonomische Probleme betreffen.

Haben Krähen und Elstern zugenommen, sodass sie „reguliert" werden müssen?

Auch wenn die negative Wirkung von Krähen und Elstern auf andere Vögel nach seriösen Untersuchungen kleiner ist als vermutet und behauptet, bleibt die Frage, ob eine rasante Zunahme der potenziellen Nesträuber die Situation nicht doch rasch ändert oder längst verändert hat. Für die Rabenkrähe meldet der Atlas deutscher Brutvögel langfristig eine positive Bestandsentwicklung und in letzter Zeit leichte Zunahme. Für die Elster wird langfristig der Bestand als stabil eingestuft, kurzfristig nehmen die Bestände ab. Die Brutbestände liegen bei der Rabenkrähe bei über 600 000 Paaren; Elstern brüten wohl mit mehr als 370 000 Paaren in unserem Land. Solche Zahlen bedeuten nur grob geschätzte Größenordnungen und wollen nicht viel besagen. Aufschlussreicher sind Angaben zur Siedlungsdichte, die bei der Rabenkrähe im offenen Land oft kaum mehr als ein Revierpaar pro Quadratkilometer beträgt, bei der Elster vor allem im Grün von menschlichen Siedlungen aber auch mehrere Paare pro zehn Hektar erreichen kann[25].

Aus der Sicht von Städtern und vor allem Gartenbesitzern sieht die Entwicklung allerdings anders aus. Der subjektive Eindruck, Elster und Krähe hätten sich vermehrt und werden immer dreister, ist sicher nicht falsch. Beide Arten, im Unterschied zum Eichelhäher keine ausgesprochenen Waldvögel, waren ursprünglich in offenen und halboffenen Landschaften zu Hause. In der ausgeräumten Agrarlandschaft von heute sind geeignete Brutplätze weithin verschwunden und auch die Ernährung bleibt nicht mehr das ganze Jahr über gesichert. Einwanderung in menschliche Siedlungen war eine Folge, sodass heute Dichtezentren der beiden Arten dort liegen, wo auch die Einwohnerdichte hoch ist.

Mit der Verstädterung haben Elstern und Krähen ihre Fluchtdistanz gegenüber Menschen verringert. Rabenkrähen fliehen außerhalb menschlicher Siedlungen bereits bei größerer Entfernung vor Menschen als innerhalb. Die Fluchtdistanzen nehmen sogar mit zunehmender Einwohnerzahl der Städte ab. Eine Ursache liegt wohl darin, dass sich auf bebauten Flächen viel mehr Verstecke in erreichbarer Nähe befinden als auf dem offenen Land[26]. Flexible Reaktion auf Änderungen und Vorgänge in der Umgebung sowie Auswertung von Erfahrungen haben die intelligenten Vögel zu Städtern werden lassen, Pendlerverkehr inbegriffen.

Schwarze Vögel sitzen auf Dächern und „lauern auf Beute", spazieren „unbekümmert und frech" auf Grünflächen im Park nahe viel begangener Gehwege herum, machen sich über Biergärten her oder fischen sich ganz ungeniert einen Brocken aus einer offenen Mülltonne. In manchen Städten machen sich Krähen damit als Schmutzverteiler unangenehm bemerkbar und so denkt man in München laut Zeitungsbericht über „krähensichere" Mülleimer nach[37]. Das ist ohne Zweifel der effektivere Weg, ein Problem zu lösen, als einer „Regulierung" (was immer man darunter verstehen mag) der Bestände das Wort zu reden. Elstern schäckern ständig in vielen Gärten, übrigens auch mittlerweile als beliebte Geräuschkulisse, wenn im Fernsehspiel Kommissare einen Zeugen oder Verdächtigen in seiner Villa heimsuchen.

Aber nicht nur das. Große Schwärme schwarzer Vögel sammeln sich auf frisch gemähten größeren Grünflächen, um Kleintiere aus dem Boden zu holen. Kleinere und größere Krähentrupps fliegen Tag für Tag zu bestimmten Zeiten in einer Richtung übers Haus und geben Rätsel auf. Die Vögel sammeln sich an einem gemeinsamen Schlafplatz, von dem sie am Morgen wieder in die Umgebung ausschwärmen. In den Wintermonaten vermehren sich in manchen deutschen Großstädten schwarze Vögel erheblich. In der Regel handelt es sich um Saatkrähen, die aus Ost- und Nordosteuropa zur Überwinterung eingetroffen sind. Ihre Zahl hat sich mancherorts mittlerweile allerdings deutlich verringert, da viele wahrscheinlich nicht mehr so weit nach Westen ausweichen, sondern weiter im Osten und Norden überwintern[27,28]. Eine Abnahme östlicher Brutbestände ist weniger wahrscheinlich. Saatkrähen brüten auch bei uns, und zwar im Unterschied zu Rabenkrähen in Kolonien, die als Lärmquellen in menschlichen Siedlungen denkbar unbeliebt sind. Auch machen die Vögel dem Landwirt Kummer, weil sie mitunter in Scharen auf frisch bestellte Felder einfallen und keimende Saat aus dem Boden ziehen. Aber als Räuber von Vogelnestern betätigen sie sich nicht. Aus der hier stark vereinfachten und auf wenige Details beschränkten Diskussion ergibt sich bereits, dass Versuche, regulierend einzugreifen, zumindest schwierig werden, wenig Erfolg versprechen und pauschal gesehen vielfach nicht gerechtfertigt sind.

Sind Tötungsversuche ein geeignetes Mittel der „Regulation“?

Will man weniger Krähen an einem Ort sehen, wird der Ruf nach Regulierung laut. Regulieren bedeutet, etwas nach bestimmten Gesichtspunkten ordnen, für einen festen Ablauf sorgen, sodass die Dinge in ordnungsgemäßen Bahnen verlaufen[29]. Im Falle der Krähen geht es darum, dass man weniger haben möchte, also um Dezimierung oder Verringerung ihrer Menge. Regulierung hört sich aber besser an als Dezimierung oder gar Beseitigung. Oft will man nur unerwünschte Konzentrationen von Vögeln an einem Ort verhindern, also spricht man von Vergrämung. Aber die wiederum ist in den meisten Fällen nichts anderes, als ein Sankt-Florians-Manöver. Rabenkrähen im Jagdrevier, Kormorane am Fischgewässer, weidende Gänsescharen auf der Grünfläche oder Starenschwärme in Obstanlagen werden anderen zugetrieben nach dem Motto „Heiliger St. Florian, schütz mein Haus, zünd andre an“. Da spricht man weltmännisch modern lieber von Managementmaßnahmen. Bei der Hatz auf unerwünschte Einzelgänger, derzeit bei Luchs und Wolf, aber immer noch für Greifvögel aktuell und erschreckend häufig illegal praktiziert, ist der vornehm verharmlosende Begriff „Entnahme“ in Mode gekommen.

Wie auch immer man das Problem sprachlich unters Volk bringt und eventuellen Gegnern einer Maßnahme ihre Argumentation verwässert, die Frage ist, führen Abschuss oder Fang, also Entnahme, überhaupt zum Ziel? Der Zeigefinger am Drücker ist auf jeden Fall kein geeignetes Mittel der Regulation, denn der Abschuss reguliert nicht. Er kann die Fluchtdistanz wieder vergrößern oder vorübergehend erreichen, dass an unerwünschtem Ort Individuen zumindest vorübergehend verschwinden, also lokal dezimiert und vergrämt werden. Das könnte für zeitlich und räumlich begrenzte Probleme, wenn es denn wirklich welche sein sollten, eine meist allerdings nur vorübergehende Lösung bedeuten. Eine Bestandsregulierung oder klar gesagt -dezimierung wird dagegen nicht erreicht, obwohl in Mitteleuropa jährlich hunderttausende, in Europa weit über eine Million und in einzelnen Bundesländern immerhin noch zehntausende Raben- und Nebelkrähen jährlich getötet werden[30,31,32].

Wenn man Tierpopulationen regulieren möchte, muss man sich zuerst mit den jeweils wirksamen Regulationsmechanismen auseinandersetzen, bevor man zur Flinte greift. Zum Grundverständnis zählt, dass Individuen nicht einfach Stückzahlen sind, wie das in der Jägersprache heute oft noch ausgedrückt wird. Die Bedeutung für die Erhaltung einer Population kann über die Individuen ganz unterschiedlich verteilt sein und so entstehen *„krasse Unterschiede der individuellen Lebensbilanz"*[33,34]. Es gibt viele Fälle, in denen Verfolgung durch den Menschen Vogelbestände zur Abnahme und schließlich zum Erlöschen führte. Soweit dabei nicht noch andere Umstände als Bejagung, die in früheren Zeiten oft sehr rücksichtslos vonstattenging, am Niedergang mitwirkten, handelte es sich in der Regel um Vogelarten mit von Natur aus geringer Individuenzahl pro Fläche, deren Fortbestand auf langer individueller Lebensdauer, aber geringer jährlicher Vermehrungsrate beruht. Diese Strategie der Natur machte Steinadler, Bartgeier, Uhu oder Seeadler anfällig gegenüber menschlicher Verfolgung, brachte aber auch Artenschutzerfolge unter strengem gesetzlichen Schutz.

Für die Rabenkrähe führt die einfache Rechnung, konsequente Bejagung würde eine Dezimierung der Bestände bewirken und daher zu einem Schutz von Niederwild, Wiesenbrütern oder Singvögel führen, nicht zum erwünschten Ergebnis. Die Flinte sorgt nämlich dafür, dass Regulationsmechanismen außer Kraft gesetzt werden, wirkt also, wenn man Abschießen tatsächlich als produktiv bewerten möchte, kontraproduktiv. Das hängt wiederum mit der komplizierten Sozialstruktur und Dynamik einer Population der Rabenkrähe zusammen, über die schon viel geschrieben worden ist [6,10,30,31]. Kurz zusammengefasst sind zwei Krähenkategorien zu unterscheiden. Über die Landschaft verteilt leben Dauerpaare, die ein Revier besitzen und es gegen andere Individuen ihrer Art so gut wie das ganze Jahr über verteidigen. Nur diese Vögel bauen Nester und brüten, können also für die Vermehrung sorgen. Die übrigen bleiben ohne Revier und schließen sich zu Gruppen und Schwärmen von Nichtbrütern zusammen, die umherstreifen und geeignete Nahrungsplätze suchen. Diese Nichtbrüterschwärme erwecken oft die Furcht, Krähen könnten sich stark vermehrt haben. Revierlose Nichtbrüter können nur dann auch zu einer Brut kommen, wenn es ihnen gelingt, einen Platz als Partner eines Revierbesitzers zu ergattern. Im Übrigen sind Nichtbrüter für Brutvögel nicht ungefährlich, denn sie plündern die Nester der eigenen Art. Nichtbrüter stören also territoriale Brutpaare. Vergrößert sich ihre Zahl, verringert sich der Bruterfolg.

Werden also Nichtbrüter durch die Jagd dezimiert, ist zu erwarten, dass der Bruterfolg der Revierpaare steigt. Erwischt die Jagd aber Reviervögel, wächst die Chance für Nichtbrüter, zur Fortpflanzung zu kommen. Das hier nur stark vereinfacht dargestellte Sozialgefüge macht klar, dass Bejagung nicht oder zumindest nicht nachhaltig Rabenkrähen dezimieren kann und damit potenziellen Opfern hilft, vielleicht sogar negative Wirkung zeigt. Konsequente und intensive Bejagung zieht nämlich immer Kollateralschäden nach sich, wie unbeabsichtigte Beunruhigung oder Vergrößerung der Fluchtdistanz anderer Arten. Das kann dazu führen, dass manche potenziell geeigneten Lebensräume in unserer störungsbelasteten mitteleuropäischen Nutzlandschaft als Brutplatz gefährdeter oder schützenswerter Arten nicht mehr optimal genutzt werden können. Bei den Nichtbrütern, die einen weit größeren Aktionsradius nutzen als Reviervögel, ist der Erfolg lokaler Dezimierungsversuche auch als Folge der Beweglichkeit und Findigkeit der intelligenten Vögel oft in Frage gestellt, wenn sie nach dem Feuer aus den Läufen wieder erscheinen. In menschlichen Siedlungen, die als Brutplätze zunehmend in Frage kommen, können Krähen und Elstern ohnehin nicht mit der Waffe kurzgehalten werden.

Auf zwei Fragen ist noch kurz einzugehen. Die Sozialverhältnisse und die Vielseitigkeit von Rabenkrähen lassen sich nicht über alle irgendwann oder irgendwo unerwünschten Tierarten verallgemeinern. Also muss jeder Fall, in dem man sich Regulation mit der Flinte erhofft und daher fordert, sorgfältig überlegt und vor allem unter Berücksichtigung wissenschaftlicher Ergebnisse art- und lebensraumspezifisch entschieden werden. Die andere Frage beschäftigt sich damit, ob Krähenabschuss mit Veränderungen von Niederwild- und Vogelbeständen positiv korreliert ist, sich also Erfolge erkennen lassen, und ob starke Bejagung zum regionalen Rückgang von Krähenzahlen führen.

In einem Versuch mit Totalabschuss von Beutegreifern im Saarland war über sechs Jahre weder eine Zunahme des Feldhasen noch des Fasans zu erkennen[30]. Nach Massenabschuss hatte sich auf einer Teststrecke in Niederbayern über eine Monitoringperiode von 28 Jahren die Zahl der Krähen im Mittel etwa verdoppelt[35]. Das sind gut dokumentierte Hinweise dafür, dass die Ableitungen aus den Erkenntnissen des Sozialgefüges einer Rabenkrähenpopulation richtig sind. Sicher bedarf es noch mehr Forschung. Aber immerhin lässt sich gut begründet formulieren: Wenn ein Jäger beobachtet, wie eine Krähe einen Junghasen packt, kann er daraus nicht auf Gefährdung des Niederwildes schließen, auch wenn Feldhasen schwere Zeiten haben und im Bestand zurückgehen. Wenn ein Singvogelfreund den vogelleeren Garten beklagt, kann er das nicht alternativlos Elstern, Saat- und Rabenkrähen anlasten.

In der „zehnten, stark verbesserten Auflage" (1923) seines berühmten Buches über Vogelschutz ordnet Hans Freiherr von Berlepsch (1857-1933) Raben-, Nebel- und Saatkrähe sowie Eichelhäher in die Kategorie der unbedingten Feinde ein, die den zu schützenden Vögeln schädlich werden und meint, dieser Kategorie *„ist überall, wo es sich um Vogelschutz handelt, energisch entgegenzutreten"*[36] Es waren die Väter des Vogelschutzes, die nach damaligem Wissensstand viel dazu beitrugen, dass sich auch in den Köpfen von engagierten Naturfreunden ein Rabenvogelproblem festsetzte. Aber das ist nur eines der Probleme, die zu Irrtümern führen, wenn man belebte Natur in Kategorien einteilt, die sich Menschen ausgedacht haben.

Eisvogelpaar. Xylographie nach L. Beckmann, Gartenlaube um 1890

Fischen verboten: Kampf und Krampf am Wasser

Vögel und Fische oder richtiger Vögel und Fischer waren schon immer ein Thema, das für Streit, Frust, Enttäuschung, Sorge, aber auch für reichlich Ignoranz, Schwachsinn und vorsätzliche Täuschung sorgte und mit dem der Kormoran schließlich sogar hochpolitisch und damit zu einer glänzenden Kabarettnummer wurde[1]. Es ist also alles drin, wenn man von Eisvogel, Graureiher, Gänsesäger oder Kormoran spricht. Auch Möwen, Blässhühner und Wildenten wurden und werden immer noch großzügig zu Fischräubern oder zumindest Schädlingen der Teichwirtschaft gerechnet, während der einstmals so gefürchtete Haubentaucher etwas in den Hintergrund geraten zu sein scheint. 1919 beklagt Hermann Schalow (1852-1925) für die Mark Brandenburg *„vornehmlich die anmaßenden Interessen der Fischereiberechtigten und der Fischzüchter"* als Gefahr für den Fischadler[42]; auch Seeadler gerieten immer wieder – wörtlich genommen – unter Beschuss. Manche heißen Auseinandersetzungen sind zum Glück vorbei, können sich aber jederzeit wiederholen, wenn alte Irrtümer und Vorurteile wieder auftauchen und Gerüchte über „massive Schäden" die Runde machen. Die positive Seite des Streits um Fischschädlinge: Die Forschung hat sich des Themas „piscivore Vögel" intensiv angenommen und zu internationaler Zusammenarbeit gefunden, die auf hohem Niveau auch praktische Fragen zu beantworten hilft. Denn auch nicht alles, was Naturfreunde und Vogelschützer in die Debatte geworfen haben, hält sorgfältiger Prüfung stand.

Eisvogel: „König der Fischer“

Am frühesten scheint der Eisvogel die Folgen überstanden zu haben, als Fischereischädling gebrandmarkt zu werden. Als König der Fischer stufte ihn eine Presseschlagzeile zum Jahresvogel 2009 ein, offenbar in Anlehnung an seinen englischen Namen Kingfisher. Als „fliegender Edelstein“ in der mitteleuropäischen Vogelwelt hatte er schon immer eine treue Lobby unter den Naturschützern. Unterlagen und Hinweise über systematische Verfolgung an Teichwirtschaften gibt es vom 19. bis in die zweite Hälfte des 20. Jahrhunderts[2]. Die Zahlen müssen erheblich gewesen sein. Kurt Gentz (1901-1980) errechnete für fünf nordwestdeutsche Forellenzuchten von 1927-1930 nicht weniger als 723 umgebrachte Eisvögel[3].

Noch 1973, als der Eisvogel von NABU und LBV zum ersten Mal zum Vogel des Jahres gewählt wurde, war seine Verfolgung, in der Regel illegal, von Fischzüchtern, aber der bunten Federn wegen auch von Präparatoren und Sammlern, ein Thema. Bei der zweiten Wahl 2009 ging es nur noch um Impulse für den Gewässerschutz und die Erhaltung naturnaher Gewässer[4]. In der Tat waren für den großräumigen Rückgang der Bestände im wesentlichen Begradigung und Verbauung von Fließgewässern, Verbauung und Verrummelung der Ufer und Gewässerverschmutzung verantwortlich, also Eingriffe und Veränderungen allerorten, die Brut- und Jagdplätze des im Stoßflug fischenden Vogels vernichteten[5].

Dieser Entwicklung gewissermaßen aufgesetzt sind hohe Verluste in strengen Wintern, die in Extremfällen bis über 90 % gehen können und als natürliche Faktoren dem Brutbestand der Eisvögel eine ganz besondere Dynamik verleihen. Durch eine hohe Reproduktionsleistung in zwei bis drei Jahresbruten mit Möglichkeiten zu ineinander verschachtelten Bruten und verzwickten Paarungssystemen können solche Wintereinbrüche wieder ausgeglichen werden (S. 114 f.). Die Schlüsselfaktoren dieser Leistung sind, wie man neuerdings herausgefunden hat, wahrscheinlich erstaunlich geringer Energiebedarf der Nestlinge und Wahl energiereicher und relativ gesehen möglichst großer Beutefische als Futter, doch dauert eine Bestandserholung meist ein paar Jahre. Nach einer Stichprobe beträgt pro Männchen oder Weibchen die Lebensproduktion fast 10 flügge Junge[6], doch die individuelle Lebensdauer von erwachsenen jungen wie älteren Eisvögeln ist allerdings kurz bei einer jährlichen Sterblichkeit von über 70 %; nur wenige Eisvögel überleben vier Jahre[7].

Vom Jahrhundertwinter 1962/63 hatten sich die mitteleuropäischen Eisvogelbestände mindestens noch sieben bis zehn Jahre später nicht erholt[4,5]. Seither ist aber immerhin großräumig der Bestand stabil geblieben und hat zumindest in Deutschland um die Jahrtausendwende zugenommen. Diese Trendumkehr wird der Renaturierung von Fließgewässern und die Verbesserung von Wasserqualität und Nahrungsangebot zugeschrieben[8]. Dazu kommt wohl, dass extrem harte Winter ausgeblieben sind. Einzelaktionen zum Schutz von Brutplätzen und Erhaltung von Bodenstrukturen, in die Eisvögel ihre Neströhren graben können, haben zumindest regional zur Verbesserung der Situation beigetragen[9].

Eisvögel sind nie und nirgends häufig. Der jährliche Gesamtbestand für Deutschland wurde 2005 bis 2009 auf 9 000 – 14 500 Reviere geschätzt[8]. Meist liegen die Brutröhren an Flussufern mehrere Kilometer auseinander. In günstigen Flusslandschaften, wie am Rhein in Südbaden, betrug der Median zwischen zwei Nestnachbarn 750 m. Aber auch hier könnten mehr Paare brüten, wenn es denn geeignete Brutwände gäbe. Hochwässer verursachen Brutverluste, schaffen aber andererseits durch Uferabbrüche neue Möglichkeiten für den Bau von Niströhren[10]. Außerhalb der Brutzeit sind die Vögel Einzelgänger und verteidigen auch dann Reviere. Es wird also nirgends zu Zusammenballungen kommen, die den Fischertrag eines Gewässers entscheidend beeinträchtigen könnten. Die Hauptnahrung besteht aus Fischchen von vier bis sieben Zentimetern Länge. Natürlich könnte ein beharrlich ansitzender Eisvogel an einem Forellenzuchtteich die Eigentümer nervös machen. Aber Abwehr eines möglichen Schadens auf relativ kleinen, intensiv bewirtschafteten Gewässern ohne (illegale) Tötung ist wohl denkbar.

Der Wind hat sich mittlerweile für den als Bild einer wundervollen, schützenswerten Natur überall gern eingesetzten Vogel gedreht. Eine „Karpfenteichwirtschaft und Forellenzucht" im bayerischen Schwaben wirbt mit naturnah und umweltverträglich bewirtschafteter Teichanlage und verkündet: *„Wir haben alljährlich Besuch von Eisvogel, Schwarzhalstaucher…"*. Eine österreichische Firma mit Süßwasserfischen im Angebot hat sich gleich den Namen Eisvogel zugelegt. Der deutsche Angelfischerverband zeichnete 2015 bei seinem Jugendnaturschutz-Wettbewerb eine Jugendgruppe für Nisthilfen für den Eisvogel aus[11]. Damit könnte vorsätzliche Verfolgung der Fische wegen wohl der Vergangenheit angehören.

Graureiher: Noch einmal davongekommen?

Bis etwa 1960 gab es noch keinen Graureiher. In der offiziellen Artenliste der Vögel Deutschlands tauchte er 1964 in Klammern gesetzt unter dem fett gedruckten Fischreiher auf und im Handbuch der Vögel Mitteleuropas 1966 ist er noch der Fischreiher[12]. Wer sich von der mittlerweile erfolgreich durchgesetzten Namensänderung auch nur eine ganz bescheidene Veränderung der Einstellung gegenüber einem traditionell geächteten Fischräuber mit Hilfe der heute so hoch geschätzten political correctness erhofft hat, wird durch viele Veröffentlichungen eines Besseren belehrt. Die Mittelbayerische Zeitung berichtet im September 2014 zur Eröffnung der Karpfensaison *„auch Graureiher, Gänsesäger und Fischreiher dezimieren die Bestände"*, viele andere Internetperlen sprechen mit Fischreiher wenigstens nur von einer Art und eine der um den Gartenteich besorgten Firmen mit Reiherschreck im Angebot versucht es gar mit einem sprachlichen Spagat: *„lange Zeit war es still um den fischverspeisenden Graureiher, wie der Fischreiher auch genannt wird"*[13]. Verbalattacken auf den Fischräuber Graureiher über viele Jahrzehnte waren in gewisser Weise die Einstimmung auf das, was später dem Kormoran blühte.

Graureiher brüten in Kolonien. Das Schicksal der großen bestimmte auch meist die Bestandsdynamik über größere Flächen. Der historische Rückblick für Deutschland lässt verschiedene Phasen erkennen. Ende des 19. und Anfang des 20. Jahrhunderts kam es zu Rückgängen als Ergebnis der Verfolgung, in der Schweiz wäre der Brutbestand deshalb beinahe ausgestorben. Erst als 1926 der Graureiher unter Schutz gestellt wurde, konnte sich der Bestand dort einigermaßen erholen[14]. In Deutschland unterblieb die Verfolgung in Zeiten des Zweiten Weltkriegs, was offensichtlich zu kurzfristiger Bestandserholung führte. Zunahme der Verfolgung brachte dann aber wieder einen Einbruch, für den nicht nur größerer Jagddruck, sondern auch Lebensraumverlust durch Verbauung von Flusslandschaften und Vergrämung vor allem von der Fischereiwirtschaft verantwortlich gemacht wird. Dank allgemeiner ganzjähriger Schonzeit und Perioden milder Winter hat der Gesamtbestand in Deutschland seit den 1970er Jahren wieder zugenommen. Dies schließt allerdings deutliche Einbrüche in manchen Gebieten nicht aus[8]. Auch gibt es Einschränkungen im Graureiherschutz, in Bayern eine Schusszeit auf Flächen bis 200 Meter um Gewässer von Mitte September bis Ende Oktober und in einer Reihe von Bundesländern Sonderregelungen *„zum Schutz von Teichwirtschaften"*. Verharmlosend spricht man auch von Vergrämungsabschüssen. Immerhin stieg die Zahl der jährlich tot-vergrämten Graureiher in Bayern von 1985 bis 2016 von rund 500 auf etwa 6 500[15].

„Der Bestand des Graureihers ist während der gesamten Zeit seiner Erforschungsgeschichte überschattet von Abschuss und sonstigen Nachstellungen". Diese Erkenntnis, die Walter Wüst (1906-1993) 1981 für Bayern veröffentlichte, gilt also trotz Besserung der Situation auch heute noch. Allerdings ist der zur Bestätigung im Text folgende Satz, dass 66 Prozent von 184 Wiederfunden beringter bayerischer Graureiher als erlegt zurückgemeldet wurden, ein gut gemeinter Hinweis, aber kein statistischer Beleg für den tatsächlichen Aderlass[16]. Erlegte Ringträger geraten gezielt und damit ungleich häufiger in Menschenhand als irgendwo sonst umgekommene. Höchst unterschiedliche Wahrscheinlichkeiten von Fundumständen und geographischer Verteilung von Fundhäufigkeiten schränken die Aussagekraft der Vogelberingung außerhalb regelmäßig arbeitender Fang- und Kontrollstationen für die Beantwortung mancher Fragen erheblich ein, was nicht immer beachtet wird[18].

Wie hoch die immer noch stattfindende Verfolgung in den Brutbestand Mitteleuropas eingreift, können wir höchstens grob abschätzen. Das Zugverhalten mitteleuropäischer Graureiher ist variabel, es gibt Standvögel, Kurz- und Langstreckenzieher und natürlich außerhalb der Brutzeit auch Gastvögel aus Nachbarländern. Da ist mit Einflüssen harter Winter, Abschüssen in Ländern ohne Schutz- oder Schonzeitbestimmungen und mit Wanderbewegungen zu rechnen, die sich von Jahr zu Jahr und saisonal innerhalb eines Jahres in erheblichen Schwankungen der Zahlen an für Fischer wichtigen Gewässern abbilden. Das Angebot an ungestörten Standorten für Brutkolonien beschränkt in vielen Gebieten Bestandserholungen. In neuerer Zeit nehmen kleinere Kolonien oder Einzelbruten sowie ungewöhnliche Brutplätze zu. Subjektiv entsteht leicht der Eindruck einer enormen Häufigkeit des Graureihers, denn auch der Normalbürger ohne besonderen Zugang zur Natur begegnet im Unterschied zu früheren Jahrzehnten Graureihern heute oft dicht neben der Straße, an kleinen Gewässern in der Stadt oder nahe belebten Plätzen (S. 37). Offensichtlich hat die weitgehende Befriedung mit dazu geführt, Fluchtdistanzen abzubauen, sodass Graureiher auch Gebiete nutzen können, vor denen ihre Vorfahren Reißaus genommen hätten.

Aus mehreren Gründen ist der Graureiher in neuerer Zeit etwas aus der Schusslinie geraten. Der Kormoran hat ihm den Rang abgelaufen. Graureiher können nur im Seichtwasser fischen. Ihr Wirkungsbereich ist also meist auf Ufernähe begrenzt und der Einfluss auf den Fischbestand eines größeren Gewässers beschränkt, allerdings in den meisten Fällen kaum zuverlässig zu ermitteln. Graureiher jagen vor allem im Herbst- und Winterhalbjahr auch auf Äckern und Grünflächen Kleinsäuger (bis zur Größe ausgewachsener Wanderratten[17]), Reptilien oder wirbellose Tiere, packen im Sommer auch schon mal einen ungeschickten Jungvogel und halten sich gelegentlich an Abfälle.

Die Wühlmausjagd wurde von Vogelschützern auch als Argument gegen die Reiherverfolgung ins Feld geführt, spielte aber im Pro und Contra natürlich keine Rolle. Der in diesem Zusammenhang gewichtigste Teil der Fischerei sind die Teichwirtschaften. In den meist künstlich angelegten Flachgewässern mit extrem hoher Fischdichte können Graureiher erfolgreich fischen. Schäden müssen und können an relativ kleinen, intensiv bewirtschafteten Wasserflächen durch Abwehreinrichtungen minimiert werden. Die Kosten solcher Maßnahmen sind mit einem möglichen Schaden abzugleichen, um überhaupt sinnvoll zu sein und Investitionen oder auch öffentliche Subventionen zu rechtfertigen. Mitunter sind intensive Vergrämungsmaßnahmen auch nur kurzfristig nötig, wenn etwa der Wasserstand in großen Fischteichen zum Abfischen für längere Zeit gesenkt werden muss[19].

Die Herausforderungen sind also von Unternehmern und Gesellschaft durchaus zu bewältigen. Und wenn man schon vom Geld spricht: Mancher will offensichtlich auch Geld damit verdienen, Graureiher vom geschmackvoll garnierten Gartenteich und seinen Goldfischen zu verscheuchen[13]. Also ein Luxusproblem. Schließlich haben die Auseinandersetzungen um den Fischräuber auch dazu geführt, dass oft schon seit Jahrzehnten bekannte Kolonien kontrolliert wurden und länderweit auch mit öffentlichen Mitteln unterstützte, zuverlässige Bestandsaufnahmen stattfanden, deren publizierten Ergebnisse zumindest nicht zu größerer Beunruhigung beitrugen.

Mittlerweile hat sich zum Graureiher an deutschen Gewässern ein schneeweißer Gefährte eingefunden. Silberreiher in Deutschland, bisher Brutvögel im Südosten Europas mit dem Deutschland nächstgelegenen Brutplatz am Neusiedler See im Burgenland, verursachten über 100 Jahre lang unter Vogelbeobachtern in der Regel Aufregung als seltene Ausnahmegäste. Plötzlich sind sie überall zu sehen. Im August 2017 wurden über ornitho.de aus Deutschland über 31 000 Silberreiher gemeldet; die Vergleichssumme der Graureiher lag nur zehn Prozent darüber. Die Ursachen dieser sensationellen Änderung der Verhältnisse seit einer Reihe von Jahren sind noch nicht ganz klar, Klimawandel mag mitgespielt haben. Noch hat sich keine Front gegen den leuchtend weißen Einwanderer gebildet. Hoffentlich bleibt es so.

Gänsesäger: Nur ein Intermezzo oder Supergau?

Irrtum

42. Gänsesäger haben sich stark vermehrt und vernichten die Bestände bedrohter Flussfische.

Als „*Supergau für die heimischen Fische*" sieht ihn der Vorsitzende eines Allgäuer Fischereivereins. „*Untersuchungen zum Fraßdruck von Fischen und fischfressenden Vögeln hätten gezeigt, dass ausschließlich fischfressende Vögel für die Dezimierung der Äschebestände verantwortlich seien*" schreibt der Münchner Merkur über eine Äußerung des Vorsitzenden des Fischereiverbandes Oberbayern, der hierzu Untersuchungsergebnisse bekannt gab: „*Im Rahmen eines Artenhilfsprogramms, das auch vom Naturschutzfond gefördert wird, waren entlang verschiedener Fluss-Strecken Referenzstrecken eingerichtet worden. An einer dieser Strecken wurden die Gänsesäger verjagt. Dort stieg der Äschebestand von November 1998 bis November 2000 von 52 auf 134 Stück pro Hektar an. Der Bestand verdreifachte sich also. Entlang der Referenzstrecke, an der die Vögel nicht verscheucht wurden, ging der Bestand hingegen deutlich zurück. Rund 20 Kilogramm Jungäschen frisst ein Gänsesäger pro Winterhalbjahr. 2680 Vögel wurden im Januar gezählt, zusammen fressen sie 53 600 Kilogramm Äschen. Vor allem im Winter 2002/2003 wurde der Bestand reduziert, stellten die Experten bei der Untersuchung fest. Dies wirke sich auch problematisch auf andere Vögel, wie beispielsweise den Eisvogel aus, der auf Jungäschen angewiesen sei*"[20].

Eine Tageszeitung ist kein Fachorgan, aber methodisch überzeugende Seriosität einer Untersuchung sieht wohl etwas anders aus. Die Sorge um den Eisvogel am Ende wirkt zwar rührend, doch wenn die Öffentlichkeit über Probleme des Schutzes der Artenvielfalt auf derartigem Niveau informiert wird, nähert sich das schon bedenklich einer vorsätzlichen Täuschung – es sei denn, der Fischereiverband ist selbst von solchen Forschungsansätzen und Rechenkünsten von „Experten" überzeugt.

Man muss leider solche Verlautbarungen wörtlich nehmen und auf Inhalt und Wortwahl näher eingehen, um zu verstehen, wie scheinbar unversöhnliche Auseinandersetzungen in Streitfragen über Maßnahmen zur Erhaltung biologischer Vielfalt zustande kommen und sich auf Irrtümern und an Nebensächlichkeiten hochschaukeln. Meist geht es um Zahlen und auf ihnen aufbauende, simple, monokausale und deshalb nicht überzeugende Schlussfolgerungen.

Für den Gänsesäger sind in Bayern grundsätzlich zwei orientierende Eckwerte von Bedeutung, die Größenordnung des Brutbestandes und die Zahlen der Wintergäste, die von nördlichen und östlichen Brutgebieten zur Überwinterung eintreffen. Die aktuelle Mitteilung des Bayerischen Landesamtes für Umwelt bestätigt eine erhebliche Zunahme des Brutbestandes des Gänsesägers auf 420-550 Brutpaare in ganz Bayern und ein hochwinterliches Maximum von 2000-2300 Vögeln[21]. Da müssen unter den 2680 Vögeln auf den untersuchten Streckenabschnitten schon einige mehrfach gezählt worden sein oder man hat pauschal die Ergebnisse der Wasservogelzählung aus ganz Bayern auf die untersuchten Flussabschnitte übertragen. Die meisten Wintergäste halten sich im Übrigen an die großen voralpinen Seen und nicht an die Äschenregion der Flüsse. Immerhin sind gemeldete Zahlen schon etwas bescheidener geworden, denn einige Jahre vorher überraschte der Fischereiverband Oberbayern die Presse mit 10000 Gänsesägern, die durch mühevolle Zählaktionen der Fischer allein in Oberbayern erfasst worden sein wollten. Seriös ermittelte Zahlen deuten dagegen kaum eine Übervölkerung mit Gänsesägern an.

Regionale Zahlen sollten aber in größerem Zusammenhang gesehen werden. Der Brutbestand in Deutschland wurde 2005-2009 auf rund 1000 Brutpaare geschätzt. Die Verbreitung als Brutvogel beschränkt sich auf drei Gebiete: Ostseeküste mit anschließendem küstennahen Binnenland, Flusstäler von Oder und Neiße sowie Alpen mit Alpenvorland[8]. Die relativ kleine Alpenpopulation, die sich im Wesentlichen auf die Schweiz, Bayern und Österreich beschränkt, wurde Ende des 20. Jahrhunderts auf rund 1000-1400 Brutpaare geschätzt. Sie ist offenbar genetisch von der großen nord- und nordosteuropäischen Population, deren Ausläufer noch bis Nordostdeutschland reichen, getrennt und sollte daher als eigene Artenschutzeinheit betrachtet werden, denn biologische Vielfalt ist bekanntlich nicht auf globale Artenkomplexe beschränkt[22]. Das macht Bemühungen, im Alpengebiet und seinem Vorland eine Verfolgung zu verhindern, besonders bedeutsam und darf bei Zahlenspielen aller Art nicht unter den Teppich gekehrt werden, auch wenn die derzeitige Situation recht beruhigend aussieht.

Gänsesäger brüten und jagen einzeln und in kleiner Zahl regelmäßig an Flüssen in der Äschenregion. In der Schweiz sieht man wie in Bayern Probleme mit dem Bestand von Fluss- und Seefischen, meint aber ganz im Unterschied zur bayerischen Fischereilobby, *„dass die Ursachen für den Fischrückgang vielfältig und komplex sind“*. Man kann sich vor allem zu Problemen der auch hier abnehmenden Bestände der Äsche auf eingehende Untersuchungen stützen. In den Kantonen Bern und Zürich fand man in Flusssystemen mit eindeutiger Zunahme von Gänsesäger und Kormoranen heraus, dass zu hohe Anglerfänge, Hochwässer, wasserbauliche Maßnahmen wie Begradigungen oder Beseitigung naturnaher Uferstrukturen sowie Behinderung der Wandermöglichkeiten durch Wehre sich negativ auf den Äschenbestand und seine Dynamik auswirken.

Die wichtigsten Ansätze sieht man daher in Schonzeiten und angepassten Fangbestimmungen (z. B. Mindestmaße der Fänge) und Verbesserungen des Lebensraums. Für künstliche Aufzucht und erfolgreiche Wiederaussetzung von Fischen zur Unterstützung der Bestände bedarf es sorgfältiger Berücksichtigung verschiedener Vorbedingungen. Das Ausmaß des Anteils verletzter Fische, immer wieder als Argument gegen Gänsesäger und Kormoran vorgebracht, betrug in mehreren Jahren im Höchstfall drei Prozent der gefangenen Äschen[23].

Das alles bedeutet keinesfalls, dass die Weste des Gänsesägers im Prachtkleid auch im übertragenen Sinn weiß ist, aber macht sehr deutlich, dass pauschale Behauptungen und simple, oft am grünen Tisch formulierte Kausalketten keine Mittel sind, Auseinandersetzungen zu entschärfen und zu sinnvollen Maßnahmen für nachhaltige Nutzung zu führen. Sie haben mit Verständnis für dynamische Zusammenhänge und Vorgänge in der Natur nichts zu tun.

Wie Untersuchungen an bayerischen Flüssen zeigen, haben Gänsesäger mit der Wassertrübung zu kämpfen, die ihre Sicht bei der Tauchjagd einschränkt. Gutes Nahrungsangebot durch Eutrophierung von Binnengewässern, sichere Brutplätze durch Nistkastenaktionen und die Einstellung der Bejagung haben dazu beigetragen, den Bestand einer seltenen und gefährdeten Brutvogelart aus der unmittelbaren Gefährdungszone herauszubringen. Aber alle diese fördernden Faktoren bewirken wenig, wenn die Wassertrübung nicht unter einem kritischen Wert liegt[24]. Gänsesäger müssen ausreichende Sicht im Wasser haben, um erfolgreich zu sein. Geschiebeführung, Wasserqualität, Fließgeschwindigkeit und Strukturen unter Wasser beeinflussen Fische wie ihre Jäger, einmal abgesehen von Substanzen, die Gift für die Lebensqualität bedeuten.

Sünden an Gewässern lassen sich auch durch eifrige Besatzmaßnahmen durch Fischer und Angler nicht kompensieren. Viele Besatzmaßnahmen, immer wieder als Naturschutzbeiträge der Fischer verkauft, sind ohnehin kaum als etwas anderes als Versuche der Bewirtschaftung zu betrachten. Übrigens gibt es gute

Hinweise, dass Gänsesäger und Kormorane unter Satzfischen aus der Zucht, die kaum mit dem neuen Lebensraum vertraut sind, deutlich höheren Fangerfolg haben als unter artgleichen Beständen, die aus dem am Ort abgelegten Laich stammen. Fangerfolg des Gänsesägers hängt von Fischdichte, Schwarmbildung, Fischerfahrung und Deckungsmöglichkeiten an Gewässergrund oder Ufer ab. Schon vor geraumer Zeit sind dazu Ergebnisse aus Kanada veröffentlicht worden[25]. Bleiben also noch manche Probleme bei uns zu erforschen, die mit dem Zeigefinger am Abzug sicher nicht zu lösen sind.

Kormoran: Schwarze Pest mit Schwimmhäuten

Irrtum

43. Kormorane wurden aus China nach Mitteleuropa eingeschleppt.

44. Die Zunahme des Kormorans ist eine Rückeroberung einstmals besiedelter Gebiete und Auffüllung eines Bestands, der durch rücksichtslose Verfolgung dezimiert wurde. Die Brutbestände des Kormorans in Europa nehmen immer noch stark zu.

45. Durch Kormorane werden viele nicht erbeutete Fische zusätzlich verletzt.

46. Vergrämung von Kormoranen an winterlichen Schlafplätzen löst Probleme.

Die Geschichte des Kormorans, dessen Name, noch vor einigen Jahrzehnten nur wenigen überhaupt bekannt, heute fast in aller Munde ist, wird in der Auseinandersetzung zwischen Naturschutz, Fischerei und einer Politik mit hilflosem Vollzug erlassener Kormoranverordnungen sehr unterschiedlich interpretiert. *„Mir ham die Mongolen außigschmissn, mir ham die Hunnen außigschmissen, mir ham die Österreicher außigschmissn, aber der Kormoran darf herein!“* fasst der Kabarettist Gerhard Polt mit der gebührenden Empörung die Haltung der weißblauen Jünger Petri zusammen – wohlgemerkt schon einige Jahre vor der heftigen Obergrenzendebatte für Flüchtlinge[1]. Er lag damit gar nicht so falsch, denn die Wirklichkeit hatte das Kabarett schon fast eingeholt.

Es waren die Zeiten der ersten Welle übler Schlagzeilen über den verhassten Fischfeind, die nicht etwa nur in Angler- und Fischereizeitungen gedruckt wurden, sondern, wie das Beispiel unserer Überschrift, auch von der normalen Tagespresse. Helmut Opitz gibt eine kleine Übersicht über kaum glaubliche Versuche, den üblen Fischjäger sprachlich gebührend zu würdigen[4]. In manchen Kreisen vor allem binnenländischer Fischer wurde eifrig kolportiert, Kormorane seien aus China nach Europa eingeführt worden und hätten hier unangemessen zugenommen und sich ausgebreitet.

Die Version des Fremdlings der mitteleuropäischen Fauna fand in der Bundesrepublik sogar in Debatten mancher Länderparlamente Eingang und wurde nachweislich von Beamten des Höheren Dienstes der Bezirksfischereiberatung in Schulungsvorträgen erzählt und mit Hinweisen auf entkommene Vögel aus Zoos aktuell ergänzt. Der teilweise sehr nachdrücklich vorgetragene ostasiatische Ursprung des Problems sollte natürlich das Verständnis für Erlass und Durchführung von Kormoranverordnungen fördern, die weiterhin Kormorane legal zu Tausenden der *„letalen Vergrämung"* freigaben. Als NABU und Landesbund für Vogelschutz in Bayern zum öffentlich bekundeten Ärger manches Landwirtschaftsministers den Kormoran zum Vogel des Jahres 2010 wählten, formulierte eine Presseschlagzeile auch prompt *„Der chinesische Kormoran – Vogel des Jahres 2010"*[4]. Die Stimmungsmache ist juristisch sinnlos, denn auch eingebürgerte Einwanderer, so genannte etablierte Neozoen, schützt Naturschutzrecht.

Der Irrtum über die Herkunft des Kormorans ist natürlich keiner, sondern ein Versuch, die ahnungslose Öffentlichkeit zu täuschen. Aber ganz aus der Luft gegriffen ist die Geschichte nicht. In China kennt man seit alters die Kunst, mit Kormoranen an der Leine zu fischen, heute noch eine Touristenattraktion in der Region Guangxi auf dem Li-Fluss bei Guilin. Es ging das Gerücht, dass Kormorane im 16. Jahrhundert von Holländern in die Niederlande eingeführt worden seien, um diese Kunst dort zu etablieren. Eingehende Sichtung und Interpretation historischer Quellen haben aber keinerlei Anhaltspunkte dafür ergeben. Die Technik des Kormoranfischens wurde zwar tatsächlich nach Europa importiert, jedoch nicht der Vogel.

Früheste Hinweise auf regelmäßiges Vorkommen von Kormoranen am Bodensee gibt es schon seit dem 9. Jahrhundert. Erste Hinweise auf Brutkolonien in Pommern entdeckte man in den Schriften von Albertus Magnus im 13. Jahrhundert und eine Brutkolonie in Schlesien mit genauer Ortsangabe wurde im Jahr 1377 auf Anordnung des Kaisers Karl IV. zerstört. Kormorane haben also schon mindestens seit dem frühen Mittelalter in Mitteleuropa gelebt[26]. Im Zusammenhang mit China ist aber auch eine kurze Klärung der Namen für den schwarzen Fischjäger sinnvoll. Kormoran soll entstanden sein aus der Verschmelzung der beiden lateinischen Worte *Corvus* und *marinus*, die „Meeresrabe" bedeuten. Die in Europa zur Debatte stehende Kormoranart ist *Phalacrocorax carbo.* Der Gattungsname ist mit „kahlköpfiger Rabe" zu übersetzen (vielleicht wegen der nackten Hautpartie am Schnabelgrund), der Artname *carbo* bedeutet Kohle und bezieht sich auf das schwarz wirkende Gefieder[27]. In Europa brüten zwei Unterarten. Die Nominatform, also *Phalacrocorax carbo carbo,* ist Brutvogel an Meeresküsten von Murmansk längs der norwegischen Küste nach Süden bis an die französische Atlantikküste und nach Westen über die Färöer und Irland bis Nordostamerika. Im mitteleuropäischen Binnenland erscheint sie offenbar nur ausnahmsweise. Die an Binnengewässern Mittel- und Westeuropas lebenden Kormorane zählen zur Unterart *sinensis* und das bedeutet im Neulatein – chinesisch! Der Name bezog sich 1798 tatsächlich auf die chinesische Kormoranfischerei (S. 198).

Woher kommen aber die vielen Kormorane, die heute in der Größenordnung von etwa 25 000 Brutpaaren in kleineren, aber auch mächtigen Kolonien über ganz Deutschland verbreitet brüten[8] und außerhalb der Brutzeit überall am Wasser anzutreffen sind? Schon seit dem Mittelalter werden Kormorane als Fischräuber verfolgt, aber wohl kaum in ähnlichem Ausmaß wie in den letzten 200 Jahren. Die Bestände waren über Jahrhunderte ohne Zweifel niedriger als heute. Offenbar ab Beginn des 19 Jahrhunderts wurden die Kolonien größer und die Verfolgung intensiver. In den 1880er Jahren rückten sogar die Potsdamer Gardejäger aus, um eine Kormorankolonie zu zerstören. Jeden Tag wurden Hunderte, insgesamt Tausende von Kormoranen getötet, heißt es im überlieferten Bericht[28]. Hermann Schalow (1852-1925) beschreibt 1919 Schicksale in Brutkolonien der Mark Brandenburg *„so haben denn auch hier … wie in früherer Zeit … Pulver und Blei und Menschentücke ihre Schuldigkeit getan, um eines der interessantesten ornithologischen Naturdenkmäler in der Mark auszurotten"*[29]. Das gelang auch in anderen Gegenden des norddeutschen Raums, in dem sich damals die Brutkolonien konzentrierten. Rund ein Jahrhundert später lebte die Tradition des Kormorangemetzels in Brutkolonien wieder auf[37].

Etwa ab Beginn bis zur Mitte des 20. Jahrhunderts war der Bestand nach unerbittlicher Verfolgung auf ein Minimum reduziert und in weiten Teilen des mitteleuropäischen Brutgebiets ausgerottet[30]. In den 1980er Jahren trat eine rasche Zunahme ein, die überall auch die Zahlen von Durchzüglern und Wintergästen stark ansteigen ließ. Manche Beobachter sprechen gar von explosiver Zunahme. Verwaiste Kolonien wurden wieder besiedelt, neue entstanden, Schlafplatztraditionen in der Umgebung von Überwinterungsgewässern wuchsen oder bildeten sich neu. In Deutschland wurden 1990 etwa 5 750 Brutpaare in 22 Kolonien gezählt, fünf Jahre später gab es rund 15 000 Brutpaare in 64 Kolonien, die sich bis 2005 auf 23 500 an 118 Brutplätzen vermehrten[8].

Das wechselvolle Schicksal des Kormorans in rund 200 Jahren vom allmählichen, langfristigen Bestandswachstum zum Einbruch bis an den Rand des Aussterbens und anschließend jahrzehntelanger Bedrohung der Existenz, gefolgt von einem steilen Wachstum über alle bisherigen Grenzen, wird mit ganz unterschiedlichen Faktoren in Verbindung gebracht. In verschiedenen Phasen, aber vorübergehend auch mehr oder minder gleichzeitig, förderte den Kormoran günstiges Nahrungsangebot durch Nährstoffanreicherung in Küsten- und Binnengewässern, damit auch eine Steigerung der Fischbiomasse, Reduzierung und schließlich Verbot von langlebigen Umweltgiften wie PCBs und DDT und umfassender Schutz vor Verfolgung in der zweiten Hälfte des 20. Jahrhunderts[8,30].

Langfristig hat sich der Klimawandel positiv ausgewirkt, als im 19. Jahrhundert die sogenannte Kleine Eiszeit seit dem 15. Jahrhundert mit vielen strengen Wintern durch ein milderes Klima abgelöst wurde. Auch der Mensch hat seit längerem im Binnenland kräftig nachgeholfen mit zunehmendem Angebot an flachen Gewässern wie Fischteichen, Abbaugruben und Stauseen. Diese Entwicklung hat nicht nur den Kormoran gefördert, sondern auch eine Reihe anderer Wasservogelarten. In der Geschichte von Avifaunen in Binnenländern sind daher unter den zunehmenden oder neu eingewanderten Brutvogelarten Wasservögel am häufigsten vertreten[31]. Auch die Rastbestände vieler Wasservögel haben zugenommen. Gegenwärtig droht allerdings zunehmende Störung am Wasser zu allen Jahreszeiten an und auf Seen, Flüssen und an der Küste diese Entwicklung wieder umzukehren. Eine umfassende Übersicht über dieses rasch wachsende Problem zeigt, dass Kormorane ein Gewässer verlassen, wenn Segelboote unterwegs sind. Auch Kitesurfer haben im Vergleich zu anderen Wassersportarten einen enorm wirksamen Vertreibungseffekt[41].

Die sorgfältige Analyse der von vielen Ornithologen zusammengetragenen Daten relativiert manche immer wieder vorgetragenen „Argumente“ in der Kormorandebatte. Vom Unsinn des Importchinesen abgesehen, trifft auch der Vorwurf eines einseitigen, übersteigerten und daher realitätsfernen Artenschutzes nicht zu. Es sind allgemeine Umweltbedingungen im Spiel, die sich im Verlauf von Jahrhunderten geändert haben. Damit aber wirkt auch das Argument des Vogelschutzes, einen historischen Zustand oder eine „Rückeroberung“[14] wieder erreicht zu haben, nicht völlig überzeugend, denn der gegenwärtige Bestand ist den heutigen Umweltverhältnissen zuzuordnen, die zumindest vor 1800 wohl kaum einen derart hohen Kormoranbestand zugelassen hätten[26].

Es bleibt das Verdienst der EU-Vogelschutzrichtlinie von 1979, einen europäischen Schutz angestoßen und damit den Kormoran von der Ausrottung verschont zu haben. Wie geht es weiter? Eine juristische Möglichkeit lässt Gerhard Polt für den Kormoran offen; *„wenn er bereit ist als Single, als Einzelvogel, am 17. August, dass er sich am Chiemsee hinsetzt und am 18. August wieder fort is, dann sind wir bereit, die Überflugsrechte zu gewähren“*[1]. Immerhin: Am Chiemsee deuten die sorgfältigen Zählungen über viele Jahre an, dass sowohl die Koloniegröße als auch die Zahlen der Durchzügler, Wintergäste und an den Schlafplätzen zusammenkommenden Vögel nach der Phase einer exponentiellen Zunahme wieder abgenommen haben[32].

Dieser lokale Befund entspricht einer sich offenbar auch großräumig abzeichnenden Entwicklung. Die exponentielle Zunahme wurde in den letzten Jahren gebremst und hat ein Plateau erreicht oder ist sogar von einem Rückgang abgelöst worden. Das gilt für die Kurve des Brutbestandes in Deutschland insgesamt und in einzelnen Bundesländern (zum Beispiel Hessen[34]) oder die der Wintergäste in der Schweiz[8,14]. Die Grenzen des Wachstums scheinen zumindest in einigen Gebieten erreicht. Aber die Ergebnisse internationaler Zusammenarbeit, eine positive Folge der Kormorandebatte europaweit, zeigen, dass nach wie vor viel Bewegung herrscht. So hat zum Beispiel von 2006 bis 2012 der Brutbestand in Finnland um 11 500, in der Schweiz um 800 Paare zugenommen, in Dänemark um 10 800, in Kroatien um 830 und in Ungarn um 540 Paare abgenommen, während in Belgien und in den Niederlanden die Zahlen unverändert blieben[33]. Nur einige Beispiele zur großräumigen Dynamik in jüngster Zeit.

Wie eigentlich immer, wenn ein größeres Wirbeltier durch Zunahme der Individuendichte eine Gegnerlobby auf den Plan ruft, wurde und wird stets aufs Neue auch für den Kormoran Abschuss als Mittel der „Regulierung“ bemüht. In der Anfangsphase des Kampfes gegen ihn inszenierte man Eingriffe in Brutkolonien, die den Tatbestand von Vergehen gegen das Tierschutzrecht erfüllten und daher nicht ernsthaft als Regulierungsmaßnahmen zur Debatte stehen können. Kolonien und damit den Brutbestand kann man mit rechtswidrigen und ethisch nicht zu rechtfertigenden Mitteln natürlich verringern oder ausrotten. Der Beweis dafür ist längst erbracht. Aber Abschuss als Mittel einer wie immer gedachten Regulation ist dann kaum effektiv, wenn Umweltbedingungen den Bestand regulieren, an denen nichts geändert wird.

Hohe Fischdichte durch Eutrophierung und hohen künstlichen Besatz bedeutet auch viele Kormorane. Die Überlegung ist nicht so naiv wie sie erscheinen mag. Kormoranabschüsse haben nachweislich weder in größeren Räumen noch an traditionellen Schlafplätzen Bestandsrückgänge ergeben[35]. Sie vertreiben die Vögel für den Augenblick und jagen sie wohl auch anderen Plätzen zu, an denen gerade niemand mit der Flinte steht. Lokale Vertreibung löst keine Probleme und bedeutet lediglich Investition eines Betriebs zur Minderung möglicher Schäden vor Ort. Von Abschusszahlen auf wirksame Dezimierung, sie ist ja mit dem schönredenden Begriff Regulierung gemeint, zu schließen, hat sich bei vielen Wirbeltieren in einer für sie günstigen Umwelt als sehr fragwürdig erwiesen, andauernde Schalenwilddebatte oder Wildschweinabschuss bieten Beispiele. Im Übrigen fordert auch regulierender Abschuss, wenn er denn wirklich zielführend durchgeführt werden soll, Investitionen, die gegen etwaigen Schaden abzugleichen sind, und schließlich wird ständiges Umherjagen winterlicher Kormoranschwärme auch den Energie- und damit den Nahrungsbedarf der Vögel steigern.

Für die öffentliche Auseinandersetzung um den Kormoran haben falsche oder zumindest bewusst stark vereinfachte „Interpretationen“ über Herkunft und Bestandsentwicklung eine unrühmliche Rolle gespielt. Merkwürdigerweise reduziert man die Diskussion auch dann auf einige nebulöse Schlagwörter, wenn es um Ertragseinbußen und Schäden geht. Da wird immer pauschal von Fischern gesprochen, gleichgültig ob es sich um Betriebe der Teichwirtschaft, der Küsten- oder Binnenfischerei, Nebenerwerbsfischer oder gar um Sportanglervereine handelt, deren Bedeutung sozioökonomisch verschieden einzuordnen ist und die unterschiedliche Interessen vertreten. Fische werden pauschal als Naturgut oder Produkt miteinander vermengt, Schäden als Fischgewicht beziffert, in dem man von einem theoretischen Tagesmengenbedarf eines Kormorans ausgeht und erst einmal über diesen Wert streitet. Dann wird hochgerechnet mit einigen hundert oder tausend Vögeln ohne genaue Angabe ihrer Jagdaktivität und Verweildauer. Das Ergebnis sind in der Regel schwammige Formulierungen, wie „übermäßiger Fraßdruck“, dem nur begegnet werden kann, wenn Kormorane in großer Zahl zur Vergrämung abgeschossen werden, wie das etwa der Landesfischereiverband Bayern ausdrückt[39].

Fangrückgänge und Schäden in Teichwirtschaften könnten, wie in der Beurteilung von ökonomischer Konjunktur üblich, exakter durch Vergleich der jährlichen Betriebsumsätze oder Gewinnberechnungen vor Steuern ermittelt werden, ehe man mit mehr oder minder fiktiven Zahlen einen wirtschaftlichen Wert der (angeblichen) Kormoranschäden in großen Eurosummen beklagt und finanziellen Ausgleich oder Dezimierungsmaßnahmen fordert. Vorschläge, ökonomische Verhältnisse mit adäquaten Methoden zu klären, sind jedoch sehr unbequem und werden in Diskussionen heftig zurückgewiesen, obwohl sie für Subventionen oder Ausgleichszahlungen die Voraussetzung sein müssten. Fest steht, dass Kormorane in Teichanlagen erheblichen Schaden anrichten können, ob aber Sportangler durch den Kormoran finanziell so enorm geschädigt werden, ist wohl eine andere Sache.

Und was Schutz bedrohter Fischarten anbelangt, so genügen zwei Zitate. Der Regionalpolitiker: *„Wer sich der Bestandsregulierung des Kormorans verweigert, nehme wissentlich die Schädigung und Ausrottung anderer Tierarten im Ökosystem in Kauf“*, der Vogelschutz: *„Der Rückgang der Äsche hat also wenig mit dem Kormoran, jedoch viel mit dem schlechten ökologischen Zustand unserer Flüsse zu tun“*[35]. Manche Behörden haben sich bemüht, sehr eingehend auf das Problem Äsche und Kormoran einzugehen und Lösungen anzubieten, in denen aber zwangsläufig auch eine Kormoranverordnung ihren Platz findet[40]. Vielfache Studien zur Ernährung und Jagdweise der Kormorane und Korrelationen von Kormoranzahlen mit Fischbeständen ergeben, wie nicht anders zu erwarten, ein deutlich komplexeres Bild: Die Nahrung des Kormorans ist sehr vielseitig. Kormorane orientieren sich nach der Dichte einer Fischart, in Flüssen machen Weißfische und Flussbarsche daher den Hauptbestandteil ihre Nahrung aus, also Fische, die naturschützerisch wie ökonomisch keineswegs hohe Priorität haben. Korrelationen zwischen Kormoranzahl und Äschendichte ließen sich nicht nachweisen. Eingehende Untersuchungen zur Ernährung sind weiterhin nötig, weil auch mit jahreszeitlicher Dynamik des Systems Kormoran und Fische zu rechnen ist[36]. Nur noch 20 Prozent aller Fließgewässer in Deutschland sind als naturnah zu bewerten, und so ging die Äsche zurück lange bevor der Kormoran wieder zunahm[35]. Bleibt noch die Menge der vom Kormoran verletzten Fische, die er nicht hinunterwürgen konnte. Da sie immer wieder mit eindrucksvollen Fotos ins Spiel gebracht wird, aber anscheinend noch nie quantitativ als zuverlässig gemessener Anteil an einer Fischpopulation bestimmt worden ist, wird es höchste Zeit, ihren Anteil genauer zu bestimmen.

Mittlerweile hat die Bearbeitung der Probleme um Kormoran und Fischerei eine neue Dimension erreicht. Die IUCN/Wetlands International Cormorant Research Group verfolgt die Entwicklung der Kormoranbestände in Europa, INTERCAFE („Interdisciplinary Initiative to Reduce pan-European Cormorant-Fisheries Conflicts") informiert umfassend und bietet eine Toolbox für praktische Problemlösungen an. Dahinter steht das Bemühen um einen europäischen Managementplan für den Kormoran. Dies kann und soll aber nicht bedeuten, alles über einen Kamm zu scheren. Vielfalt fordert auch hier, lokal oder regional mit unterschiedlichen Voraussetzungen und Vernetzungen zwischen Kormoran, Fischen und Menschen einen Weg zu finden[34].

Für Information und Beratung stehen heute wissenschaftliche und praxisorientierte Unterlagen zur Verfügung, von denen sich viele aus dem Internet abrufen lassen. Auch staatliche Kormoranberater haben da und dort ihre Arbeit aufgenommen. Heute steht unser Wissen über Kormorane in Europa in einer kaum mehr zu überblickenden Informationsfülle jedem zur Verfügung. Eine unwürdige Debatte, die von Praktikern vor Ort oft wesentlich moderater und sachlicher geführt wurde als von Politikern und Lobbyspitzen, könnte damit eigentlich beendet sein. Der für manche Zeitgenossen so ärgerliche Vogel des Jahres 2010 hätte dann eine wichtige Mission erfüllt.

„Kormoran – Schwarzer Peter oder harmloser Vogel?"[38] Diese fragende Alternative als Buchtitel stellt sich nicht wirklich, da sie lediglich zwei Seiten eines Irrtums markiert und menschliche Blickwinkel polarisiert. Die Lösungen von Problemen und die Beantwortung von Fragen liegen im Versuch, komplexe Beziehungen mit viel Dynamik zu verstehen und darauf zu reagieren. Streit könnte sich dann auf Auseinandersetzungen um Interpretationen von Erfahrungen und wissenschaftlichen Befunden konzentrieren und der Sache nur dienlich sein.

„Seeadler einen Hecht erbeutend". Xylographie nach einer Zeichnunng von F. Specht. Gartenlaube, ca. 1880

Fischadler: Irrwege einer Anekdote

Irrtum

47. Fisch- und Seeadler werden gelegentlich von übergroßen Beutefischen unter Wasser gezogen und ertrinken.

Die hoch angesehene Fachzeitschrift „British Birds“ kann auf eine lange Tradition zurückblicken, denn sie kam bereits im ersten Jahrzehnt des 20. Jahrhunderts zu ihren Lesern. In der Zeit unmittelbar nach dem Zweiten Weltkrieg wehte sie einen Hauch der großen Welt moderner Vogelkunde um uns emsige und begeisterte Beobachter der regionalen Vogelwelt in Mitteleuropa. Es war nicht einfach, an die Hefte im bescheidenen A5-Format zu kommen. Neben vielen wichtigen und spannenden Artikeln lieferte das „*illustrated monthly journal*“ atemberaubend schöne Vogelfotos britischer Naturfotografen, unter ihnen der weltberühmte Eric Hosking (1909-1991), der lange Zeit auch als der für Fotografie verantwortliche Herausgeber mitarbeitete. Die Schwarzweißfotos waren der damaligen Drucktechnik entsprechend auf einigen Tafeln zusammengefasst immer an einer Stelle des Heftes in den

Lesetext eingebunden. Dadurch ergab sich eine hohe Druckqualität auf besonderem Papier, die in dieser Form bei deutschen ornithologischen Zeitschriften nicht angeboten werden konnte. Das war wohl auch eine Kostenfrage, denn die Zahl der Abonnenten von „BB“ im Land der Vogelfreunde war riesig im Vergleich zur quantitativ bescheidenen Interessengruppe für eine ornithologische Fachzeitschrift im deutschsprachigen Raum. Monatliche Fotoseiten in einer Vogelzeitschrift mit wissenschaftlichem Anspruch gab es daher bei uns nicht. Kein Wunder, wenn man sich als Nichtbrite geadelt fühlen konnte, mit eigenen Fotos in der Galerie vertreten zu sein.

Auch heute noch staunt man beim Durchblättern über die hohe Qualität dieser Fotos und erlebt dabei, wie eindrücklich die analoge Schwarzweißtechnik Vogelleben abbilden und dem Leser nahebringen kann. Als wissenschaftliche Dokumente waren die Bilder in ihrer Zeit einmalig und haben noch heute mehr als nur historische Bedeutung.

Auf plate 58 im Band 61 des Jahres 1968 entdeckt man ein ganz außergewöhnliches Dokument[1]: An einem mächtigen Karpfen in einem Fischernetz hängt laut Bildunterschrift das Skelett eines Fischadlers, die Krallen des Vogels haben sich tief in den fleischigen Rücken des Fisches eingebohrt. Vom Vogel selbst sieht man außer dem Lauf (unterer Teil des Vogelbeins) nur Armknochen, Brustbein, Halswirbelsäule und Schädelskelett mit dem gekrümmten Schnabel, übrigens alles Fleisch fein säuberlich verwest und nicht ein Fetzchen Muskeln oder Haut an den Knochen, natürlich auch keinerlei Spuren von Federn.

Ehrfürchtig registrierte ich auf den ersten Blick wieder einmal das Geschick und die großartige Recherchearbeit der britischen Kollegen. Die seit mehr als einem Jahrhundert durch die Literatur geisternde Geschichte anekdotischer Begebenheiten ertrunkener Fischadler, die eigentlich unglaublich schienen, war endlich fotografisch dokumentiert. Als Fotograf war Alexander Niestlé angegeben. Dieses Detail der Bildunterschrift erweckte jedoch sofort meinen Verdacht. Niestlé war ein Naturfotograf, der in unterschiedlichen deutschen Publikationen auftauchte, auch selbst Bücher verfasst hatte. Ich erinnerte mich an ein Foto, das in einer deutschen Jugendzeitschrift unter seiner Autorschaft veröffentlich war und ein Elsternnest zeigte, in dem eine moderne Sonnenbrille mit glitzerndem Metallrahmen lag. Wieder einmal ein Beleg für die diebische Elster, die sogar Sonnenbrillen ins Nest schleppt! Derartige Sensationen waren in der frühen analogen Fotografie eben nur durch Manipulationen vor dem Klick des Auslösers zu bewerkstelligen, heute schaffen Photoshop und ähnliche Software schier unbegrenzte Möglichkeiten, die Mitwelt in Staunen zu versetzen.

Meine Bedenken verflogen jedoch bald, da James Ferguson-Lees (1929-2017), angesehener Ornithologe und Chefredakteur, in einem kleinen Textbeitrag seiner Freude Ausdruck verlieh, dieses bemerkenswerte Foto publizieren zu können[2]. Es war nach den Angaben des Fotografen 1936 oder 1937 in Neugattersleben, heute ein Ortsteil von Nienburg (Saale), aufgenommen worden. In einem tiefen See eines ehemaligen Braunkohle-Tagebaus hatte man den adlertragenden Karpfen mit dem Netz gefangen. Man vermutete nun, dass der Karpfen von 4500 Gramm für den zustoßenden Fischadler zu schwer war. Der Vogel wurde unter Wasser gezogen und ertränkt. Der Karpfen war offensichtlich nicht in der Lage, den Vogelkörper abzuschütteln, hat ihn also zwei oder drei Monate mit sich getragen, ehe der Leichnam bis auf die Knochen zersetzt war. Fischadler waren an diesem See nur seltene Gäste auf dem Durchzug, der nächste Brutplatz sei damals rund 150 Kilometer entfernt gewesen.

Aber noch eine andere interessante Einzelheit wurde einige Seiten vorher in einem Artikel zu einer Fotofolge von Eric Hosking über den Beutestoß des Fischadler enthüllt[3]: Das bemerkenswerte Fotodokument war am 28. August 1967 bereits in der deutschen Zeitschrift „Constanze“ erschienen. Die Kollegen in England hatten da vielleicht nicht richtig erkannt, dass das *„West German Magazine“* eine erfolgreiche Frauenzeitschrift war, für die John Jahr und Axel Springer schon sehr bald nach Kriegsende die Lizenz der britischen Militärregierung erhalten hatten. Also nicht unbedingt ein Hort für wissenschaftlich anerkannte ornithologische Dokumentationen. Aber: Ein sensationelles Foto in einer Illustrierten mit beachtlicher Auflage brachte natürlich ungleich mehr Geld als ein Naturfotograf zumindest damals von Fachpublikationen erwarten konnte. Ich teilte meine Bedenken über Autor und „Fachzeitschrift“ auf alle Fälle den britischen Kollegen mit. Auf naheliegende biologische Einwände bin ich, wie sie offenbar auch, nicht gleich gestoßen.

Dass ein Fischadler den Zwischenfall nicht überlebt hat, ist sicher viel wahrscheinlicher als die Tatsache, dass der Karpfen nach Monaten mit dem überdimensionalen Rucksack noch am Leben und offensichtlich in guter Kondition war, als er ins Netz ging. Das hätte uns als erstes auffallen müssen. Ein ganzes Jahr später platzte der Luftballon dann für die Leser von „British Birds“, denn die Redaktion hatte meine Bedenken ernst genommen und weiter recherchiert. Sie entschuldigte sich für ihre Unvorsichtigkeit in aller Form. Aber die überzeugende fachliche Begründung für die Korrektur lieferte G.S. Cowles vom Department Zoologie des Britischen Museums, der durch kriminalistische Methoden, nämlich einen subtilen anatomischen Vergleich der fotografierten

Knochenreste mit Sammlungsstücken und ihre Lage am „Tatort“ zwei Dinge klar stellte: Der vermeintliche Fischadler war ein Mäusebussard und mindestens ein Fuß war nach dem Tod des Karpfens in den Fischkörper gesteckt worden. Wir Fachleute waren allesamt einer Fälschung aufgesessen[4].

Der Vorfall sollte annulliert werden, riet die Redaktion[5]. Das ist auch tatsächlich geschehen, denn in einigen wichtigen wissenschaftlichen Publikationen der folgenden Jahre wird dieser Irrtum, der auf einer vorsätzlichen Täuschung beruht, verschwiegen, im Gegensatz dazu aber immer noch Ertrinken von Fischadlern, die sich an eine zu schwere Beute gewagt hatten, als erwiesen betrachtet oder wenigstens als Möglichkeit eingeräumt. Wie so manche Vermutung oder unbelegte Behauptung sind daher auch ertrunkene Fischadler längst zur Legende geworden, die sich über Generationen von Naturfreunden und -beobachtern hartnäckig gehalten hat und zum festen Bestandteil der Lebensgeschichte des Fischadlers zählt.

Das Vogelbuch *„De avium natura“* des berühmten Schweizer Theologen, Arztes und Naturforschers Conrad Gessner (1516-1565) erschien 1555 und in einer erweiterten Auflage 1585. Wenn man sich heute auf Gessner als grundlegend wichtige Quelle der abendländischen Vogelkunde beruft, muss man vorsichtig sein. Eine deutsche Übersetzung seines Werkes von Georg Horst erschien nämlich erst 1669, war als *„Vollkommenes Vogelbuch“* zwar ein Bestseller, aber *„umfassend verändert worden“*.[6] Es ist also nicht alles Conrad Gessner in die Schuhe zu schieben, was an Zitaten heute unter seinem Namen kursiert, da in der Regel der 1981 erschienene Nachdruck der Ausgabe von 1669 als Quelle dient[7]. In ihr kann man über den Fischadler kaum konkrete Informationen entdecken, wohl aber über den Fischfang des ungleich mächtigeren Seeadlers: *„Es gelingt ihm aber nicht allezeit; dann wann sie zuweilen die Klauen in die grosse Fisch geschlagen haben/ und dieselbe nicht mit sich in die Höhe tragen können/ so gehen sie wegen der Last mit den Fischen zu Grund…“*. Dass auch dieser mächtigste mitteleuropäische Greifvogel das Schicksal erleiden soll, von einem zu mächtigen Fisch ertränkt zu werden, ist keineswegs nur der Phantasie von Schriftstellern des 16. oder 17. Jahrhunderts entsprungen. 2017 kann man im Internet eine Geschichte über einen ertrunkenen Seeadler abrufen, die staunenden Kindern beim Besuch des Müritz-Museums in Waren erzählt worden sein soll. Dieser Beitrag zur naturkundlichen Bildung unserer Jugend erscheint natürlich ohne einen namentlich genannten Autor und der Link zu einer in der Überschrift des Suchbegriffs angegebenen Bildungseinrichtung führt ins Leere.[8]

Für den wesentlich kleineren, fast ausschließlich auf Fischfang spezialisierten Fischadler sind Nachrichten über Todesfälle durch Ertrinken deutlich zahlreicher. Geht man ihnen kritisch nach, schrumpft ihre Zahl aber erheblich. Konkrete Hinweise mit Namen, Ort und Zeit sind spärlich oder ungenau, niemals wurde ein Fischadler sicher bestimmt, denn meist fand man nur eingewachsene Vogelzehen. Außerdem lagen fast alle Fälle gemessen am Datum ihrer Veröffentlichung weit zurück. Irrtümer sind daher wahrscheinlich oder zumindest nicht auszuschließen, manches wurde offensichtlich nur so dahingesagt oder von anderen abgeschrieben.

Am ausführlichsten und auch sehr kritisch hat sich der Falkner Fritz Engelmann (1874-1935) in seinem umfassenden, 1928 erschienenen Fachbuch *„Die Raubvögel Europas"* mit den Berichten über merkwürdige Todesfälle von Fischadlern auseinandergesetzt[9]. Er zitiert zuerst den wohl berühmtesten deutschen Ornithologen des frühen 19. Jahrhunderts, Johann Friedrich Naumann (1780-1857): *„Daß alte Karpfen gefangen wurden, welche noch die halbverwesten Klauen in ihrem Rücken stecken hatten, ist eine bekannte Sache und gehört eben nicht unter die sehr seltenen Fälle"*. Dann listet er neuere Fälle auf, wie die Meldung einer Tageszeitung, dass in Bayern ein sehr schwerer Hecht gefangen worden sei, der *„den faulen Lauf eines Raubvogels auf dem Rücken trug"*. Je ein Hecht aus Norddeutschland und Oberschlesien trug ebenfalls Greifvogelkrallen und *„vor einem Menschenalter"* in Württemberg *„soll der Fischer Krauß ... einen schweren Laichkarpfen mit dem Skelett eines großen Raubvogels gefangen haben... Wahrheit und Dichtung werden ja wohl auch hier öfter Hand in Hand gehen"*. Engelmanns Fazit aus den ihm bekannt gewordenen Meldungen: *„Es hat denn auch nicht an Autoren gefehlt, die jene Fischadlerunfälle in das Reich der Fabel verweisen oder sie doch vorsichtig und ungläubig verschweigen. Ich halte das für zu weitgehend"*.

Für die Verbreitung der Anekdote vom ertrunkenen Fischadler sorgte Alfred Brehm (1829-1884) in seinem *„Thierleben"* in der zweiten Hälfte des 19. Jahrhunderts. *„Nicht allzuselten geräth er in Lebensgefahr oder findet wirklich seinen Untergang, indem ihn ein zu schwerer Fisch mit sich in die Tiefe zieht und ertränkt"*[10]. Das erfolgreiche Bildungsbuch für eine große Lesergemeinde versucht auch gleich, diesen erstaunlichen Vorgang plausibel zu erklären. Der Fischadler schlägt *„beide Fänge mit solcher Gewalt in den Rücken eines Fisches, dass er nicht imstande ist, die Klauen augenblicklich wieder auszulösen..."*.

Damit kommt ein Argument ins Spiel, das sicht- und greifbar einer schier unglaublichen Geschichte immer wieder neue Nahrung gegeben hat. Fischadler zeigen als Experten für Fischfang einige Anpassungen, die ins Auge fallen. Ihre Füße sind auffallend kräftig und gedrungen mit kräftigen Zehen, von denen eine als Wendezehe nach hinten drehbar ist, sodass der Adler seine Beute mit je zwei Zehen vorne und hinten greifen kann. Lauf und Zehen tragen raue Schuppen, die an der Unterseite der Zehen teilweise zu spitzen Dornen ausgezogen sind. Die schlanken Krallen sind sehr lang, nadelspitz und auffallend stark gekrümmt[11]. Dieser perfekte, aber kompliziert wirkende Greifapparat, so die landläufige Meinung, lässt nicht mehr los, was er in seinen Fängen hat. Da kann es dann auch schon mal geschehen, dass der feste Zugriff in einem kritischen Fall nicht schnell genug gelöst werden kann. Das würde dann das Ende bedeuten.

In der neueren Zeit ist selbst in wissenschaftlich fundierten Veröffentlichungen der lange Weg der Anekdote noch nicht zu Ende. Merkwürdigerweise wird der Vorfall von „British Birds" mit der erwiesenen Falschmeldung in den großen europäischen Standardwerken nicht erwähnt. Das Handbuch der Vögel Mitteleuropas räumt das Ertrinken von Fischadlern nach Lage der historischen Quellen als seltenen Fall ein, streicht aber eine der Quellen für diese Feststellung in der 2. durchgesehenen Auflage[11]. Das britische Handbuch über die Vögel Europas, Nordafrikas und Vorderasiens formuliert vorsichtig, dass Fische für gewöhnlich wieder frei gelassen werden, falls sie aber zu groß sind, gelegentlich ein Vogel ertränkt wird, wenn die Klauen in Gräten oder Schuppen feststecken [12]. Fischadler sind nahezu Weltenbürger und so befasst sich auch das Handbuch der nordamerikanischen Vögel mit ertrunkenen Adlern, kann aber nur alte Quellen anführen und meint, dass wiederholte Berichte über dieselben Einzelvorgänge wohl eine bessere „Beweislage" vortäuschen. Der Vorfall in „British Birds" ziehe die Vertrauenswürdigkeit von Berichten über Fische mit Skelettresten doch sehr in Zweifel[13].

Schließlich hat sich der deutsche Zoologe Georg Rüppell Jagd und Beutefang des Fischadlers genauer angesehen und wissenschaftlich analysiert[12]. Er räumt ein, dass die Schwimmkraft großer Fische erheblich sein kann und der Fischadler bei Beginn seines Sturzfluges auf die Wasseroberfläche herunter wahrscheinlich Größe und Art und daher auch die Kraft der Beute nicht genau einschätzen kann. Im Vergleich zu anderen Greifvögeln hat er also größere Probleme der Kalkulation beim Beutefang. Daher sollte sein Flugvermögen an diese Situation angepasst sein, was natürlich nicht heißen muss, dass immer alles glatt geht. Die maximalen Geschwindigkeiten des Sturzfluges liegen bei 30 bis 70 Kilometern pro Stunde. Erst in der letzten halben Sekunde, bevor der Adler auf das Wasser trifft, werden die gespreizten Füße vorgestreckt. Kommt er in steilem Stoß aufs Wasser und hat dabei einen großen Fisch ergriffen, taucht der Adler bis zu eine Sekunde ganz unter. Größere Fische können ihn auch einige Sekunden im Wasser festhalten. Der Adler schwimmt dann mit ausgebreiteten Flügeln scheinbar erschöpft ohne besondere Aktivität im Wasser. Aber wahrscheinlich bearbeitet er dabei den gegriffenen Fisch mit den Füßen. Mit beiden Füßen wird der Fisch dann durch die Luft getragen, doch bevor es so weit ist, greifen Fischadler auch noch um, wenn der Beutegriff für den Transport nicht optimal war. Zu schwere Fische lassen die Adler meist schon im Wasser wieder los, ziehen dabei die vorderen Zehen früher als die hinteren heraus. Das Zuschnappen und Spreizen der Zehen vollzieht sich innerhalb von einigen Hundertstel Sekunden!

Wann sind Fische zu groß für einen erfolgreichen Fang und Transport durch die Luft? Man schätzt, dass Fische über 400 Gramm, die etwa 25–30 Prozent der Körpermasse eines männlichen Fischadlers ausmachen, nur noch mit Mühe weggetragen werden können. Männchen sind auch beim Fischadler wie bei vielen gefiederten Wirbeltierjägern etwas kleiner als Weibchen. Alan F. Poole nimmt in seiner *„natürlichen und unnatürlichen Geschichte"* über den Fischadler Rüppells Ergebnisse zum Anlass, *„Gerüchte"*, Fischadler würden durch zu große Beutefische manchmal ertränkt, in Zweifel zu ziehen[15]. Klare Stellung beziehen Theodor Mebs und Daniel Schmidt in ihrem schönen Greifvogelbuch: *„Berichte über Fischadler, die beim Fischfang ertrunken sein sollen, wurden entweder frei erfunden oder falsch interpretiert"*[16]. Kurzfristig unter Wasser gezogene Fischadler tauchten auch wieder auf[17], jedenfalls hat noch niemand einen ertrinkenden Fischadler gesehen, noch einen ertrunkenen einwandfrei nachweisen können.

Die über Generationen überlieferte Anekdote ist wohl nichts anderes als falsche Interpretation von Beobachtungen und ihre unkritische Weitergabe, beruht also auf Irrtümern, in einem Fall auf Fälschung. Die Wahrscheinlichkeit, dass der emsig kolportierte Fall wirklich eintritt, ist äußerst gering und daher für das Pro oder Contra für unser Wissen über das Leben des Fischadlers unwesentlich, eben bestenfalls nur eine Anekdote. Lohnt es sich dann überhaupt, eine Spur zu verfolgen und viele Worte darüber zu verlieren? Auf alle Fälle dann, wenn ein Gerücht oder bestenfalls ein höchst unwahrscheinliches Einzelereignis zum festen Bestandteil unseres Wissens über die Biologie einer Art zu werden droht. Allerdings würde es durchaus in ein realistisches Naturbild passen, wenn ein scheinbarer Gewinner auch dann und wann einmal an Grenzen stößt. Alleskönner und „Siegertypen" sind ebenfalls ein Irrtum, den zahlreiche Beobachtungen und unsere Neigung nach Sensationen und starren Bewertungen zu stützen scheinen (S. 213).

Krokodilwächter. Xylographie nach R. Kretschmer, Brehm's Illustrirtes Thierleben für Volk und Schule um 1870

Krokodilwächter und Ziegenmelker: Wie Irrtümer zu Namen werden

Irrtum

48. In deutschen Vogelnamen sind systematische Zugehörigkeit oder charakteristische Eigenschaften eines Vogels zu erkennen. Sie müssen daher dem jeweiligen Wissensstand angepasst und immer wieder aktualisiert werden.

49. Lateinische Vogelnamen sind eine Geheimwissenschaft und für den praktischen Gebrauch ungeeignet.

Auf seiner Reise nach Ägypten 459 v. Chr. sah Herodot (480/490 – ca. 424 v. Chr.) einen kleinen Vogel, der zwischen den klaffenden Kiefern ruhender Krokodile die Blutegel wegpickte[1,2]. Möglicherweise handelt es sich dabei um den Vogel, der heute den deutschen Namen Krokodilwächter trägt, sicher ist es nicht, denn im Griechischen der Antike nannte man ihn

Trochilos. Die Glaubwürdigkeit des Berichterstatters war schon in der Antike umstritten, da man später fantasiereiche Erzählungen und sachliche Berichte in seinen literarischen Hinterlassenschaften nicht mehr unterscheiden konnte. Alfred Brehm (1829-1884) schmückt in seinem „Thierleben" die Geschichte noch etwas aus, indem er auf einen Bericht von Plinius dem Jüngeren (61–113 n. Chr.) zurückgreift, der wiederum auf Herodot gestützt erzählt, der Vogel würde nicht nur dem *„gähnenden Krokodil"* das Maul reinigen, sondern das Reptil durch seine Stimme oder durch Picken an der Schnauze auch noch vor Gefahren warnen[3]. Brehm selbst meint, wiederholt gesehen zu haben, dass ein Krokodilwächter *„seinem gewaltigen Freunde"* die Zähne geputzt und hängen gebliebene Nahrungsbrocken zwischen den Zähnen oder vom *„Zahnfleisch"* (das bei Krokodilen übrigens nicht vorhanden ist) abgelesen hat.

Als Nächster hat sich Alexander Koenig (1858-1940), der Gründer des Zoologischen Forschungsmuseums Alexander Koenig (ZMFK) in Bonn, ausführlich mit dem Krokodilwächter beschäftig[2]. Er war von dem hübschen Vogel geradezu begeistert, beobachtete ihn damals noch häufig in Oberägypten, sah ihn aber nie an einem Krokodil herumpicken, hielt es jedoch für möglich. Vor allem war Koenig um die antiken Quellen bemüht und zitiert einige im Original und in einer zeitgenössischen Übersetzung. Von Herodot übernahm auch Aristoteles die Geschichte vom Krokodil und seinem Zahnpfleger, ferner die Griechen Strabon (ca. 63 v. Chr.– 23 n. Chr.) und Plutarch (ca. 45 – ca. 125 n. Chr.) sowie der Römer Aelianus (ca. 170 – mind. 222 n. Chr.) Koenig weist nach, dass Brehm den Bericht von Plinius nicht korrekt übersetzt und noch etwas ausgeschmückt hat. Schon die alten Quellen über den *Trochilos* haben also durch fleißige Weitergabe etwas von Gerüchten an sich. Ihre großzügige Überlieferung durch Brehm in die Neuzeit kann trotz scheinbar persönlicher Erfahrung nicht viel daran ändern.

1959 beschreibt Richard Meinertzhagen (1878-1967), ein bekannter und damals noch angesehener Ornithologe, in seinem viel zitierten Buch *„Pirates and Predators"* das merkwürdige Verhalten ebenfalls, allerdings ohne Zeit und Ort anzugeben, und will 1907 auch einen Spornkiebitz bei der Gebissreinigung eines Krokodils in Rhodesien, dem heutigen Simbabwe, beobachtet haben[4]. 1977 studierte Thomas Howell (1924-2004) mehrere Monate in Gambia die Brutbiologie des Krokodilwächters[5]. Er sah nie einen der von ihm intensiv beobachteten Vögel an einem Krokodil. Die Ausführungen von Meinertzhagen hält er für nicht tragfähig, da nicht mehr klar ist, ob die Beobachtungen damals notiert oder nur in einer lang zurückliegenden Erinnerung in seinem Buch aufgefrischt wurden. Meinertzhagen habe auch an anderen Stellen „sichere" Angaben gemacht, die sich dann als falsch herausstellten. Auch das Handbuch über die Vögel Afrikas[1] erklärt die Sichtbeobachtungen von Brehm und Meinertzhagen damit, dass ihre Autoren offensichtlich auf Erinnerung länger zurückliegender Vorfälle zurückgegriffen haben. Kein anderer Naturforscher habe jemals an Kiefern von Krokodilen pickende Vögel gesehen. Damit ist die Sache vornehm in das Reich legendärer Irrtümer als Folge von Erinnerungstäuschungen verwiesen. Doch im Falle Meinertzhagen kann man auch deutlicher werden, denn er war nach dem Urteil führender Ornithologen ein *„pathologischer Lügner und Selbstdarsteller"*[6], dessen Biographie mit *„Leben und Legende eines riesigen Betrugs"* untertitelt wurde[7,8]. Im Handbuch der Vögel der Welt wird empfohlen, die Legende vom Krokodilwächter ad acta zu legen[9]. Howell, der Experte, hält es zumindest für möglich, dass Krokodilwächter gelegentlich Nahrung von Krokodilzähnen picken, vielleicht sogar auch einmal ins Maul rennen. Möglicherweise war das tatsächlich in früheren Zeiten öfters zu beobachten als beide Arten entlang des Nils noch häufig waren[5]. Dass auffälliges Verhalten und Rufe des Krokodilwächters Tieren auf offenen Flussbänken Alarm signalisieren können, mag dem Wächter im Namen Sinn geben. Muss man aber einen Vogelnamen unbedingt immer wörtlich nehmen und von ihm eine korrekte biologische Aussage erwarten? Das sehen Vogelkundige durchaus unterschiedlich und so gibt es immer wieder Vorschläge und sogar lebhafte Diskussionen, selbst lang eingeführte Trivialnamen neueren Erkenntnissen oder auch gebräuchlichen Namen in anderen lebenden Sprachen anzugleichen.

In der wissenschaftlichen Nomenklatur, die jedem Vogel zwei Namen zuweist, eine Bezeichnung für die Gattung und eine für die Artnamen, sind die Dinge durch einen Internationalen Code geregelt, der neben vielen anderen Vorschriften zwei Kriterien sichern soll: Einmaligkeit eines Namens aus den zwei Bestandteilen, damit man weiß, wovon die Rede ist, und Stabilität, also keine Änderung des Artnamens ohne zureichenden Grund. Der Krokodilwächter wurde von Linné (1707-1778) in der 10. Auflage seiner Systema Naturae 1758, dem Referenzwerk der zoologischen Nomenklatur, mit dem Artnamen *aegyptius* versehen. Er heißt gemäß den internationalen Vorschriften für wissenschaftliche Namen auch heute noch so, obwohl er im frühen 20. Jahrhundert in Ägypten ausgestorben ist. Der davon abgeleitete britische Name Egyptian Plover (Ägyptischer Regenpfeifer) gibt also dann auch nicht mehr den Stand der Dinge korrekt wieder. Warum sollte man aber einen überlieferten Namen nicht beibehalten, auch wenn man weiß, dass ihm ein geschichtlicher Irrtum zugrunde liegt oder er schon länger nicht mehr zutrifft?

Die beliebte Frage „Warum heißt ein Vogel so?" wäre dann statt eines kurzen kausalen Hinweises mit einer interessanten kleinen Geschichte zu beantworten. Die ist übrigens in diesem Fall noch etwas komplizierter, denn der antike Name *Trochilos*, latinisiert *Trochilu*s, wird dem Zaunkönig zugeschrieben, ist aber offensichtlich durch einen Irrtum von Linné[5] nach Südamerika an eine Kolibrigattung geraten, deren Name auch für Familie der Kolibris (Trochilidae) Pate stand. Mit dem englischen Namen haderte Thomas Howell so sehr, dass er in seiner Monographie den Egyptian Plover nur als EP bezeichnete, weil er den Namen als doppelten Missgriff („*double misnome*r") empfand[5]. In Ägypten kam der Vogel ja schon lange nicht mehr vor und er galt bis vor kurzem auch nicht als Regenpfeifer (Plover), sondern als Zugehöriger der Familie Brachschwalben (Glareolidae) mit der Unterfamilie Rennläufer.

Der Professor der University of California hat es nicht mehr erlebt, dass seine Bedenken teilweise ausgeräumt wurden, denn jetzt hat die moderne Systematik dem Krokodilwächter allein eine eigene Familie zugebilligt, die von den Brachschwalben weiter entfernt, aber als Schwestergruppe der Regenpfeifer anzusehen ist. „Plover" wäre also kein ernst zu nehmender Fehlgriff in der Wahl eines populären Namens[10,11]. Aber vielleicht ändert sich das wieder einmal und die Geschichte bekommt eine Fortsetzung, denn Molekulargenetik bringt viele Verwirbelungen in die traditionellen Klassifikationen.

Für einen Alleinstellungsanspruch eines Namens zur Vermeidung von Verwechslungen eignet sich Krokodilwächter jedenfalls hervorragend, die Bezeichnung ist originell und daher auch einprägsam. Viel spricht dafür, in solchen interessanten Fällen den Namen eines historischen Irrtums oder einer Fehlinformation gewissermaßen als Kulturgut zu konservieren. Seepferdchen, Flusspferd oder Walross sind bekanntlich keine Pferde, haben auch kaum Ähnlichkeiten mit ihnen, benennen jedoch für jedermann eindeutig eine Tierform und haben sich durchgesetzt.

Die Regel, einen eingeführten Namen beizubehalten, um Verwechslungen und Unklarheiten bei Namensänderungen zu vermeiden, konserviert Irrtümer. Da ist dann zwischen Vor- und Nachteilen für die Information abzuwägen, mitunter auch ein offensichtlicher Fehler den Prinzipien von Einmaligkeit und

Stabilität eines Namens unterzuordnen. Isabellbrachvögel, Gattungsverwandte unseres einheimischen Brachvogels, brüten von Ostsibirien bis in den Norden der Mongolei und überwintern im südlichen Asien und in großer Zahl in Australien. Carl von Linné gab der neu entdeckten Art 1766 den Namen *madagascariensis*. In Madagaskar ist bis heute noch kein Isabellbrachvogel nachgewiesen worden und auch kaum jemals zu erwarten[11]; an der Küste der Insel kann man nur Große Brachvögel und Regenbrachvögel, also Brutvögel im westlichen Teil der eurasischen Landmasse, als Wintergäste beobachten[12]. Hat der große schwedische Naturforscher also sein Typusexemplar falsch bestimmt?

Er war wohl einer falschen Information aufgesessen oder hatte Schwierigkeiten, den Herkunftsort des ihm vorliegenden Präparats auf dem Etikett zu entziffern. Des Rätsels Lösung: Der Herkunftsort des Präparats war *„ohne Zweifel"* nicht Madagaskar, sondern Makassar[11], eine Stadt im Südwesten der Insel Sulawesi im Winterquartier der Art. Also hätte es *macassariensis* heißen müssen. Der irrtümliche Name ist im Sinne der Stabilität von Namen aber weiterhin gültig. Bleibt aber noch das Problem des irrtümlichen Fundorts, denn für ein Exemplar, nach dem eine neue Art beschrieben wird, wissenschaftlich als Typus bezeichnet, muss auch festgelegt sein, woher es stammt. Typen müssen also nicht nur genau beschrieben, sondern auch einem Fundort zugeordnet werden. Linné hat nun einmal Madagaskar angegeben und so muss man das auch zitieren.

Man behilft sich heute in wissenschaftlichen Übersichten damit, dass man hinter dem Typusort gleich eine Berichtigung einschiebt[9, 11], die in diesem Fall genau besehen nur auf einer allerdings gut begründeten nachträglichen Vermutung beruht. Streng wissenschaftlicher Umgang mit Irrtümern schafft also Probleme, mit denen sich die zoologische Nomenklatur immer wieder auseinandersetzen muss. Bleibt noch die Frage, ob es denn wirklich wichtig ist, solche historischen Details alle sorgfältig zu klären. Ganz eindeutig ja! Wenn wir die aktuellen dramatischen Veränderungen verstehen und gegen den Schwund der biologischen Vielfalt etwas unternehmen wollen, ist Klarheit über die Vergangenheit eine entscheidende Voraussetzung[6]. Besonders wichtig ist in diesem Zusammenhang, Anlehnungen an Ortsbezeichnungen, sogenannte Toponyme, kritisch zu prüfen.

Die Stabilitätsregel in den nomenklatorischen Vorschriften brachte auch schon Argumente gegen einen Vogel ins Spiel, mit denen man den Naturschutz aushebeln wollte. Die im Binnenland heimische, mitteleuropäische Unterart des Kormorans heißt *Phalacrocorax carbo sinensis*, wörtlich übersetzt also die chinesische. Willkommener Anlass, den verhassten Fischräuber mit enormer Bestandszunahme am Ende des 20. Jahrhundert als Fremdling und eingeschleppt zu brandmarken (S. 176 f.). Johann Friedrich Blumenbach (1752-1840) sah auf einer Abbildung zum Fischfang in China gezähmte Kormorane, nannte 1798 diesen Vogel *sinensis*, weil er sich vom skandinavischen Kormoran unterschied. Er erwies sich später als derselben Unterart wie in Mitteleuropa zugehörig[19]. Der Name blieb gemäß den Prioritäts- und Stabilitätsregeln der zoologischen Nomenklatur.

Viele wissenschaftliche, auch einige deutsche und mehr noch britische Vogelnamen sind Personen gewidmet. Für diese von Eigennamen abgeleiteten Vogelnamen (Eponyme) bietet ein umfassendes Werk Einblick in viele historische Details der in Vogelnamen niedergelegten Forschungsgeschichte[8]. Und da wimmelt es von Irrtümern und falschen Schreibweisen, die sich nun einmal festgesetzt haben. Irrtümer entstanden auch, weil die Personen, denen Vogelnamen gewidmet wurden, in Wirklichkeit nicht das waren, wofür sie der Beschreiber einer neuen Art hielt, oder sich Zuneigung und Sympathien im Lauf der Zeit entscheidend änderten.

Solche Fehleinschätzungen und unvorhergesehenen Entwicklungen persönlicher Beziehungen oder politischer Einstellungen, die sich in Vogelnamen äußern, spielen natürlich keine Rolle, wenn man sie nur als wissenschaftlich korrekte Benennung benutzt. Manche hinter Vogelnamen stehenden Schicksale und Symbole stimmen aber zumindest nachdenklich, bei einigen würde man wohl auch Namensänderungen gegen das Stabilitätsprinzip vorschlagen wollen. Der zwielichtige Meinertzhagen ist in zehn Vogelnamen „verewigt", allerdings nur in Bezeichnungen für Unterarten. Seiner zweiten Frau Anne hat Meinertzhagen seinerzeit zwei Unterarten gewidmet. Sie kam drei Jahre später durch einen Schuss aus der Pistole ihres Ehemanns ums Leben, angeblich ein Unfall oder Suizid, der nie untersucht wurde. Es geistern sogar Vermutungen einer absichtlichen Tötung durch die Literatur[6]. Die Forscherkarriere von Ernst Schäfer (1910-1992) – nach ihm wurden fünf Unterarten benannt – war eng mit einer Laufbahn in der SS und mit der Nähe zu Heinrich Himmler (1900-1945) verbunden. Er ist nicht der einzige SS-Offizier, der in Vogelnamen auftaucht. Da die hohe Zeit der noch unbekannten, neu zu entdeckenden Arten damals aber schon vorbei war, verstecken sich wie bei Schäfer manche dieser Namen in Bezeichnungen für Unterarten, die nur in umfassenden wissenschaftlichen Übersichten vollständig aufgezählt werden[10].

Fragwürdige politische oder zeitgenössische Zusammenhänge tauchen in Vogelnamen vielfach auf und belasten das Prinzip der Namensstabilität. Rüde Schießer- und Sammlertypen sind vor allem in der imperialistischen Kolonialzeit oft zu Ehren gekommen, vielleicht auch, weil man sich weiteres Material von leidenschaftlichen Sammlern und Jägern erhoffte, die vor allem unter Kolonialoffizieren zu finden waren. Da ist dann oft nicht mehr zwischen engagierten Amateurforschern oder begeisterten Jägern und eingefleischten Rassisten oder gar brutalen Kolonialherren wie etwa Leopold II. von Belgien unterschieden worden. Man könnte die Vergangenheit ruhen lassen. Namensänderungen als Korrektur von „Irrtümern" spielen Probleme im Umgang mit Unmenschlichkeit der Vergangenheit wohl eher herunter. Beseitigung nicht zu akzeptierender Denkmäler steht gegen kritische und diskriminierende Vogelnamen als ein Stück Erinnerungskultur. Einzelfälle sind aber sicher noch nicht abschließend behandelt.

So wirft ein mächtiger Adler Afrikas mit seinem deutschen Namen Kaffernadler juristische Probleme auf. Der ursprünglich unbelastete Ausdruck Kaffer wurde in der Kolonialzeit oder während der Apartheid zum Schimpfwort gegenüber der indigenen Bevölkerung und ist heute in Namibia und Südafrika, Länder im Verbreitungsgebiet des Vogels, verboten. Mit dem Begriff ist man recht großzügig umgegangen, denn Kafferntrappe, Kaffernsegler und Kaffernhornrabe zieren auch noch neueste Listen der Vögel der Welt[11]. In den latinisierten wissenschaftlichen Artnamen findet man *caffer* und *cafer* sowie die weiblichen Formen *caffra* und *cafra,* die sogar dem Weg der Sklaven nach Amerika gefolgt sind. Der Westgoldspecht wurde 1788 als *Colaptes cafer* der Wissenschaft bekannt gemacht, weil man seine Heimat in Südafrika wähnte. Johann Friedrich Gmelin (1748-1804), Professor an der Universität Göttingen, verwechselte ganz offensichtlich „Bay of Good Hope" im Nootka Sound der kanadischen Provinz British Columbia mit „Cape of Good Hope" an der Südspitze Afrikas. Verzeihlich, denn der Nootka Sound wurde erst 1774 entdeckt und Bay of Good Hope war keine eingeführte geographische Bezeichnung, sondern eher ein Name, den ihr die Entdecker und frühe Seefahrer gegeben haben. Der irrtümliche Vogelname bleibt, beim Fundort muss wie für den Isabellbrachvogel immer eine Korrektur angegeben werden. Dies gilt auch für andere Irrtümer, die mit dem offenbar beliebten Namen *caffer* entstanden sind. Beim Rotsteißbülbül *Pycnonotus cafer* muss der Typusort Kap der Guten Hoffnung in Pondicherry, Südostindien korrigiert werden. Von weiteren Trägern des anstößigen wissenschaftlichen Artnamens, der ohne Arg auch für den Begriff „südlich" verwendet wurde, sind drei tatsächlich Südafrikaner und einer ein Pieper auf Tahiti[12,13].

Diskriminierende Namen hat man immer wieder einmal zu tilgen versucht, aber oft nicht konsequent. Nach der Mitte des 20. Jahrhunderts wurden alle Raubvögel zu Greifvögeln, weil sie keine Rechtsverstöße als Räuber begehen. Man erhoffte sich damit ein besseres Image für seit Jahrhunderten verfolgte Kreaturen. Heute tut man sich manchmal schwer, einen Sammelbegriff für Wirbeltierjäger aller Art in verschiedenen Tierklassen zu finden. „Beutegreifer" klingt nicht besonders wissenschaftlich und umschreibt längst nicht alle Techniken des Nahrungserwerbs, denn manche greifen nicht zu, sondern hacken, beißen oder schnappen. Hilfskonstruktionen, wie Beute- oder Fressfeinde, zeugen ebenfalls kaum von politischer Korrektheit. Also behilft man sich mit dem neutralen, wissenschaftlich klingenden Prädator, der zwar in seiner Bedeutung keineswegs räuberfrei ist, aber nicht nur „cool" klingt, sondern auch global verstanden wird, deshalb jedoch noch lange nicht eindeutig ist. Aus ökologischer Sicht sind Sommergoldhähnchen in ihrer Nahrungswahl für kleine Gliederfüßer Prädatoren, kaum jemand aber würde die winzigen Vögel in einem Vergleich in die Reihe von Prädatoren wie Wanderfalke oder Steinadler stellen, die man auch zu Spitzenprädatoren erhebt. Nicht, weil sie spitze sind, sondern weil sie als Endglieder von Nahrungsketten eingeordnet werden.

Bei all den sprachlichen Bemühungen ist ein Singvogel außen vor geblieben: Der Raubwürger hat seinen furchterregenden Namen bis heute behalten. Die Alternative Grauwürger würde allerdings die sprachliche Herausforderung nur zum Teil beheben. Man müsste dann den seit Jahrhunderten gebräuchlichen deutschen Namen Würger für eine interessante und bei uns hoch gefährdete Singvogelfamilie ändern oder einen Namen erfinden, der die verwandtschaftliche Beziehung verschleiert. Kein Problem entstand dagegen, als aus dem Fischreiher ein Graureiher wurde. Die Namensänderung sollte dem Fischjäger den Druck von der Fischerei- und Anglerlobby nehmen (S. 169 f.) und war auch scheinbar gut begründet. In der Farbgebung ließ sich der Graureiher seinem nahen Verwandten Purpurreiher gut an die Seite stellen. Purpurreiher sind im Alterskleid allerdings nur rotbraun; sie und der Graureiher jagen nach wie vor Fische. Erfolgreicher verlief die Tilgung des Namens Lämmergeier. Dem Bartgeier wurde seit alters nachgesagt, Schafe und Gämsen zu jagen und ganz nebenbei auch Kinder zu rauben (S. 210 f.) und so hat sich der Lämmergeier nicht nur im deutschen, sondern auch im englischen Sprachraum als Lammergeier durchgesetzt. Ein hervorstechendes Merkmal, der schwarze Bart, der sich gegen die weißlichen Kopffedern der Altvögel deutlich abhebt, verhalf dem Bartgeier zum Durchbruch und im Englischen dem Bearded Vulture.

Vogelnamen zu deuten ist ein weites Feld, das viele Irrtümer aufklären kann, in Sprachgeschichte eintaucht und Geographie von Mundarten verfolgt, oft aber auch keine überzeugenden Begründungen liefert oder sich in Sagen und Mythen verliert. Für deutsche[15], wissenschaftliche[8,13,15] und britische[16] Namen europäischer Vögel gibt es sorgfältig zusammengestellte Übersichten, die viele interessante Einzelheiten über die Herkunft von Namen verraten, aber auch immer wieder Fragezeichen setzen. Mancher Irrtum hat sich historisch in Namen festgesetzt, stört dort aber nicht mehr, weil der Fehler längst hinter einer gebräuchlichen Bezeichnung so gut wie verschwunden ist und niemanden irritiert.

Das gilt auch für den Ziegenmelker, der in tiefer Dämmerung und bei Dunkelheit nachtaktive Insekten im Flug erbeutet. Da Insekten sich auch in der Nähe von Weidetieren aufhalten, sich in der Abendkühle auch wohl um deren warme Körper konzentrieren, wurde den zwischen Weidevieh jagenden Vögeln unterstellt, sie würden Ziegen melken. Es genügte wohl auch schon, dass der ein oder andere Landbewohner seinen Eindruck anderen erzählte und dann ein Gerücht dem etwas unheimlichen Nachtjäger den Namen gab. Kein Mensch verfällt heute dem Irrtum, der Vogel würde Ziegen melken, also kann man den irrtümlichen Namen beibehalten, der auch als wissenschaftlicher Gattungsname *Caprimulgus* (capra: Ziege; mulgere: melken) zu Ehren kam. Wiederum ist der Name eingängig und originell, vor allem weiß man, welchen Vogel man meint. Das ist bei der vernünftig und wissenschaftlich klingenden Alternative „Nachtschwalbe" nicht der Fall, denn mit diesem Namen wird ein Irrtum transportiert, der in der Tat Fehlinformationen nach sich ziehen könnte. Trotz langer, schlanker Flügel und der Fähigkeit, wie Schwalben fliegende Insekten in der Luftjagd zu fangen, sind Ziegenmelker keine Nachtausgabe von Schwalben und nicht näher mit ihnen verwandt. Grobe Ähnlichkeiten erklären sich hier nicht damit, dass sie bei gemeinsamen Vorfahren der beiden Vogelgruppen vorhanden waren, sondern weil sie unabhängig in beiden Abstammungslinien durch ähnliche Anpassungen an die Luftjagd als Technik des Nahrungserwerbs erworben wurden. Die Evolutionsbiologen sprechen in diesem Fall von Analogie, die durch konvergente Evolution entstanden ist.

Durch den zweiteiligen wissenschaftlichen Namen wird eine Verwandtschaft auf dem Niveau der Gattung ausgedrückt. Zu welcher größeren verwandtschaftlichen Einheit (Taxon) ein Namensträger zu rechnen ist, wird daraus nicht ersichtlich. Wenn also das Rotkehlchen früher zu den Drosseln (Turdidae) gezählt wurde, heute aber in die Familie der Schnäpperverwandten (Muscicapidae) zu stellen ist, ändert sich am wissenschaftlichen Namen nichts. Natürlich kommt es vor, dass man bisherige Gattungsverwandte mitunter trennen oder Arten in eine andere Gattung eingliedern muss, da zum Beispiel molekulargenetische Untersuchungen dies nahelegen. Dann werden solche offensichtlich gewordenen „Irrtümer" mit der Änderung der Gattungsnamen korrigiert, der Artname bleibt. Aber solche Korrekturen sind je nach Forschungsansatz nicht immer unumstritten, und so findet man ein und denselben Vogel auch manchmal unter verschiedenen Namen. Der kleine grünliche Finkenvogel der Alpen hieß früher Zitronenzeisig, dann lange Zeit Zitronengirlitz *Serinus citrinella.* Jetzt hat man herausgefunden, dass er doch ein Zitronenzeisig ist, der mit dem Stieglitz den Gattungsnamen *Carduelis* tragen muss, während andere Zeisige in weiteren Gattungen untergebracht werden. Der Schneefink in der Alpinstufe ist mittlerweile zum Schneesperling geworden, sein Gattungsname hat sich nicht verändert, doch hat man herausgefunden, dass die Vögel der Gattung *Montifringilla* keine Finken, sondern Sperlinge sind.

Aber nicht nur Fortschritte in der wissenschaftlichen Erkenntnis, die Irrtümer korrigieren, schlagen sich in Vogelnamen nieder. Ganz unabhängig davon spielen in den Trivialnamen unterschiedliche Erfahrungen oder naive Interpretationen von Beobachtungen und natürlich mundartliche Unterschiede eine Rolle. Das kann bei Vogelarten, die unseren Vorfahren gut bekannt waren, zu einer Namensfülle führen. Walter Wüst (1906 – 1993) stellt in seiner *„Avifauna Bavariae"* für das Blässhuhn nicht weniger als 37 historische und mundartliche deutsche Namen zusammen[17]. Sicher hat der häufige und bekannte Wasservogel noch mehr, denn in der Aufstellung wurden in Norddeutschland bekannte Bezeichnungen nicht berücksichtigt. Mindestens je sechs dieser Namen sprechen von einem Huhn oder einer Ente. Beim Teichhuhn enden unter 17 Namen 13 mit der Silbe -huhn. Die Liste der Vögel Deutschlands von 2005 gibt ihrer Aufgabe entsprechend jeweils einen „offiziellen" Namen für jede Vogelart vor und spricht von Blässhuhn und Teichhuhn[18].

Die meisten Naturbeobachter wären damit einverstanden, denn sie sehen in den beiden häufig zu beobachtenden Wasservögeln tatsächlich ein Huhn oder ein Hühnchen, bei schwimmenden und tauchenden Blässhühnern vielleicht auch eine Ente. Doch unvoreingenommene Beobachtung wie offizieller deutscher Name vermitteln einen Irrtum, denn die beiden „Hühner“ sind keine solchen, sondern Rallen, die zur Ordnung der Kranichvögel zählen. Manche Vogelkundige sagen und schreiben daher abweichend von der Artenliste der Vögel Deutschlands Blässralle und Teichralle. Das mag außerhalb des Kreises von Fachleuten im norddeutschen Sprachraum eher volkstümlich werden als im Süden, wo das mundartlich baierische Duckantl (Tauchente) für das Blässhuhn bei alteingesessenen Naturkennern immer noch sprachlich zu Hause ist. Korrektur eines Irrtums müsste also mit Änderungen vertrauter Ausdrücke erkauft werden und damit wohl auch mit abnehmendem Bekanntheitsgrad eines Vogels. Übrigens trägt das Teichhuhn den Gattungsnamen *Gallinula,* was nichts anderes als Hühnchen bedeutet.

Das Rotkehlchen hat nicht eigentlich eine rote Kehle, sondern auch ein rotes Gesicht und eine rote Brust. Der Wachtelkönig ist kein Herrscher und nicht einmal eine Wachtel. Der Alpenstrandläufer ist kein Alpenvogel, der Neuntöter tötet nicht neun Opfer. Die Grasmücke hat nichts mit Gras, der Dompfaff nichts mit antiklerikaler Einstellung zu tun. Der Gänsesäger sägt keine Gänse, der Halsbandschnäpper schnappt keine Halsbänder. Also Irrtümer inbegriffen, Fehldeutungen durchaus wahrscheinlich. Aber jeder Name hat seine Geschichte, deren Korrektur nach aktuellem Wissensstand dazu führen könnte, dass man nicht mehr weiß, wovon die Rede ist. Landessprachliche Namen oder Trivialnamen unterliegen keinen strengen Nomenklaturgesetzen, können sich also wie Sprache auch ändern und mitunter unlogisch sein. Im Zeitalter digitaler Vogellisten und Datenbanken muss man aber sparsam mit der Korrektur von Irrtümern oder wünschenswerten Anpassungen in Vogelnamen und ihrer Schreibweise umgehen. Sonst drohen neue Irrtümer und Fehler oder zumindest aufwändige Sucharbeit.

Bartgeier greift an. Xylographie, Allg. Illustrirte Zeitung 1864

Rätsel, Rollenspiele und Gerüchte

Vögel als Mythos sind so alt wie die Menschheit und damit ein Bestandteil der Kulturgeschichte, nicht erforschte Natur, sondern das, was von ihr wahrgenommen und je nach kulturellem Umfeld gedeutet wird. Der Klapperstorch bringt die Kinder – dieser Mythos mit langer Geschichte geht auf eine sympathische Vogelgestalt der Antike zurück, die im Christentum zum Himmelsboten erhoben wird[49]. Kein Mythos sind die statistisch signifikanten Korrelationen, die man tatsächlich zwischen Geburtenrate und Storchenbestand je nach Land und Zeitabschnitt mit negativem oder positivem Vorzeichen berechnen kann, sondern ein gutes, weil sarkastisch-ironisches Lehrbeispiel gegen den immer noch häufig praktizierten Irrtum, in statistischen Korrelationen kausale Beziehungen zu sehen.

Der naturwissenschaftliche Wert von Mythen ist, von Ausnahmen abgesehen, begrenzt, auch wenn manches als geschichtliche Quelle für Vorkommen und Verhalten von Vögeln dienen kann. Nirgendwo sonst spielten Vögel in religiösen und säkularen Zusammenhängen eine derart bedeutende Rolle wie in Ägypten von prädynastischen Zeiten bis in die ptolemaische Epoche. Dies führte zu zahlreichen, teils hervorragenden Vogeldarstellungen in der bildenden Kunst, aber auch zur Verwendung von figürlichen Darstellungen in der Hieroglyphenschrift, in der 63 Standardzeichen mit Vögeln in Verbindung gebracht werden können. Aus ägyptischen Vogeldarstellungen in Wandgemälden, Reliefs, Papyri, Statuen und Statuetten lassen sich über 70 Arten bestimmen, fast eine Avifauna des Landes vor Tausenden von Jahren[50]. Sehr viel weniger ergiebig sind dagegen etwa Auswertungen der mittelalterlichen Tafelmalerei, in der Darstellungen von vielen Vögeln großenteils mit religiösen Vorstellungen und tradierten Legenden verbunden sind, aber auch manche Ansätze einer sachlichen Naturbeobachtung dokumentiert werden[39].

Viele Sprichwörter und Redensarten von heute basieren auf alten Erfahrungen und daraus entstandenen Mythen, die zwar nicht falsch sind, aber doch zu manchen Irrtümern führen, vor allem, wenn man sie ohne Relativierung übernimmt. Dabei geht es längst nicht mehr um Mythen, wie den kinderbringenden Weißstorch oder den Kreuzschnabel als Vogel, der die Nägel aus dem Kreuz Christi zog, sondern um Gerüchte, an denen etwas Wahres dran ist oder auch nicht. Manche Geschichten halten sich hartnäckig, manche sind kaum glaubhaft und trotzdem nicht übertrieben oder falsch. Manche entstehen auch einfach, weil in den Informationskanälen aller Art „Fake News" verbreitet werden, dies nicht nur mit dem Wort, sondern in zunehmendem Umfang auch mit digital bearbeitetem Bildmaterial. Moderne Forschungsansätze und damit verbundene Überlegungen sehen aber auch kaum glaubliche oder mehr dem Gerücht zugewiesene Fakten über Vögel in neuem Licht.

Vögel, die ihre Federn fressen

„Alle Vögel haben Federn, aber nur Lappentaucher essen ihre eigenen und speien sie dann wieder aus" beginnt Joseph R. Jehl jr. seinen spannenden Artikel über ein 500 Jahre altes Rätsel[1]. Schon die Azteken wussten, dass Schwarzhalstaucher häufig Federn und nur manchmal Fische hinunterschlucken. Von europäischen Autoren des 17. Jahrhunderts wurde das Federverschlingen erwähnt, blieb der Wissenschaft aber unbekannt. Erst 1781 griff Comte de Buffon (1707-1788) in seiner Naturgeschichte der Vögel das Thema wieder auf[2] und löste damit eine Diskussion aus, die bis heute anhält. Bei Haubentauchern beobachtete man, dass sie sich selbst Federn ausrupfen, Federn von der Wasseroberfläche auflesen oder auch schon an wenige Tage alte Junge verfüttern. Das ist auch von anderen Arten der Familie bekannt, es sollen sogar kleine nasse Federn am Tag nach dem Schlüpfen den Jungen vor der ersten richtigen Fütterung gegeben worden sein[3]. Auf einem eindrucksvollen Foto sitzt ein junger noch lange nicht flügger Schwarzhalstaucher auf dem Rücken eines Elternvogels und hat eine Flanken-

feder im Schnabel, die ihm vom Altvogel vorgehalten worden war[4]. Welche Bedeutung hat dieses Verhalten, wie ist es wohl zustande gekommen?

Die Nahrung der größeren Arten, wie Haubentaucher und Rothalstaucher, besteht großenteils aus Fischen, bei den kleinen Arten, wie Zwerg- und Schwarzhalstaucher dominieren Gliederfüßer, ergänzt durch Weichtiere und kleine Fischchen. Helmut Bandorf (1939-1994) diskutiert in seiner gründlichen Monographie des Zwergtauchers mögliche Erklärungen verschiedener Autoren, warum eigene Federn verschluckt und hinuntergewürgt werden. Die Federn im Magen sorgen (1) für gutes Verteilen und Zerlegen der Nahrung zur gründlichen Verdauung, (2) halten eiweißreiches Fischfleisch im Magen bis zur völligen Verdauung zurück, (3) halten Fischgräten im Magen zurück, die dann weicher werden und den dünnwandigen Darm nicht durchstechen, (4) schützen die Magenwände vor Gräten, (5) erleichtern die Bildung und das Auswürgen von Speiballen[5], denn ähnlich Greifvögeln und Eulen sollen auch Lappentaucher schwer- oder unverdauliche Bestandteile der als Ganzes geschluckten Beutetiere wieder auswürgen.

Aber genau dieses Verhalten verneint eine Reihe von Autoren oder stellt es zumindest in Frage. Verständlich, denn man sieht offenbar nur ausnahmsweise einen Lappentaucher tatsächlich einen Speiballen von sich geben und man kann die herausgewürgten unverdaulichen Nahrungsreste nicht einfach aus dem Wasser klauben wie Gewölle von Greifvögeln und Eulen vom Boden. Und es gibt noch weitere Erklärungsversuche der Federaufnahme in den Verdauungstrakt, wie Verringerung des Risikos von Endoparasiten, etwa Bandwürmern, infiziert zu werden, die mit den Fischen in den Verdauungstrakt gelangen. Nach einigen eher bizarren Annahmen sollen Federn als Nahrung dienen, heftige Bewegungen noch lebender Beute im Schlund abpuffern oder den Magen, auch wenn er leer ist, angenehm gefüllt halten und damit dem Wohlbefinden des Vogels dienen. Schutz des Verdauungstrakts, Möglichkeiten zur Speiballenbildung und Hilfe bei der Verdauung klingen am plausibelsten und schließen sich gegenseitig auch nicht aus.

Damit könnte man sich zufriedengeben. Aber die Diskussion nimmt in neuester Zeit wieder Fahrt auf, weil man sich bemüht, der Sache auf den Grund zu gehen, und die Frage nach der Evolution des merkwürdigen und unter den Vogelfamilien einmaligen Verhaltens stellt. Für die Federaufnahme wenden die Taucher beachtlich viel Zeit auf, meist nach Gefiederpflege und oft in ruhigen Phasen des Nichtstuns. Vor allem kleine Federn von Bauch, Flanken und Brust kommen in Frage; Federn werden aber auch von der Wasseroberfläche aufgenommen. Eine moderne Zusammenfassung erklärt, dass sich die Federn im Hauptmagen sammeln und dort zu einer grünlichen, schwammigen Masse verfilzen, die sich mit der aufgenommenen Nahrung vermischt und die Magenwand auskleidet. Nach Verdauung der Nahrung werden die Federballen in kleinen Portionen oder auch im Ganzen als Speiballen zusammen mit den schwer verdaulichen Beuteresten, wie Fischgräten oder harten Chitinteilen von Insekten, ausgewürgt.

In der Tat hat man bisher kaum jemals unverdauliche Überreste im Darm der großen fischjagenden Arten gefunden. Klumpen aus mehr oder minder zersetzten Federn blockieren den Magenausgang, den Pförtner (Pylorus), damit keine unverdauten Stücke durchkommen und die Darmwand verletzen könnten. Die kleinen Arten der Familie, wie Zwerg- oder Schwarzhalstaucher, die vor allem im Sommerhalbjahr vorwiegend von Insekten leben, deren Chitin keine Verletzungen der Darmwand befürchten lassen, nehmen nur wenig Federn auf und würgen die unverdaulichen Chitinreste ihrer Nahrung einzeln aus. Der kleine australische Haarschopftaucher (*Poliocephalus poliocephalus*), der von winzigen Gliederfüßern lebt, verschluckt keine Federn[6]. Andere Fischjäger verschiedener Vogelfamilien nehmen keine Federn auf, schon gar nicht regelmäßig. Sie scheinen häufiger von Endoparasiten befallen zu sein als Lappentaucher, deren Federschlucken also ein geringeres Infektionsrisiko zur Folge hätte und dadurch möglicherweise einen evolutiven Vorteil bedeutet[3].

Vieles an diesen Erklärungen ist nicht unumstritten. Ein Blick auf den Verdauungsapparat enthüllt Näheres zum Thema. Bei Vögeln kann man mindestens zwei Magenbestandteile unterscheiden. Im Drüsenmagen, den die Nahrung durchläuft und dabei Sekrete hinzugefügt bekommt, wird die Verdauung eingeleitet. Sie findet dann im Muskelmagen statt, der mit kräftigen Wänden Nahrungsbrocken durchmischt und zerkleinert. Viele Vögel verschlucken Magensteinchen und Sandkörner oft in erstaunlicher Menge, um die mechanische Arbeit des Muskelmagens bei der Bearbeitung harter, nicht oder nur schwer verdaulicher Nahrungsteile zu unterstützen. Der Muskelmagen ist eine Verdauungskammer, in der die Nahrung gut durchfeuchtet wird. Bevor sie aber dann weiter durch den Pförtner (Pylorus) in den Zwölffingerdarm geleitet wird, passiert sie bei einem Teil der Vögel den Pylorusmagen, eine Ausstülpung vor dem Magenausgang. Diese dritte Magenkammer, die sich bei vielen Fischfressern und Vögeln mit wasserreicher Nahrung, zum Beispiel auch bei Enten, Gänsen oder Rallen, aber auch bei einigen Greif- und Kuckucksvögeln findet, verlängert die Zeit der Magenverdauung[7].

Der Magentrakt bei Lappentauchern setzt sich aus einem großen Drüsenmagen, einem dünnwandigen Muskelmagen ohne aufgenommene Magensteinchen und einem relativ großen Pylorusmagen zusammen. Diese Ausstattung ist ganz auf chemische Verdauung angelegt. Die meisten Federn landen im Muskelmagen, wo sie einen großen Ballen bilden, der die darin festgehaltene Nahrung möglichst lange in dem relativ dünnwandigen Magenraum hält, bis sie gut verdaut ist. In den Pylorusmagen gelangen einzelne Federn, die als Filter wirken und verhindern, dass unverdaute harte Bestandteile in den Darm gelangen. Der Federballen im Muskelmagen wird von Zeit zu Zeit ausgewürgt. Beim eingehend untersuchten Schwarzhalstaucher ergaben sich, wie auch bei den großen fischfressenden Arten, aber kaum Anteile unverdauter Reste in den Speiballen. Also scheint das kein Weg der Abfallentsorgung zu sein. Unverdaute Nahrungsbestandteile bleiben vielmehr im Magen, sogar monatelang, bis sie dort chemisch zersetzt sind. Unregelmäßig und unabhängig vom Muskelmagen werden auch die Federn aus dem Pylorusmagen ausgewürgt. Die ausgewürgten Speiballen aus Federn hängen also nicht mit einer Entsorgung unverdauter Nahrungsbestandteile zusammen, sondern leiten offenbar eine Erneuerung der im Muskel- und Pylorusmagen arbeitenden Federansammlungen ein, die an zwei unterschiedlichen Stellen verdauungsfördernd arbeiten.

Warum haben aber keine anderen Fischfresser diese Methode erworben? Joseph Jehl jr. meint, dass die Vorfahren der Lappentaucher nicht Tauchjäger auf Fische waren, sondern zunächst ihre Nahrung an der Wasseroberfläche suchten und wiederum von Vorfahren abstammen, die im Seichtwasser watend ihre Nahrung suchten, also von Kleintieren lebten. Das könnte die namengebenden unvollständigen Schwimmhäute der Lappentaucher erklären, die nur als Lappen die Zehen verbreitern und für das Tieftauchen ineffizient sind. So haben die frühen Lappentaucher die Technik erworben, statt Steinchen und Sandkörner vom Gewässerboden heraufzutauchen auf der Wasserfläche treibende Federchen aufzunehmen und später auch eigene kleine Konturfedern zu verschlucken. Viele Lappentaucher sind heute noch Kleintierjäger auf und unter der Wasseroberfläche[1].

Federn im Magen als Methode einer möglichst effektiven Energiegewinnung aus der erjagten Nahrung ist eben nur einer von vielen denkbaren Ansätzen und bei anderen Wasservögeln, die von anderen Vorfahren abstammen, aus einer Reihe von Gründen nicht verwirklicht worden. Eine andere Lösung ist, nicht so stark auf chemische Verdauung im Magen zu setzen und schwer verdauliche Bestandteile nicht zu verwerten, sondern auszuscheiden und den dadurch entstandenen Energieverlust durch große, energiereiche Beute oder mehr Tauchgänge zu kompensieren. Wer optimal ans Tieftauchen angepasst ist, was Lappentaucher nicht sind, kann sich diesen Weg leisten, wenn er damit relativ wenig Energie aufwenden muss, geeignete Beute zu erwischen. Großzügige Quervergleiche unter heute lebenden Arten ähnlicher Lebensweise können mit einem einfachen „warum?" gestellte Fragen oft nicht überzeugend beantworten und führen in die Irre, wenn man Evolution ganz außer Acht lässt. Es sind von ihr mehrere Wege beschritten worden, die zu effizient arbeitenden Fischfressern führten.

Knochenbrecher

Irrtum

50. Bartgeier haben Menschen angegriffen und Kinder geraubt. Adler und andere Greifvögel sind als Siegertypen ihren Opfern überlegen.

Gerüchte und Vermutungen, aber auch manche überraschende Wahrheit, umgeben den Bartgeier, der einst als Lämmergeier verschrien war (S. 200). Im Spanischen heißt er Quebrantahuesos, was Knochenbrecher bedeutet. Diese gefährlich klingende Bezeichnung ist kein schlechter Ruf als Folge eines finsteren Gerüchts, sondern beruht auf richtiger Beobachtung. Knochen spielen neben Fleisch frischtoter Säugetiere eine wesentliche Rolle in der Ernährung der mächtigen Greifvögel. Knochen sind keine so schlechte Wahl wie es scheinen mag, denn pro Gewichtseinheit bedeuten sie eine bessere Energiequelle als Fleisch, das pauschal gesehen zu 70 % aus Wasser besteht.

Mindestens acht Besonderheiten können als Anpassung an diese besondere Art der Abfallverwertung erklärt werden. (1) Anatomisch fällt im Vergleich zu anderen Geiern ein besonders weiter Schlund auf, der von Kropf und Magen wenig abgesetzt ist. Bartgeier können Knochen bis 25 cm Länge und 3,4 cm Breite verschlingen, auch bis 10 cm dicke Beinknochen von Rindern oder Wirbel mit ihren Fortsätzen noch bewältigen. Zersplitterte scharfkantige Enden scheinen keine Probleme zu bereiten. (2) Die Verdauungssäfte sind mit pH-Werten von 1-1,5 extrem sauer und können auch große Knochen angreifen. Horn und Haare werden wieder ausgewürgt. (3) Am Kadaver können Bartgeier mit ihren scharfen Schnabelrändern die Ligamente durchtrennen, die Knochen mit anderen Teilen des Skeletts verbinden, und schwächere Knochen, zum Beispiel Rippen, durchbeißen. Sie bewältigen auch lange Knochen, deren eines Ende schon anverdaut wird, während das andere noch aus dem Schnabel ragt[8]. (4) Die Spezialisierung auf Knochen erlaubt es den Geiern, noch nach Wochen zu den Resten eines verwesenden Kadavers zurückzukehren und sich Nahrhaftes abzuschneiden. (5) Eine besonders lange, kannelierte Zunge eignet sich hervorragend dazu, aus Knochen Mark und aus Schädeln Gehirnmasse herauszuschlürfen. (6) Dabei soll einigen Beobachtungen zufolge der Namen gebende Bart, der aus Borstenfedern besteht, als Tastorgan dafür sorgen, dass die Zunge nicht zu weit in Röhrenknochen eindringt und dann vielleicht stecken bleibt. Eine andere Version meint, dass die Tast„haare" des Bartes dafür sorgen, dass Bartgeier bei einem Aas den Kopf nicht zu tief ins Fleisch steckt und dadurch Kopf- und Halsfedern verkleben, sodass sie nicht mehr der Thermoregulierung dienen können. Bei typischen aasfressenden Geiern, wie etwa Gänsegeier oder Mönchsgeier, sind Kopf und Hals nicht befiedert oder nur mit dünnen, wolligen Dunen besetzt. (7) Typisch ist auch das Suchverhalten in Gebieten, in denen keine Abfallberge oder andere reichhaltige Nahrungsangebote zu finden sind. Bartgeier leben in Dauerpaaren, die Partner fliegen aber nicht wie bei anderen großen Greifvögel oft nahe beieinander, sondern sehr häufig einige hundert Meter auf Distanz. So können sie auf der Suche nach Nahrung verstreut in der Landschaft liegende kleine Kadaver oder Knochen durch Kontrolle einer größeren Fläche entdecken. (8) Große Knochen, aber in warmen Gebieten auch Schildkrötenpanzer, werden zertrümmert. Die Geier schrauben sich in die Höhe und lassen die Knochen aus etwa 20 bis 80m Höhe auf harten Untergrund fallen. Das kann hartnäckig viele Male wiederholt werden. Besonders geeignete Felspartien werden immer wieder aufgesucht und sind dann von Knochensplittern oder Panzerresten von Schildkröten übersät. Junge Bartgeier müssen diese Technik durch Versuch und Irrtum erst lernen, vor allem, nicht zu früh den Aufstieg abzubremsen[9].

Bis hierher nur Fakten und keine Gerüchte, auch wenn manches schier unglaublich klingt. Verbürgt sind auch Angriffe auf größere Tiere, darunter Schafe, was dem Lämmergeier seinen Namen eingetragen hat, obwohl in älteren Quellen nicht immer klar erkennbar ist, ob solche Attacken nicht großenteils auf das Konto von Steinadlern gingen. Bartgeier erschienen den Menschen in den Hochalpen schlichtweg als die mächtigsten und bedrohlichsten Vögel und zwischen gierigen Geiern und Adlern hat man wenig Unterschied gemacht. Bartgeier nannte man auch oft Geieradler[10,11].

Offenbar erkennen Bartgeier, wenn größere Säugetiere geschwächt oder verletzt sind und greifen sie auch an. Allerdings tauchte bei Belegen für solche Angriffe wieder einmal der Hochstapler Meinertzhagen als Quelle auf (S. 194). Auf seine *„persönlichen Erfahrungen"* wurde sogar mit Ausrufezeichen verwiesen, um alte Geschichten zu bestätigen[12]. 1871 schreibt der Schweizer Georg Albert Girtanner (1839-1907) *„Dass der Bartgeier sich an Menschen wage mit der Absicht sie zu tödten, ist seit einiger Zeit vielfach geglaubt und als Märchen verlacht, dann wieder für eine Thatsache oder doch wenigstens für vielleicht möglich gehalten worden"*. Einem Vorfall vom 2. Juni 1870, als ein 14-jähriger Bursche von einem großen Greifvogel attackiert und verletzt wurde, geht der Arzt und Naturforscher mit aller Sorgfalt nach und sieht seine Zweifel an der Geschichte widerlegt. Seine mehrseitige mustergültige Recherche einschließlich einer Bestimmungsübung des Betroffenen an Bildern und Präparaten, führt zum Schluss, dass sich die Sache wirklich zugetragen und es sich dabei um einen Bartgeier und nicht wie zunächst vermutet um einen Steinadler gehandelt hat[11]. Friedrich von Tschudi (1820-1886) berichtet: *„Man bezweifelt, dass die Lämmergeier auch Kinder angreifen; es sind indes Beispiele zur Genüge bekannt, wobei wir gerne zugeben, das manches Stücklein der Tradition auf Rechnung der mit ihm verwechselten Steinadler zu setzen ist "*. Mehrere Fälle von Kindsentführung und -tötung führt der Autor an, meint aber *„das in allen diesen Fällen der Thäter zweifelhaft ist"* und beruft sich nur auf den von Girtanner gelieferten Bericht als zweifelsfreien Beleg[10].

Das Handbuch der Vögel Mitteleuropas sieht Angriffe auf Menschen in Zusammenhang mit bekanntem Aggressivverhalten von Bartgeiern auf verletzte Huftiere und zitiert zwei Fälle, in denen durch Absturz verletzte oder in Bedrängnis geratene Menschen von Bartgeiern angegriffen sein sollen. Der eine wird von Meinertzhagen ohne Literaturnachweis zitiert, der andere geht auf einen Vorfall vor 1840 in Kasachstan zurück, der im Handbuch der Vögel der Sowjetunion erwähnt ist[12]. Damit reduzieren sich die Angriffe des Bartgeiers auf Menschen wohl auf zwei historisch belegte Fälle in der Schweiz und aus Kasachstan im 19. Jahrhundert, die durch zeitgenössische Gerüchte „ergänzt" worden sind.

Bleibt noch anzumerken, dass über tätliche Angriffe einzelner Vögel auf Menschen durchaus zu reden ist. Der Titel *„An Eye for a Bird"* des meistgelesenen Buches von Eric Hosking (1909-1991) ist wörtlich zu nehmen, denn der weltberühmte Tierfotograf verlor beim Angriff eines Waldkauzes am Nest 1937 in Wales ein Auge[51]. Eulen können am Nest sehr aggressiv sein. Als ich mich in längst vergangenen Tagen voller Freude im Erdinger Moos bei München über das Gelege einer Sumpfohreule beugte, erhielt ich einen kräftigen Stoß auf den Hinterkopf; der Nestbesitzer hatte sich im Flug auf den Eindringling heruntergestürzt. Heute ist die Gefahr von Sumpfohreulen angegriffen zu werden, durch Flughafen und agrarische Produktionsflächen dort zuverlässig gebannt. Wer übrigens Seeschwalbenkolonien zu nahe kommt, kann mitunter auch von kühnen Vogelattacken erzählen.

Bartgeier machen sich in ihrem Verhalten Menschen gegenüber aber höchstens ein wenig verdächtig. Sie zeigen sich nämlich bei ruhig sitzenden oder liegenden Personen ausgesprochen neugierig und fliegen in Gebieten, in denen sie nicht verfolgt werden, oft nahe heran. Sowohl in Nepal als auch im Äthiopischen Hochland haben uns Bartgeier die Freude gemacht, niedrig über uns erschöpft rastende Vogelbeobachter hinwegzufliegen und scheinbar sehr interessiert nach dem Rechten zu sehen.

Siegertypen

Buchtitel müssen zugkräftig sein und ankommen. Das wusste schon Renz Waller (1895-1979) mit seinem erfolgreichen Falknerbuch *„Der wilde Falk ist mein Gesell"*, 1937 erstmals erschienen und bis 2010 in fünf Auflagen nachgedruckt[13]. Heute muss noch mehr für die Publicity getan werden und so hatten wir uns für ein Adlerbuch zum Untertitel *„Mächtige Jäger – Symbole der Freiheit"* durchgerungen, um noch einigermaßen auf dem Boden zu bleiben und nicht zu sehr Rekordlust und überzogene Werturteile zu bedienen[14]. Aber kurz danach erschienen bereits *„Siegertypen"* auf dem Markt, Bilder und Text zu Überlebensstrategien unserer Greifvögel[15]. Man liegt damit im Trend, denn Adler waren schon immer Siegeszeichen und daher auch Nationalvögel ganz unterschiedlicher Völker und Menschengruppen.

Bewertung von subjektiven Eindrücken bestimmt unseren Umgang mit Tieren. Darin liegt die Chance, für die Erhaltung der Biodiversität Mitstreiter zu gewinnen, aber auch die Gefahr, Natur völlig zu verkennen, denn Begeisterung oder Überschwang behindern den analysierenden Blick auf Zusammenhänge. Wenn plötzlich ein Steinadler über dem Berggrat am Himmel auftaucht oder ein mächtiger Seeadler aufs Wasser herunterstößt, lässt sich auch beim x-ten Mal eine freudige Erregung nicht ganz ausschalten. Man erhält Eindrücke, gegen die ein Spatz auf der Dachrinne oder eine Kohlmeise am Futterhaus nicht ankommen. Subjektive Wertschätzung führt zu Bewertungen, die der Natur nicht immer guttun. Einteilung in Hoch- und Niederwild, Nützling und Schädling, übertriebene Hege und Pflege beliebter Tiere, Kampfansage gegenüber unbeliebten Tiergestalten mit einer völlig unbewiesenen Sorge ihrer Überhandnahme und daher Kampagnen gegen gefährliche Raubtiere wie Wolf, Luchs und Bär waren und sind die Folge. Nicht zuletzt auch in Deutschland gibt es immer noch erstaunlich viele illegale Greifvogeltötungen jedes Jahr, um bei Siegertypen zu bleiben, in denen man den Verlierer nicht erkennt[16].

Vögel bieten uns viele Symbole. Aussehen und Verhalten, das nach unserem Gefühl mutig, kühn oder sonst wie eindrucksvoll scheint, machen aber noch keine Sieger. Und wenn es gar Typen gäbe, die einen Sieger kennzeichnen, hätten sie nach allem, was wir über die Strategien des Lebens wissen, über Generationen gesehen kaum eine lange Lebenszeit vor sich, ähnlich wie übrigens auch Perfektionisten, die, wie man oft in bester Absicht zu hören oder zu lesen bekommt, angeblich perfekt an eine Situation angepasst sind. Perfektion wörtlich genommen würde Endstation der Evolution bedeuten, an der die Existenz keineswegs gesichert ist. Schon geringe Änderungen würden perfekter Anpassung Probleme bereiten, wenn sie keine Möglichkeiten der Angleichung an geänderte Anforderungen hätte.

Unvergessen ist mir eine öffentliche Vorlesung des Zoologen und nachmaligen Nobelpreisträgers Karl von Frisch (1886-1982) in den 1950er Jahren an der Universität München. *„Vom Recht des Schwächeren in der Natur"* – ein Thema, das damals wohl kein Buchtitel hätte werden können, heute in Zeiten wachsender sozialer Spannungen und Auseinandersetzungen vielleicht eine ernste Konkurrenz für *„Siegertypen"* wäre. In Räuber-Beute-Szenarien ist nach allgemeiner Vorstellung der Räuber oder Jäger der Sieger und Beuteorganismen gehen als Opfer aus diesem Vergleich. Die einzelne Attacke, in der ein Sperber den Sperling erwischt, ist aber nicht entscheidend. Es findet immer ein evolutionärer Wettbewerb zwischen beiden Seiten statt, den auch der Siegertyp verlieren kann. Viele Sperberattacken auf Singvögel stoßen ins Leere, weil hohe, vielstimmige Warnrufe den Jäger ankündigen, bevor er zum Stoß ansetzen kann.

Mobbing, heute für Psychoterror am Arbeitsplatz oder im sozialen Netz gebrauchter Begriff, ist ein Wort, das Ornithologen schon seit langem benutzen, ja vielleicht sogar erfunden haben. Bei Vögeln spricht man im Deutschen oft von „Hassen" oder „Anhassen". Im Mittelalter kannte man „Hassvögel", die von kleineren Vögeln angegriffen werden[39]. Unter Vögeln bedeutet Mobbing, dass sich mehrere Individuen, oft auch verschiedenen Arten zugehörig, zusammentun und einen potenziellen Beutegreifer in der Luft verfolgen oder ihn an seinem Ruheplatz belästigen. Lautes Gezeter, oft ganz spezielle Warnrufe, animieren weitere Vögel, sich am Mobbing zu beteiligen. So werden Sperber oder Baumfalken von einer Wolke schrill rufender Schwalben verfolgt oder Waldkäuze an ihrem Tagesruheplatz heftig angezetert und umflattert, wenn sie entdeckt worden sind.

Das System funktioniert hervorragend. Wenn Krähen ums Haus ihr ratterndes „krrrr" hören lassen, ist das für den Vogelkundler das Signal, möglichst schnell den Kopf aus dem Fenster zu strecken, um nachzusehen, welcher Greifvogel gerade vorbeifliegt. Meist setzen lärmende Krähen einem Sperber, manchmal einem Habicht und nicht selten auch Mäusebussard oder Turmfalke mit Luftattacken zu. Auch „Unschuldige" müssen eben manchmal leiden. Vögel, die in Gruppen oder Schwärmen fliegen, schließen bei Greifvogelalarm dicht auf und können damit selbst einen blitzschnell zustoßenden Wanderfalken verwirren. Die faszinierenden Manöver von Starenschwärmen, deren Individuen wie auf Kommando in Sekundenschnelle reagieren, machen Vorteile des Schwarmverhaltens bei Feindabwehr oft eindrucksvoll sichtbar. Wachsamkeit ist aber nur eine Möglichkeit unter vielen, die Chancen für Schwächere eröffnen.

Verhaltensweisen von scheinbar Stärkeren oder Siegertypen sind nichts anderes als Faktoren, die auf die eigene Evolution, aber auch auf die des Opfers Einfluss nehmen. Stark und schwach, Jäger und Beute, Parasit und Wirt können nur dann nebeneinander bestehen, wenn es für beide ein Überleben gibt, das durch Anpassungen möglich wird. Verschwindet einer, kommen auch auf den anderen Probleme zu. Daraus hat man unter verschiedenen, manchmal auch weltanschaulichen Gesichtspunkten, systemare Zusammenhänge in feste Regeln geformt.

Nicht der Jäger kontrolliert den Bestand seiner Beute, sondern umgekehrt die Beute den Jäger, ist eine grundsätzlich akzeptable Hypothese, die allerdings in vielen Fällen als Erklärung für Räuber-Beute-Situationen keine entscheidende Rolle spielt und theoretisch für alle Fragen der Nutzung von Nahrungsangeboten gilt. Spitzenprädatoren haben keine natürlichen Feinde über sich, müssen also durch den Menschen „reguliert" werden. Dieser mitunter immer noch als

Glaubensbekenntnis geäußerte Satz übersieht alle selektiven Wirkungen der Umwelt einschließlich der Konkurrenz von Artgenossen. Beutegreifer sind der entscheidende Grund für die Dezimierung mancher Arten. Fest gefahrene Meinungen aus einzelnen Eindrücken und Untersuchungsergebnissen zu formulieren, verdeckt auch hier eine vielfältig dynamische Wirklichkeit.

Populationen können Verluste durch Beutefeinde kompensieren, wenn ihre Dichte und Reproduktion sehr hoch ist und Abgänge die innerartliche Konkurrenzsituation entschärfen, also durch bessere Reproduktion in der folgenden Saison wieder ausgeglichen werden. Umgekehrt können Beutefeinde das Zünglein an der Waage sein, wenn es potenziellen Beutepopulationen aus anderen Gründen schlecht geht. Dezimierung der Nahrungsgrundlage kann aber auch wieder für die Siegertypen Gefahr oder das Aus bedeuten. Die Verhältnisse sind komplex, vielfältig vernetzt und zudem hoch dynamisch. In seinem Standardwerk über die Populationsbiologie der Vögel behandelt Ian Newton auf nicht weniger als 60 Seiten grundlegende Prinzipien des Einflusses von Beutegreifern auf Populationen[17].

Einen Siegertyp in der augenblicklichen Momentaufnahme der Evolution repräsentiert in Mitteleuropa ein kleiner Vogel, dem man es nicht ansieht. Die Mönchsgrasmücke hat nicht nur Wissenschaftsgeschichte geschrieben, sondern im Vergleich zu allen anderen Arten ihrer Zunft der kleinen insektenfressenden Singvögel in den meisten Gebieten den höchsten Brutbestand und zeigt lang- wie kurzfristig einen eindeutig positiven Bestandstrend[18]. Das ist für Grasmücken, Laub- und Rohrsänger alles andere als selbstverständlich und vielleicht eine Folge ungewöhnlicher Vielfalt im Verhalten der Mönchsgrasmücken. *„Die verschiedenen Populationen zeigen das gesamte Spektrum möglichen Zugverhaltens…"* heißt es im Atlas des Vogelzuges[19].

In dieser knappen Formulierung verbirgt sich eine Reihe von Überraschungen, etwa dass aus verschiedenen europäischen Ländern Mönchsgrasmücken im Herbst bis zu 2000 Kilometer nach Norden abziehen, obwohl die Hauptrichtung Südwesten ist. Die Ursachen dieser enormen Streuung der anfänglichen Wegzugrichtung ist noch nicht klar. Es könnte sich um enorme Breite der nachbrutzeitlichen Streuwanderung (Dispersion), aber auch um einen „Irrtum" junger Vögel handeln, die zum ersten Mal abziehen. Aus Irrtümern kann Neues entstehen.

Neu ist auf jeden Fall, dass seit etwa 1960 ein offenbar wachsender Teil der Mönchsgrasmücken aus dem südlichen Mitteleuropa nicht in Richtung Südwesten nach Spanien, sondern nach Nordwesten abzieht und so über die Beneluxländer bis nach England gelangt. Hier nehmen die Winterbeobachtungen zu, obwohl die in Großbritannien brütenden Mönchsgrasmücken nach wie vor nach Süden wegziehen. Die Zunahme der Mitteleuropäer im offenbar neuen Winterquartier in Großbritannien dürfte mit der dortigen Steigerung der intensiven Winterfütterung und vielleicht auch mit milderen Wintern im Verlauf des Klimawandels zusammenhängen. Es ließ sich nachweisen, dass die nordwestliche Zugrichtung bereits genetisch fixiert ist. Möglicherweise war die genetische Fixierung aber schon vorher in der großen Streuung der Zugrichtungen europäischer Mönchsgrasmücken vorhanden. Jetzt hat ihr die Selektion die Möglichkeit eröffnet, sich durchzusetzen. Während damals die von der Norm abweichenden Nordwestzügler allenfalls eine winzige Chance hatten, zurückzukommen, sich fortzupflanzen und ihre Allelkopien weiterzugeben, können sie jetzt, da sie den Winter unter günstigeren Bedingungen im Nordwesten gut überstehen, sogar noch den Vorteil einer um ein Drittel kürzeren Zugstrecke gegen die in alter Sitte nach Spanien abziehenden Artgenossen ausspielen.

Sie kommen eher zurück, können daher die besten Brutplätze besetzen und früher mit der Brut beginnen. Beides bringt Fitness-Vorteile. Zudem sorgt die Synchronisation der Rückkehr dafür, dass sich „Engländer" vornehmlich untereinander verpaaren, da die „Spanier" erst etwas später eintreffen. Das wiederum sorgt für Vererbung der angeborenen Zugrichtung auf die Nachkommen in vollem Umfang. Es scheint also vor unseren Augen eine Mikroevolution unter den angeborenen Zugrichtungen stattzufinden[20]. Vielfalt und kurzfristige Anpassungen im Zugverhalten erklären sicher nicht allein den Erfolg der Mönchsgrasmücke. Bei keiner anderen Gattungsverwandten spielen neben Insekten Beeren, fleischige Früchte und auf dem Heimzug Nektar eine ähnlich große Rolle für die Ernährung[26].

Betrüger

Eine der spektakulärsten Betrügereien unter Vögeln ist, die Eier in fremde Nester zu legen und die Aufzucht des Nachwuchses anderen zu überlassen. Bei Enten, die keine Reviere ums Nest verteidigen und deren Junge ausgesprochene Nestflüchter sind, kommt es gelegentlich vor, dass einzelne fremde Eier der eigenen oder einer anderen Art im Nest liegen[21]. Die südamerikanische Kuckucksente (*Heteronetta atricapilla*) ist aber die einzige Art, die ihre Eier ausschließlich von Weibchen anderer Entenarten oder von Blässhühnern ausbrüten lässt. Alle übrigen Fälle von Brutparasitismus erschöpfen sich nicht darin, dass man anderen Eier zur Bebrütung unterschiebt. Man überlässt ihnen auch die Aufzucht der Jungen. Das hat Folgen, denn es bedeutet bei Nesthockern Schädigung oder Verlust des eigenen Nachwuchses.

Symbol des Brutparasiten schlechthin ist der Kuckuck. Ein zweiter aus der Familie, der Häherkuckuck, lebt in Südeuropa. Mit der Kuckucksente sind genau 100 und damit nur etwa 1 % aller Vogelarten als obligatorische Brutparasiten einzustufen. In der Evolution ist diese Fortpflanzungsstrategie sechs Mal entstanden, nämlich in zwei verschiedenen Unterfamilien der Kuckucke in allen Kontinenten, bei den Kuhstärlingen Amerikas, den Honiganzeigern Afrikas und Asiens, den Witwen in Afrika und bei der schon genannten Kuckucksente. Also eine nicht sehr häufige, doch verbreitete Strategie, die der Forschung viele Fragen aufgibt, denn die Dinge sind wieder einmal kompliziert. Viele in der Evolution erworbene Details müssen stimmen, bis junge Kuckucke ausgebrütet, aufgewachsen und geschlechtsreif sind.

Die Geschichte des Kuckucks, die zu erzählen mindestens ein Buch nötig ist, beginnt mit dem Ei im fremden Nest. Verschiedene Vogelarten kommen als Wirte für das Kuckucksei in Betracht. Im Lauf der Evolution haben sich Kuckuckseier, die im Vergleich zur Größe der Weibchen relativ klein sind, in ihrer Schalenfärbung und Zeichnung dem Aussehen der Wirtsvogelarten angeglichen. Man spricht hier von Mimikry und versteht darunter ganz allgemein Ähnlichkeit mit anderen Organismen zum eigenen Vorteil. Kuckucke, deren Eier eine besonders gute Wirtsvogelmimikry aufweisen, hinterlassen mehr Nachkommen und damit Kopien ihrer Allele in kommenden Generationen als solche, deren Eier denen der Wirtsvögel weniger gut gleichen. In diesem Fall besteht Gefahr, dass Wirtsvögel das fremde Ei erkennen und Gegenmaßnahmen ergreifen, etwa das fremde Eier aus dem Nest werfen, das mit einem Kuckucksei belegte Nest überbauen oder das Ei anpicken und beschädigen.

Damit hätte also der Wirt gewonnen, läuft aber Gefahr, aus Versehen ein eigenes, vielleicht etwas abnorm gezeichnetes Ei aus dem Nest zu werfen oder zu zerstören. Das wiederum erhöht die Kosten der Ablehnung eines fremd erscheinenden Eies für den Wirtsvogel. Für den Kuckuck ist im Wettrüsten Mimikryverbesserung entscheidend, für den Wirt die Entwicklung von Verhaltensweisen, fremde Eier sicher zu erkennen. Hat eine Wirtspopulation über Generationen darin große Fortschritte gemacht, lohnt es sich für den Kuckuck mitunter nicht mehr, bei ihr sein Glück zu versuchen. Andere Arten, die noch wenig Erfahrung mit Kuckuckseiern hatten, bieten dann womöglich eine neue Chance für den Brutparasiten.

So können in Zeit und Raum ganz unterschiedliche Wirtsarten vom Kuckuck parasitiert werden. Aber auch innerhalb einer einzigen Wirtsvogelart mögen in verschiedenen Populationen Parasitierungsraten und als Folge davon Entwicklung von Abwehrreaktionen ganz unterschiedlich sein, je nachdem wie oft es zu Begegnungen der Kontrahenten kommt. Eine zusätzliche Chance für den Wirt entsteht, wenn die Eier wie beim Baumpieper häufig individuelle Zeichnungsmuster des Weibchens aufweisen. Dann ist Mimikry nur in einem Teil der Nester möglich, in einem anderen fallen fremde Eier sofort auf. Manche Singvogelarten nehmen anstandslos fremde Eier an. Sie kommen als Kuckuckswirte wenig in Frage und so bestand kein Anlass, Abwehrmaßnahmen zu entwickeln.

Einwirkungen verschiedener Arten aufeinander, die miteinander zu tun haben und zu einem Wettrüsten der Anpassungen führen, werden als Koevolution bezeichnet. Die Probleme um das Kuckucksei sind aber mit Annahme oder Ablehnung nicht erschöpft. Da geht es um die Fragen, wie Kuckucksweibchen Nester entdecken und zwar rechtzeitig. Sie müssen ihr Ei dort unterbringen, wenn der Wirtsvogel seine eigenen Eier noch nicht bebrütet hat. Wie kommen die verschiedenen Eitypen, die Kuckucke produzieren müssen, um Mimikry überhaupt zu erreichen, überhaupt zustande? Wo die Gene liegen, die für die Informationen für die Eifärbung verantwortlich sind, wird die Genomsequenzierung ermitteln können. Schon länger bekannt ist die Tatsache, dass es verschiedene Stämme von Weibchen gibt, über deren DNA die Information der Eifärbung weitergegeben wird. Somit bestimmen Weibchen, nicht die DNA der Männchen, welche Wirtsvögel die nächste Kuckucksgeneration aufziehen. Doch damit ist noch nicht die Frage geklärt, wie diese verschiedenen Stämme erhalten bleiben.

Auf die Eier reduziert ergibt sich natürlich nur ein Teil der Geschichte. Welche Fülle von Anpassungen die Probleme vom Eintreffen der Kuckucke aus dem Winterquartier bis zum Abzug des flüggen Jungkuckucks nötig machen, wird in einer Reihe von spannenden Kuckucksbüchern erzählt[22]. Andere Brutparasiten kommen mit abweichenden Strategien zum Erfolg. Manche entscheidenden Fragen sind trotz intensiver Forschung noch offen. Fazit: Es ist nicht leicht, sich als Betrüger durchzuschlagen.

Die Zukunft des Kuckucks sieht düster aus. Seine Abnahme scheint aber keine direkte Folge der Abnahme seiner Wirtsvögel zu sein, sondern von vielen

Problemen, die auf dem langen Zugweg ins tropische Afrika entstehen und einzelne Population unterschiedlich betreffen. Sie werden gerade in Projekten mit Kuckucken untersucht, die mithilfe von Satellitensendern Auskunft über ihre Zugwege und Rastplätze auf dem Zug geben.

Diebe

Irrtum

51. Elstern stehlen glitzernde Gegenstände.

Natürlich gibt es auch unter Vögeln Diebstahl. Er wird offenbar besonders erleichtert und wohl auch am besten von Menschen beobachtet bei koloniebrütenden Arten, deren Nester dicht bei dicht stehen. Üblich ist bei Saatkrähen, wenn Nachbarn von ihrem Nest abwesend sind, dort Nistmaterial zu stehlen, um die Suche nach geeigneten Ästchen zu vereinfachen. Das kann üble Formen annehmen, sodass möglichst ein Partner ständig am Nest sein muss, um Materialdiebstahl größeren Ausmaßes zu verhindern. Selbst eine Kinderstube mit Jungen ist nicht sicher. Die Materialdiebe sitzen nicht nur in unmittelbarer Nachbarschaft, sondern kommen auch aus benachbarten Kolonien und es kann zu regelrechten Plünderungen kommen, an denen sich viele Saatkrähen beteiligen. Auch Elsternester sind vor Saatkrähen nicht sicher. 20-50 cm lange Zweige für den Nestbau brechen Saatkrähen aus den Kronen der Bäume ab oder holen sie sich aus alten verlassenen Nestern[23]. Da liegen Übergriffe auf fremdes Eigentum ganz im Bereich des normalen Nestbauverhaltens.

Viele Vögel unterschiedlicher systematischer Zugehörigkeit betreiben Vorratswirtschaft, langfristige oder auch nur kurzfristige Sicherung von Nahrung, die im Augenblick nicht verwertet werden kann[24]. Natürlich tun sie gut daran, ihre eroberten oder gesammelten Vorräte zu verstecken, zu viele Interessenten würden sich sonst daran bedienen. In Sozialverbänden kommen dafür vor allem Artgenossen infrage, für die sich verschiedene Möglichkeiten anbieten, „unrechtmäßig“ an Nahrung zu kommen. Kolkraben müssen darauf achten, nicht beobachtet zu werden, wenn sie Nahrung verstecken, denn untereinander plündern sie gerne ihre Vorräte. Aber es geht auch anders. Dominante Individuen zwingen andere, Nahrungsbrocken liegen zu lassen und sich zurückzuziehen. Sie können auch in der Luft Artgenossen mit einem Nahrungsbrocken im Schnabel so heftig jagen, dass die Verfolgten die Nahrung fallen lassen. Sozial Untergeordnete, wie Jungvögel, verlegen sich häufiger aufs Stehlen als dominante Altvögel[25]. Innerhalb eines Schwarms werden also verschiedene Taktiken versucht, um über andere zu Nahrung zu kommen. Sozialer Status, Unterschiede in der augenblicklichen Kondition, Hunger, Alter, aber auch Qualität der möglichen Beute und allgemeine Situation von Angebot und Ernährung oder Jahreszeit modifizieren das individuelle Verhalten[26].

Diebstahl muss sich lohnen, sonst kann er nicht fester Bestandteil des Verhaltens sein und wird sich allenfalls auf günstige Gelegenheiten beschränken. Manchmal ist der Dieb nur zur richtigen Zeit am richtigen Ort, etwa Elstern, die einem Steinadler Beute stehlen[27], oder Nebelkrähen um einen Seeadler am Ufer eines winterlichen Sees, die rasch zugreifen, wenn der mächtige Vogel nicht aufmerksam seine Beute im Auge hat. Das sind in der Regel Anekdoten, die auf Lernen und Erfahrung beruhen und für die Evolution als wichtige Technik des Nahrungserwerbs kaum Bedeutung haben. Hier spielt Neugierverhalten eine wichtige Rolle.

Juristisch definierte Tatbestände können natürlich ohnehin tierisches Verhalten nicht sinnvoll beschreiben. Diebstahl geht leicht in Hausfriedensbruch, Raub, Körperverletzung und sogar Tötung über. Ähnlich wie bei Prädatoren oder Beutegreifern gibt es Unsicherheiten, Ausdrücke zu schaffen, die keine falschen Assoziationen wecken und trotzdem klar definiert sind. So hat man sich zu dem etwas schwerfälligen Ausdruck Kleptoparasitismus (von griechisch *kleptein* stehlen) entschieden, um Vorgänge zu beschreiben, die man gemeinhin als „Mundraub“ einordnen würde. Ein Vogel stiehlt oder besser raubt Nahrung von einem anderen, der sie erbeutet oder gesammelt hat. Bevor er Erfolg hat, muss er dem Opfer so zusetzen, dass es seine erworbene Nahrung fallen oder liegen lässt. Aus dem Gesichtswinkel des Biologen definiert Prädation oder Raub einen Vorgang, bei dem ein Tier bestrebt ist, eine lebende Beute zu lokalisieren und dann zu verletzen oder zu töten. Ein Parasit kann seinen Wirt auch beschädigen oder töten, doch liegt im Interesse des Parasiten, seinen Wirt lange genug am Leben zu lassen, bis sein Lebenszyklus vollendet ist[32]. Demnach ist Kleptoparasitismus gegenüber Beutejagd logisch abgegrenzt, auch wenn manchmal beide für das Opfer auf dasselbe hinauslaufen.

Kleptoparasitismus ist vor allem unter Meeres- und Wasservögeln weit verbreitet, die in Kolonien brüten oder sich zu größeren Mengen konzentrieren. Aber auch Greifvögel und Falken jagen sich manchmal Nahrung ab. Ein Sonderfall sind die beiden Scheidenschnäbel der Subantarktis und Antarktis. Unter extremen Lebensbedingungen für Landvögel sind sie weitgehend von Pinguinen abhängig. Sie belästigen in den Kolonien die mit Futter für ihre Jungen ankommenden Altvögel meist heftig exakt in dem Augenblick, in dem den jungen Pinguinen Futter vorgewürgt wird, und holen sich ihren Anteil davon. Gestohlenes Pinguinfutter kann zeitweise bis zu 90% der Nahrung von Scheidenschnäbeln ausmachen. Auch Albatrosse und Kormorane sind vor den erfolgreichen Kleptoparasiten in ihren Kolonien nicht sicher[28]. In weiteren zwei Vogelfamilien mit jeweils wenigen Arten ist Kleptoparasitismus zum Beruf geworden, bei Raubmöwen und Fregattvögeln. Diese Seevögel sind regelrechte Piraten, die anderen Meeresvögeln mit geschickten Luftattacken so zusetzen, dass sie die Beute fallen lassen. Voraussetzung für diese Lebensweise ist nicht nur hohe Fluggeschwindigkeit und große Wendigkeit in der Luft, sondern auch ausreichendes Angebot an Opfern, die größere, gut sichtbare Beute über längere offene Strecken transportieren, wie vor allem im Einzugsbereich großer Seevogelkolonien.

Nahrungsengpässe können den Druck auf Opfer noch erhöhen. Ist das Angebot niedrig und der Raub bei Konkurrenten profitabler, nimmt Kleptoparasitismus zu. Steht reiches und leicht erreichbares Angebot zur Verfügung, kann Kleptoparasitismus Zeitverschwendung und unnötigen Energieaufwand bedeuten. Lohnend ist Mundraub auch dann, wenn die Opfer Zugang zu Quellen haben, die dem Nahrungsschmarotzer nicht oder schwer zugänglich sind. Raubmöwen attackieren zum Beispiel Alken und Seeschwalben, die Beute unter der Wasseroberfläche jagen können. Fregattvögel sind Vögel mit extrem niedriger Flügelbelastung, ihr Gefieder würde sich rasch voll Wasser saugen, da die Bürzeldrüse nur rudimentär ausgebildet ist. Sie können sich also nicht aufs Wasser niederlassen, ihre extrem kleinen Füße sind nicht zum Zugreifen geeignet. Die ganz auf Fliegen ausgerichtete Vogelkonstruktion hat wohl die übertriebene Ansicht befördert, Fregattvögel seien notorische Nahrungsschmarotzer der Lüfte. Dies bestätigen auch die regelmäßigen Beobachtungen der von Fregattvögeln geplagten Rotfuß- und Blaufußtölpel auf Galapagos. *„Aber die Wahrheit ist, dass sie in Wirklichkeit den Großteil ihrer Nahrung selbst erjagen“* stellt das Handbuch der Vögel der Welt richtig[29]. Fregattvögel fangen vor allem fliegende Fische und holen Tintenfische aus dem Wasser, wobei ihr langer Schnabel mit dem Haken an der Spitze bis zum Ansatz ins Wasser taucht, das

Gefieder aber nicht benetzt wird. Wenn Kleptoparasitismus günstiger ist, wird er auch konsequent ausgeübt. Damit stehen den extrem leichten und gewandten Fliegern mehrere Möglichkeiten offen.

Auch Vögel, denen man es nach Verhalten und Lebensweise nicht ansieht, nützen Diebstahl, um zu Nahrung zu kommen, die sie selbst nicht erreichen können. Schnatterenten nehmen auftauchenden Blässhühnern Wasserpflanzen ab und scheinen sich wochenlang davon zu ernähren[30], Lach- und Sturmmöwen bedienen sich bei Blässhühnern und Gänsesägern[31].

Als Experten für Nahrungsraub gelten Raubmöwen, die ihrer Familie nahestehenden Möwen und Seeschwalben betreiben ihn aber auch. Die Erfolgsraten von Raubmöwen sind pauschal gesehen aber nicht höher. Angriffe von Fregattvögeln, Raubmöwen, Möwen und Seeschwalben, soweit untersucht, sind nur bei etwa 20% erfolgreich. Die Mehrzahl der Opfer entkommt also mit ihrer Nahrung. Die niedrige Erfolgsrate zeigt, dass Kleptoparasitismus kein leichtes Dasein garantiert. Auch bei Greifvögeln liegen Erfolgsraten der Jagdflüge überraschend niedrig. Hier wie dort sind solche Prozentsätze aber nur bedingt aufschlussreich, weil es für Jäger, die von ihrer Jagd leben, oft rentabler sein kann, einen Jagdstoß dann abzubrechen oder nicht voll durchzuziehen, wenn der Erfolg nicht sicher scheint, statt unter allen Umständen den Versuch fortzusetzen. Es kommt also oft auch nur auf einen Versuch an und die Beurteilung, ob eine Attacke ernst gemeint ist oder nicht, schließt subjektive Entscheidungen des Beobachters nicht aus[32].

Erfolgsraten zu messen, fordert auch, Vergleiche so zu normieren, dass sie wirklich vergleichbar sind. Auf den schwedischen Schären verglich man die Erfolge der Attacken von Schmarotzerraubmöwen und Heringsmöwen auf Raubseeschwalben, also gleiches Opfer, gleiche Umweltverhältnisse. Die Erfolgsrate der Schmarotzerraubmöwen lag bei 68%, die der Heringsmöwen nur bei 38%[33]. Aber auch das ist nur mit Vorbehalt zu verallgemeinern. Erfolgsraten sind in Relation zu den Verhältnissen zu sehen. Geringe Werte könnten auch eine Reaktion sein, bei leicht erreichbarem Nahrungsangebot aus anderen Quellen Energiekosten zu reduzieren. Und um die Erfolgsdiskussion noch weiter zu beleben: Schmarotzerraubmöwen, die Mittelmeermöwen angreifen, haben es mit relativ großen und wehrhaften Opfern zu tun. Daher ist die Erfolgsrate niedrig. Aber jeder Erfolg lieferte einen größeren Nahrungsbrocken als bei kleineren Opfern[34].

Ein wesentlicher Unterschied zwischen spezialisierten und opportunistischen Kleptoparasiten scheint darin zu liegen, das erstere höchstens ausnahmsweise einen Artgenossen behelligen, letztere aber sehr oft Beute von Artgenossen stehlen[35]. Bei manchen Raubmöwenarten als typische Kleptoparasiten sind Attacken mitunter auch die Einleitung zu einem Angriff auf das Opfer selbst, das dann auf das Wasser gedrückt und dort getötet wird. Mit Transpondern (Funk-Kommunikationsgeräten) markierte Flussseeschwalben der Wilhelmshavener Forschergruppe um Peter H. Becker zeigen, dass sich innerhalb einer lokalen Population das Leben von Kleptoparasiten von dem kleine Fische jagender Artgenossen unterscheidet. Für Diebe bedeutet bereits die Kolonie ein Jagdgebiet, in dem sie auf die mit Fischen anfliegenden Artgenossen warten, um sie zu berauben. Weibchen warten am Nest und greifen Artgenossen vorwiegend in der Nähe ihres eigenen Nestes an, Männchen jagen auch weiter weg von der Kolonie den von der Jagd zurückkehrenden Koloniemitgliedern die erbeutete Nahrung ab. Futter stehlen fördert also die elterliche Fürsorge der Jungen, denn ehrlich jagende Flussseeschwalben müssen vom Brutplatz weiter entfernte Jagdgründe aufsuchen und verbringen daher mehr Zeit abseits vom Nest. Unterschiedliche Strategie des Nahrungserwerbs führt zu Unterschieden in der Nutzung der Brutkolonie[36].

In gemischten Möwenschwärmen fand in einer Stadt in Norfolk mehr Kleptoparasitismus statt als außerhalb an der Küste. In der Stadt waren die Möwendichte höher und die Beutestücke größer. Kleptoparasitismus kann also eine Strategie bedeuten, neue Lebensräume zu erobern und auch bei hoher Dichte von Konkurrenten zu nutzen[37]. Bei Korallenmöwen war Kleptoparasitismus unbekannt. Im Ebrodelta hielten sich die Vögel an den über Bord geworfenen Beifang der Fischerboote. Wenn jedoch kein Bootsverkehr war, mussten Seeschwalben und andere Möwen als „Nahrungsquelle“ herhalten. Seeschwalben wurden bevorzugt, obwohl die Erfolgsrate bei Möwen höher war. Große Seevogelkolonien im Ebrodelta wirkten so gewissermaßen als Hilfseinrichtungen, da über ihre Mitglieder Korallenmöwen an Fisch kamen, den sie nicht selbst erbeuten können[38].

Diebstahl ist also unter manchen Vogeltaxa nicht selten. Dort, wo er häufig oder gar regelmäßig ausgeübt wird, ist er als Ergebnis einer Evolution immer in Zusammenhängen mit Strategien zu erklären, die einen Beitrag zum Überleben liefern. Manchmal lässt er sich aber vom normalen Verhalten der Nahrungssuche oder des Nestbaus kaum scharf trennen. Solche Überlegungen könnten bei der diebischen Elster, Symbolfigur des gefiederten Diebs schlechthin, zu einer Erklärung führen, denn Elstern sind neugierig, „vorwitzig“ und verstecken auch für kürzere Zeit Nahrung.

Der schlechte Ruf des auffälligen Vogels geht mindestens auf das Mittelalter zurück. In den Tafeln des Herrenberger Altarwerks von Jörg Ratgeb (um 1480-1526) aus dem Jahr 1519 sitzt in der Darstellung der Kreuzigung Christi auf dem Kreuzbalken eines der beiden Schächer der Unheilsvogel Elster. Das bezieht sich auf ein mittelalterliches Märchen, in dem die Elster, die einem armen Mann gehört, einen Reichen bestiehlt und zum Tod durch Hängen verurteilt wird, aber eines „falschen" Todes stirbt, da der Reiche seine Wut unrechtmäßig an ihr auslässt. Nach einer französischen Version wird ein armes Mädchen wegen des Diebstahls einer Elster gehenkt[39]. Diese Geschichte findet in der Oper *„Die diebische Elster"* („La gazza ladra") von Gioachino Rossini (1792-1858), Uraufführung 1817, ein Happy End: Eine Elster stiehlt ein Goldstück, das dann in ihrem Nest auf dem Kirchturm (!) gefunden wird, zusammen mit einem schon länger vermissten Silberlöffel. Dies führt in letzter Sekunde zur Rettung der zu Unrecht beschuldigten menschlichen Diebin vor der Exekution.

Die Annahme, Rabenvögel, besonders die Elster, würden eine besondere Vorliebe für glitzernde Gegenstände oder Juwelen haben und sie stehlen, scheint immer noch fester Bestandteil von Gerüchten und „alternativen Wahrheiten" über Elstern, Dohlen und Krähen zu sein. Das Ehepaar Gattiker weiß in seinem Buch über Vögel im Volksglauben von vielen Beispielen für die diebische Elster und ihre Angewohnheit, ein *„regelrechtes Diebeslager anzulegen"*[40] zu berichten. Derek Goodwin (1920-2008) trat 1976 in seinem Werk über die Rabenvögel der Welt solchen Gerüchten in einer kurzen Diskussion entgegen: *„Ich kenne keinen Beweis dafür, dass sich Rabenvögel so verhalten. Einige Geschichten, die man hört oder liest, berichten von Juwelen, die ins Nest der Vögel eingetragen worden seien. Hier horten sie normalerweise, wenn überhaupt, keine Nahrungsvorräte."*[41] Auch neuerdings fand man keine Nachweise für eine besondere Anziehungskraft glitzernder Objekte auf Elstern, weder bei freilebenden noch bei gehaltenen Vögeln. Man bot freilebenden und an Menschen gewöhnten Elstern neben Futterstellen auf dem Gelände der University of Exeter Metallschrauben, Ringe und kleine Stückchen Aluminiumfolie an, von denen die Hälfte glänzte, die andere mit dunkelbrauner Farbe bestrichen war. Unter 64 Tests schnappte sich nur zwei Mal eine Elster ein glänzendes Objekt, davon wurde ein Ring gleich wieder fallen gelassen. Die glänzenden Objekte lösten sogar eher Misstrauen aus, wurden aus der Ferne in Augenschein genommen und gemieden. Man kann dies als Ausdruck einer Scheu vor Neuem (Neophobie) deuten.

Wie kommt es aber dann zum Gerücht der glänzenden Objekte? Noch einmal: Rabenvögel sind neugierig. Wenn eine Elster tatsächlich einmal ein glänzendes Objekt aufhebt, wird das als erzählenswert angesehen. Die vielen Male, in denen unscheinbare Objekte weggetragen oder glänzende Objekte liegen gelassen werden, fallen nicht auf oder sind nicht der Rede wert. *„Die Folklore ist daher wohl das Ergebnis einer verzerrenden Einseitigkeit von Beobachtungen und der mündlichen Weitergabe, die anekdotische Ereignisse zur Verallgemeinerung aufgebläht hat“*[42] Die Ausnahme wird also zur Regel erklärt, weil sie so interessant ist und vor allem einen guten Anlass bietet, ein interessantes Gerücht in die Welt zu setzen, das Vorurteile bestätigt. Ob der schlechte Ruf der diebischen Elster als Abkürzungssymbol für das Programm Elektronische Steuererklärung ELSTER der deutschen Finanzbehörden eine Rolle gespielt hat, mag offenbleiben. Wenn es so wäre, ließe sich nicht abstreiten, dass unbeliebte Behörden auch Humor haben.

Nach den umfassenden Einsichten als Ergebnis der Untersuchungen an diebischen oder neugierigen Vögeln ist denkbar unwahrscheinlich, dass ein Vogel wie unter Zwang Juwelen und Glitzerstückchen sammelt. Allerdings: Der australische Seidenlaubenvogel (*Ptilonorhynchus violaceus*) schmückt seine Balzlaube mit zusammengetragenen blauen Gegenständen von blauen Beeren bis zum Zivilisationsmüll. Seine emsige Dekorationstätigkeit aber dient einem Zweck, nämlich möglichst viele Weibchen anzulocken.

Nesthäkchen und Geschwistermord

Irrtum

52. Nesthäkchen in Vogelbruten sind Objekte besonderer Fürsorge. Vogeleltern versuchen stets, ihre eigenen Jungen zu schützen und Futter gerecht zu verteilen.

Die beiden Begriffe klingen konträr und scheinen kaum zueinander zu passen, denn Nesthäkchen sind nach menschlichem Gefühl eher ein Objekt besonderer Zuneigung, weil gegenüber größeren Geschwistern stärker hilfsbedürftig. Für Nesthocker unter den Vögeln definiert Hans Löhrl (1911-2001) Nesthäkchen als *„ein Junges oder mehrere Junge…die deutlich kleiner oder leichter sind als die Geschwister“*. Das kleinste muss nicht das Jüngste sein und da beginnt *„Das*

Nesthäkchen als biologisches Problem", wie Löhrl seine Publikation über höhlenbrütende Singvögel überschrieb[43]. Unterschiede zwischen der Zahl der Eier im Nest und der ausfliegenden Jungen sind häufig und oft damit zu erklären, dass bei ungünstiger Witterung oder anderen widrigen Umständen die Nahrung nicht ausreicht, um alle Jungen ausreichend zu versorgen. Das könnte dazu führen, dass alle Jungen schlecht ernährt sind, also bestenfalls in schlechter Kondition ausfliegen und geringe Überlebenschancen haben oder auch die ganze Brut nicht überlebt. Normalerweise werden aber bei einem Nahrungsengpass einzelne Junge bei der Fütterung zugunsten der übrigen stark benachteiligt. Bei Kleiber, Trauerschnäpper oder Meisen erhalten Junge, die am schnellsten reagieren und als erste den Schnabel aufreißen, das Futter; schwächere, die langsamer sind, gehen leer aus. Man hat solche schwächlichen Nestlinge in andere Bruten versetzt und dabei festgestellt, dass sie sehr wohl eine Chance gehabt hätten, flügge zu werden, also nicht etwa durch Krankheit oder Parasiten geschwächt waren.

Einzelne Junge werden also geopfert, um zu verhindern, dass alle Nestlinge einer Brut vor dem Ausfliegen zugrunde gehen. Das klingt nach einer durch Anpassung erworbenen Strategie. Aber warum ist dann eine Anpassung nicht über die Gelegegröße erfolgt? Die untersuchten Vögel legen mehr Eier als sie Junge aufziehen können. Eine Erklärung wäre eine mangelhafte Abstimmung der Gelegegröße an die Aufzuchtmöglichkeiten. Bei Kohl- und Blaumeise mit größeren Gelegen kommen in deutlich mehr Fällen Nesthäkchen und Ausfälle an Nestlingen vor als etwa bei Sumpf- oder Haubenmeise, die weniger Eier legen und auch geringere Nestlingsverluste hinnehmen müssen. Unvollkommenheit in der Nachwuchsplanung mit höherer Investition in die Produktion von Eiern hat aber noch eine andere Seite. Nesthäkchen könnten eine Reproduktionsreserve bedeuten, die es erlaubt, unter günstigen Umständen die maximale Jungenzahl erfolgreich aufzuziehen. Also Evolution gegen das Individuum für die Fitness der Elternvögel, die unter günstigen Umständen auch die Reserve für die Weitergabe ihrer Allelkopien einsetzen können. Es kommt aber nicht nur auf Zahl, sondern auch auf die Kondition der Nestlinge an. Unter 1000 Haussperlingsbruten in Oklahoma – in Nordamerika gibt es seit 1852 Haussperlinge, die aus Europa eingeführt wurden – fand man bei 42% eine Brutreduktion vor allem bei Familien mit vier oder mehr Nestlingen in den frühen Zeitfenstern der Brutsaison. Bis zum Nestlingsalter von drei Tagen wurden die kräftigsten bevorzugt gefüttert. Bis zum vierten Nestlingstag hatte die Hälfte der Brutreduktionen durch Verlust mindestens eines Nestlings bereits stattgefunden. Aber auch danach wurden die Überlebenden ungleich gefüttert, die kräftigsten besser. Dadurch stieg die Wahrscheinlichkeit, dass die noch übrig gebliebenen schwächeren nicht mehr flügge wurden, aber die erfolgreichen Jungen höheres Gewicht hatten. Für die Eltern ist es also vorteilhaft, nicht pauschal möglichst viele Junge, sondern möglichst viele mit hohem Gewicht großzuziehen, da sie die größere Chance haben, das Brutalter zu erreichen. Qualität kompensiert die Verringerung der Zahl[44]. Das Ergebnis kann man in zweierlei Hinsicht interpretieren. Weniger Nachwuchs mit höherer Chance der Fortpflanzung dient der individuellen Fitness der Eltern, dient aber auch der Selbsterhaltung der Population, in der die Allelkopien der Eltern weitergegeben werden.

In manchen Fällen ist es Brutvögeln möglich, schon vor Beginn der Eiablage Informationen über das Nahrungsangebot zu bekommen. So können ausgesprochene Mäusejäger ihre Nachwuchsplanung wenigstens grob an die enormen Schwankungen im Angebot von Wühlmäusen abstimmen. Ihre Bestände lassen sich daher, wie etwa bei der Schleiereule, mit Schwankungen der Feldmausdichte korrelieren. Schleiereulen brüten je nach Feldmausdichte keinmal, einmal oder zweimal im Jahr und beginnen ihre Brut oft zu ganz unterschiedlichen Zeiten. Die Jungenproduktion wird aber in einem zweiten Schritt durch unterschiedliche Zahl der Eier in einem Gelege dem Nahrungsangebot angepasst. So variiert die in einem Jahr produzierte Eizahl zwischen Null und über zehn Eiern. Schließlich kann auch die Zahl der geschlüpften Jungen bei knappem Nahrungsangebot noch reduziert werden. Grundlage dieser dritten Regulationsmöglichkeit ist, dass Schleiereulenweibchen ihre Eier im Abstand von zwei Tagen legen und schon nach Ablage des ersten Eies zu brüten beginnen. Die Jungen schlüpfen daher asynchron und sind im Alter jeweils etwa zwei Tage auseinander. Das trägt dazu bei, dass bei ungenügender Versorgung mit Nahrung, etwa bei akutem Nahrungsmangel als Folge heftiger, langer Regenfälle oder Zusammenbruch der Feldmauspopulation, die verhungerten oder reaktionslosen schwachen Jungen an ihre Geschwister verfüttert werden und damit schlimme Zeiten überbrückt werden können[45].

Legeabstand und Bebrütungsbeginn vom ersten Ei an ist auch beim Schreiadler üblich. Hier liegen drei bis vier Tage zwischen zwei Eiern und dementsprechend ist auch der Schlupfabstand der beiden Jungen. Das jüngere geht aber schon nach wenigen Tagen zugrunde, weil es vom älteren Geschwister bekämpft und unterdrückt wird. Videoaufnahmen der Arbeitsgruppe um

Bernd-Ulrich Meyburg beweisen, dass die Mutter am Nest zusah, wie der Stärkere den Schwächeren tötete, und dann das tote kleinere Nestgeschwister an das größere verfütterte[46]. Hier handelt es sich offenbar um eine Geschwistertötung, die unabhängig von Umweltbedingungen eintritt und nach bisherigen Beobachtungen vor allem auf die Einschüchterung des jüngeren durch das ältere Geschwister zurückgeht. Wenn sich der Schwächere vom Stärkeren nicht einschüchtern lässt, hat er zumindest Chancen etwas länger zu überleben. Die Aussichten sind aber gering. Unter rund 450 erfolgreichen Bruten in verschiedenen Ländern Europas flogen nur in 3 % der Fälle zwei Junge aus. Man versucht, den schon fast obligatorischen Geschwistermord damit zu erklären, dass sich der Schreiadler in einem Evolutionsstadium vom Gelege mit zwei Eiern zum Einergelege befindet[47], also die Gelegegröße und Möglichkeiten der Aufzucht noch nicht übereinstimmen. Vielleicht ist das aber auch gar nicht nötig, wenn der zweitgeborene Nestling dann als Futter dem Erstgeborenen zur Verfügung steht und die Investition in ein zweites Ei dadurch kompensiert wird.

Ornithologen haben das grausame Ritual in den Nestern unterschiedlicher Vogelarten mit einer eigenen Nomenklatur versehen. Unter Kannibalismus definieren sie Töten und Verzehr eines gesunden Artgenossen. Sind die Artgenossen als Eltern-Nachkomme oder Geschwister miteinander verwandt, sollte man von Syngenophagie, wörtlich übersetzt Verwandtenverzehr, sprechen. Wenn die Verwandtschaftsverhältnisse und die Aktionen zwischen ihnen näher bekannt sind, besteht die Möglichkeit einer Untergliederung. In Anlehnung an die Geschichte der Gebrüder Kain und Abel im Alten Testament bezeichnet man als Kainismus, wenn ein Geschwister das andere tötet, wobei daran natürlich nicht immer nur Brüder beteiligt sind. Töten, verschlingen oder verfüttern Eltern eigene Junge, liegt Kronismus vor. Der Titan Kronos, Sohn des Uranus, verschlang seine eigenen Kinder[48]. Diese Nomenklatur hat sich international nicht durchgesetzt, in angelsächsischen Registern sucht man am besten unter „sibling interaction“ oder „brood reduction“. Solche sachlich-nüchternen Bezeichnungen verraten weniger einen Mangel an Bibelfestigkeit oder klassischer Bildung, sondern kennzeichnen den gegenwärtigen Kenntnisstand besser. Erscheinungen, die man doch immer wieder auch mit abnormem Verhalten in Verbindung brachte, erklären sich bei eingehenden Untersuchungen im Zusammenhang mit selektiven Vorgängen. Sie sind jedenfalls alles andere als schlimme Gerüchte über herzlose gefiederte Freunde.

„Die Fütterung der Havelschwäne im Winter". Xylographie nach F. Müller-Münster.
Gartenlaube um 1890.

Zeichen des Wandels

Die Augustausgabe 2017 der Zeitschrift „Cicero", die sich im Untertitel als Magazin für politische Kultur vorstellt, widmet sich Aussteigern, die irgendwo den „Urlaub für immer" suchen. Auf den hohen Gipfeln im Hintergrund der farbigen Titelgrafik steht eine Gämse und über den Bergen schwebt .... nein, kein Steinadler, der König der Berge, sondern eindeutig ein Bartgeier, der um 1910 als Brutvogel im gesamten Alpenraum verschwunden ist, ausgerottet durch Bejagung, Gift und Fallen. Wahrscheinlich fiel den meisten Lesern gar nicht auf, dass der Grafiker mit der einfarbigen Flugsilhouette im Hintergrund einem Projekt ein bescheidenes Denkmal gesetzt hat, das als kleines, aber dennoch großartiges Zeichen für einen Wandel in der Einstellung zu wilden Tieren steht. Ob allerdings die Alpen noch der richtige Ort für Aussteiger sind, ist fraglich geworden. Sie mögen allenfalls Redakteuren in flachländischen Großstadtbüros noch als fernes Ziel vor Augen schweben. Der Berg ruft zwar noch, aber die Freiheit auf den Bergen ist längst dahin.

Rettungsversuch Wiederansiedlung

Der Bartgeier in den Alpen steht nach knapp 40 Jahren für eine Erfolgsgeschichte. Die Wiederansiedlung des in den Alpen von Menschen aktiv ausgerotteten Vogels stieß noch bis nach Mitte des vorigen Jahrhunderts auf großen

Widerstand. Dem Alpenzoo in Innsbruck gelang 1973 die erste Nachzucht und 1975 schlug man auf einem Fachkongress über Greifvögel vor, ein Wiedereinbürgerungsprojekt auf der Grundlage von Gehegezuchten zu versuchen. Schon zwei Jahre später waren 17 Zoos aus Europa am Zuchtprogramm beteiligt und nach der Jahrtausendwende 31 Zoos in 15 Ländern. Man ging nach Plan vor. Am Anfang musste ein Nachzuchtprogramm mit Zoos und Zuchtzentren aufgebaut werden. Dabei wurden viele Erfahrungen gesammelt, denn bei Haltung und Nachzucht von Bartgeiern war verschiedenen Herausforderungen zu begegnen. Voraussetzung für das Projekt war, keine Bartgeier für die Nachzucht der Natur zu entnehmen. Die nächste Phase betraf die Vorbereitung der Ansiedlung in Freiheit. Hierzu musste man geeignete Gebiete finden. Geprüft wurden geomorphologische Qualität der Landschaft, des Potenzial für größere Huftiere als „Lieferanten" für künftige Kadaver und das Ausmaß der Störungen. Wichtig war, die historischen Brutplätze genauer zu untersuchen und auch Details zu berücksichtigen, wie etwa die Verdrahtung der Landschaft. Modellvorstellungen über bartgeiergerechte Landschaften wurden entwickelt. Das historische Schicksal der Bartgeier machte es nötig, die Bevölkerung der ins Auge gefassten Wiederansiedlungsgebiete vorzubereiten; man musste das falsche schlechte Image des „Lämmergeiers" (S. 210 f.) durch ein der Realität entsprechendes positives Bild ersetzen und die Öffentlichkeit über die Lebensweise des alten/neuen Bewohners ihrer Heimat gut informieren.

Irrtum

53. Auswilderungen gezüchteter Vögel sind Erfolg versprechende Aktionen, verschwundene Arten in kurzer Zeit wieder heimisch werden zu lassen oder gefährdete Restbestände vor dem Aussterben zu bewahren.

Nach acht Jahren der Nachzuchtbemühungen wurden 1986 die ersten Bartgeier in Freiheit entlassen. Als erste Wahl kamen Nationalparks in Betracht, einmal wegen einer dort noch zu erwartenden tragfähigen Umwelt mit guten Populationen von Gämsen und Steinböcken und zum anderen, weil dort Fachpersonal für Kontrolle und Monitoring bereitstand. Es sollten ja nicht wieder Nachstellungen dem mächtigen Vogel zum Verhängnis werden. Zum Aufbau einer sich selbst erhaltenden Population zählte auch ein Verzicht auf Futterstellen. Auch gab es mancherlei offene Frage, etwa wie man wo wie viele Junggeier freilassen sollte. Beabsichtigt war, bei den in Paaren ausgesetzten Jungvögeln eine Ortsprägung entstehen zu lassen, damit sich vielleicht dann an einem passenden, sorgsam ausgewählten Platz mit Brutmöglichkeiten ein Brutpaar niederlassen konnte. Nicht alles war vorauszusehen und so dauerte es 11 Jahre, bis nach der ersten Freilassung die erste erfolgreiche Brut im Alpenraum nach langer Zeit wieder stattfand. Es dauert fünf Jahre, bis bei Bartgeiern die Geschlechtsreife eintritt. Von 1997 bis 2006 wuchs die Zahl der Brutpaare auf neun; 2007 bestand die Population aus 147 Individuen. Insgesamt wurden bis 2007 150 Junggeier freigelassen, von denen man 28 tot fand oder wieder einfangen musste.

Bei solch ehrgeizigen und groß angelegten Projekten muss man auch nach den Kosten fragen. Wieder einmal ist die Leistung von unverzichtbaren ehrenamtlichen Mitarbeitern nicht zu beziffern. An Zucht und Wiederansiedlung war die Zoologische Gesellschaft Frankfurt mit 950 000 Euro beteiligt, die Gesamtkosten der internationalen Zuchtprogramme belaufen sich über die Jahre auf über 7 Millionen Euro. Professionelle Betreuung der Datenbank zur Auswertung der Zehntausenden von Sichtbeobachtungen – die ausgesetzten Individuen sind individuell registriert – verursacht laufende Kosten von einigen zehntausend Euro pro Jahr[1]. Jetzt fliegen sie wieder in den Alpen, die Bartgeier. 42 Beobachtungen nach 158 Jahren ohne jede Spur verzeichnet die Plattform ornitho.de im Zeitraum von 2013 bis Ende 2017 in den Deutschen Alpen, in denen keine Aussetzungen stattfanden.

Das wenigstens bis jetzt erfolgreiche Wiederansiedlungsprojekt des Bartgeiers in den Alpen ist ein Lehrbeispiel für mögliche künftige Bemühungen des Artenschutzes. Es wurde nicht einfach aus einer Laune heraus geboren, obwohl Begeisterung das Projekt sicher angestoßen und weitergeführt hat. Es wurde von Experten in internationaler Zusammenarbeit sorgfältig geplant und entspricht den Richtlinien der International Union for Conservation of Nature (IUCN) für Aussetzungen und Versetzungen von Tieren[2]. Seine immensen Kosten lehren, dass es ohne Zweifel billiger ist, eine bedrohte Art dort zu erhalten, wo sie noch leben kann, anstatt zuzuschauen, wie sie verschwindet, um sie dann wieder auszusetzen. Wiedereinbürgerungen setzen nicht nur Geldmittel, sondern eingehende Planung mit Forschungsmöglichkeiten und Kenntnissen der Populationsgenetik und artspezifischen Biologie auf aktuellem Stand voraus. Sie verschlingen auch sehr viel Zeit und beschäftigen einen großen Mitarbeiterstab. Das hat man bei manchen Projekten nicht bedacht oder nach zeitgenössischem

Wissensstand und Möglichkeiten der Organisation auch nicht berücksichtigen können. Im Zeitalter moderner Informationstechnologie haben sich fachliche Zusammenarbeit, Planung, Durchführung und anschließendes Monitoring in den letzten Jahrzehnten gewaltig verändert.

Vorschläge zu Ausbürgerung, Auswilderung, Bestandstützung, Wiederansiedlung, Wiedereinbürgerung, Neuansiedlung, Translokation…, wie immer sich die diversen Projekte genannt haben mögen, gab es vor allem gegen Ende des vorigen Jahrhunderts aus ganz verschiedenen Richtungen. Jagdliche und falknerische, auch ökonomische Interessen von Tierhaltern vom Falkenhof bis zum Safaripark, mitunter aber auch einfach nur Lieblingsvögel und das Interesse, ihre freilebenden Bestände zu erhalten, boten den Anlass, Zuchterfolge mancher Arten, wie zum Beispiel Falken, in Gefangenschaft die Möglichkeiten. Unterschiedliche Anlässe, Interessen und auch fachliche Kompetenz stritten um Sinn und Unsinn einzelner Aktionen. Erfahrungen und fachliche Fortschritte lehren, mit dem Instrument Manipulation von freilebenden Populationen vorsichtig umzugehen. Sehr viel Wert legte man anfänglich zu Recht auf technische Methoden der Auswilderung. Man probierte nicht weniger als acht Möglichkeiten aus, vom Zulegen von Eiern in eine Wildbrut über Adoption bis zur sogenannten Wildflugmethode[16], übersah aber manchmal, zu sehr auf das Verhalten und das Schicksal der beteiligten Individuen konzentriert[8], parallel dazu Fragen der Habitatqualität und Populationsbiologie eingehend zu untersuchen. Erst später gaben die schon erwähnten IUCN-Guidelines einen vom Standpunkt des biologisch fundierten Artenschutzes passenden Rahmen vor.

Eine gelungene Wiederansiedlung im Stillen ist die des Habichtskauzes an der westlichen Grenze seines Brutareals im Böhmerwald. 1926 wurde dort der letzte Habichtskauz geschossen. Die Gründung des Nationalparks Bayerischer Wald mit einem Konzept, die ursprüngliche Faunenvielfalt wieder zu erreichen, war die Voraussetzung für eine Wiederansiedlung. Zuchtgruppen von Habichtskäuzen aus Schweden, Rumänien, Slowenien, Kroatien, Finnland, Russland und der Slowakei wurden zusammengestellt. Man musste das Züchten von Habichtskäuzen aber erst einmal lernen – Zuchtanlagen errichtet man in möglichst störungsfreien Gebieten des Waldnationalparks. Die Käuze lebten zwar in Gehegen, aber in natürlicher Umgebung. Zwischen 1975 und 2005 konnten 212 Habichtskäuze freigelassen werden. Vorher hatte man viele Nistkästen in den noch jungen Wäldern aufgehängt. Angestrebt wurde eine Population von über 30 Paaren. Aber dazu war grenzübergreifende Zusammenarbeit nötig und seit 1991 gab es auf der tschechischen Seite im Nationalpark Šumava ein Ansiedlungsprojekt, in dem 87 Habichtskäuze bis 2006 freigelassen wurden. 1989 konnte man die erste Freilandbrut in einem Nistkasten nachweisen. Der Eulenexperte im Nationalparkteam Wolfgang Scherzinger hat die Geschichte, die den Habichtskauz wieder in die Fauna Deutschlands zurückbrachte, minutiös dokumentiert und damit öffentlich gemacht, wie viele Herausforderungen bis zu einem Erfolg zu meistern sind[3]. 2005-2009 brüteten auf deutscher Seite fünf bis sechs, auf tschechischer 10-20 Paare, ein offenbar sich selbst erhaltender Bestand[4], der auf deutscher Seite 2012 auf zehn besetze Reviere geschätzt wurde[5]. Fragen, ob diese kleine Bereicherung in Sachen Biodiversität überhaupt einer ausführlichen Erwähnung wert sei und den Aufwand rechtfertige, sind mindestens zwei Argumente als Antwort zu entgegnen. Die Wiederansiedlung betrifft keine kleine isolierte Insel am äußersten Westrand eines Artareals, sondern könnte im Austausch und durch Zusammenwachsen mit Beständen in der Slowakei und Nordmähren, die derzeit Tendenzen einer Ausbreitung nach Westen zeigen, zur Besiedlung eines größeren zusammenhängenden Gebiets führen[4]. Das Leben der Habichtskäuze ist eng mit dem Schicksal des Waldes verknüpft. Ihr Überleben ist eine Botschaft, die Auskunft über die biologische Qualität des Waldes gibt und daher ein lebender Beweis für die Bedeutung eines Waldnationalparks im dicht besiedelten Mitteleuropa, der noch einen Hauch von Urwald in unsere Tage hinüberretten kann.

Weit spektakulärer, weil von verschiedenen Seiten aus verschiedenen Motiven gespeist und daher auch nicht unumstritten, waren Auswilderungen bei Greifvögeln und Eulen, allen voran von Wanderfalke und Uhu, aber auch von Seeadlern. Man versprach sich zumindest Bestandsstützungen in Zeiten, in denen die Bestände Mitteleuropas bis auf spärliche Reste zusammengebrochen waren. Dieser beängstigende Rückgang war auf direkte menschliche Verfolgung, Störung und Vernichtung von Brutplätzen sowie Umweltgifte (Schwermetalle, persistente Kohlenwasserstoffe) zurückzuführen. Uhus sind in Gefangenschaft leicht zu züchten. Die Bilanz im Atlas der Brutvögel Deutschlands nennt Bestandsstützungen durch Auswilderungen in sieben Bundesländern als Beitrag zur beachtlichen Bestandserholung der Großeule[4]. In Schleswig-Holstein zum Beispiel wurde der Uhu 1830 ausgerottet. Von 1991 bis 2000 wurden insgesamt 651 Uhus freigelassen, 1999 hatte der Bestand über 70 Brutpaare erreicht, wurde später aber auf 100 geschätzt und dürfte 2005-2009 bereits 400 Brutpaare jährlich betragen haben[6]. Solche Erfolgsgeschichten sind aber nicht ohne Probleme. In Baden-Württemberg machen felsbrütende Uhus den felsbrütenden Wanderfalken als Nistplatzkonkurrenten und als Beutefeinde zu schaffen, sodass das Nebeneinander beider einst hochgefährdeter Arten sorgfältig zu überwachen ist, um Einbrüche des Wanderfalkenbestandes rechtzeitig zu verhindern[7]. Schon 1987 wurde deshalb festgehalten, dass weitere Bestandsstützungen des Uhus in Baden-Württemberg unter Artenschutz-Gesichtspunkten nicht erwünscht seien[11]. Die *„vielversprechenden Auswilderungsversuche“* von gezüchteten Seeadlern[8,16] eines privaten Unternehmens „Deutsche Greifvogelwarte“ trugen dagegen offensichtlich nicht erwähnenswert zur erstaunlichen Erholung der mitteleuropäischen Bestände des größten Adlers unserer Fauna[4] bei.

Für Auswilderungen von Wanderfalken lieferten die Zuchterfolge, teilweise durch Insemination erzielt, das Material[8]. Die Züchtung war vor allem von Falknern für ihren Bedarf entscheidend, da Entnahmen von Wanderfalken aus der Natur für die Falknerei weder ethisch vertretbar noch erlaubt war. Jetzt standen durch die Zuchterfolge sowohl den Falknern ausreichend Vögel zur Verfügung als auch für mögliche Bestandstützungen der freilebenden Population. Der Druck auf Wanderfalkenbruten durch illegale Nesträuberei ließ nach. DDT-Verbot und intensive Schutzbemühungen an und um Wanderfalkennester führten zu einer Bestandserholung und Wiederbesiedlung aufgegebener Brutgebiete, die nach Beurteilung durch den Deutschen Brutvogelatlas durch erfolgreiche Auswilderungen unterstützt wurden. Verschwunden waren die Baumbrüter des östlichen Norddeutschlands. Versuche, Jungvögel aus Gebäudebruten (S. 33 f.) durch Prägung „umzuschulen“, hatten Erfolg. Auswilderung führte zur ersten Baumbrut 1996 und dann zu weiteren Ansiedlungen[4]. Erste Genetische Untersuchungen haben ergeben, dass deutsche Wanderfalken Erbgut zweier Unterarten in sich tragen und Gebäudebrüter nicht etwa nur ausgewilderte Falken oder deren Nachkommen sind[9].

Ein Problem der künstlichen Befruchtung von Falken aber ist geblieben: Es gelingt, eine Vielfalt von Hybriden zwischen den Arten zu züchten[8]. Sie haben, in Freiheit entkommen, Vogelkundlern schon manche Bestimmungsprobleme bereitet und Kontrollen über illegale Einfuhren erschwert. Wichtiger noch: Sie könnten für Ansiedlungen und kleine Populationen seltener Arten in Europa, wie Würg- oder Lannerfalken, zu Problemen führen.

Auch anderwärts unternahm man Versuche, den Bestand von Greifvögeln und Eulen durch Freilassungen und Translokationen zu stützen. In Großbritannien galten die Projekte vor allem dem Roten Milan, dessen Brutareal man erfolgreich vergrößerte. 1989-1994 ließ man in Südengland 93 erwachsene Jungvögel aus Spanien, Schweden und Wales frei und ebenfalls 93 aus Schweden in Schottland. Die Überlebensrate im ersten Freiheitsjahr lag bei etwa 80% in England und knapp über 50% in Schottland, verbesserte sich aber in den folgenden Jahren. 1992 gab es die ersten Bruten in England und Schottland. Die Entwicklung erlaubte positive Prognosen für die Zukunft[15].

Im Norden Spaniens ließ man aus sogenannten Rehabilitationszentren 64 Uhus frei. Es handelte sich um Wildvögel, die aufgezogen oder gesund gepflegt worden waren. Man hielt sie vor der Freilassung 45 Tage in großen Gehegen, um Stärkung der Flugmuskeln und Verbesserung der Jagdtechnik zu erreichen. Trotzdem wurden 19 Vögel im Mittel nach 100 Tagen tot gefunden. Besenderte Vögel siedelten sich relativ nah beim Auflassungsort an und es kam zu drei erfolgreichen Bruten[17].

Misserfolge waren bisher die meisten Versuche, Raufußhühner anzusiedeln. Wenigstens weiß man aber jetzt, woran es hauptsächlich liegt. Gezüchtete Auerhühner haben gestörte Verdauung, die bei ihnen mit extrem langen Blinddärmen und einer besonderen Mikrobenflora auf Nahrung reich an Rohfasern, wie Fichtennadeln im Winter, ausgerichtet ist. Gefangenschaftsvögel haben kürzere Dünn- und Blinddärme und daher unzureichende Verdauung, die Hähne zeigen übersteigertes Territorial- und fehlendes Fluchtverhalten; Küken können auf Menschen geprägt sein. Das ernüchternde Ergebnis: Von 11 Ansiedlungsprojekten seit 1950 in Deutschland mit insgesamt mehr als 4800 freigelassenen Auerhühnern waren bis 2012 nahezu alle aufgegeben. *„Die Auswilderung in menschlicher Obhut aufgezogener Auerhühner hat sich bisher nicht bewährt“* heißt es in der Zusammenfassung eines umfassenden kritischen Berichts.

Zu besseren Ergebnissen führt es, Wildvögel aus Gebieten mit größeren Populationen in andere noch geeignet erscheinende Lebensräume umzusiedeln. Aber da gilt es, Herkunftsgebiet mit geplantem Ansiedlungsgebiet sorgfältig zu vergleichen und einen für das Auerhuhn auch wirklich tauglichen Lebensraum auszuwählen[10]. Ein solcher Versuch fand in Thüringen statt mit der Translokation von russischen Auerhühnern. Einige Hähne konnten noch nach Jahren an Balzplätzen beobachtet werden, die Überlebensdauer der umgesiedelten Wildvögel war deutlich länger als die von ausgesetzten Zuchtvögeln[11]. Eine innovative Methode namens „Born to be free“ bieten polnische Experten an. In ihrem Projekt konnten Küken von Auer- und Birkhühnern die in Heidegebiete verbrachten Volieren durch kleine Schlupflöcher verlassen und draußen im

Rufkontakt mit der Henne nach Nahrung suchen[12]. Man lässt sich also etwas einfallen, aber Erfolge kommen nicht von heute auf morgen.

Wiederansiedlung von Raufußhühnern hat auch ihren Skandal. *„……als besonders krasses Beispiel von verfehltem Artenschutz"* muss das Projekt des Landesjagdverbandes Baden-Württemberg gelten, Birkhühner im Wurzacher Ried/ Oberschwaben anzusiedeln[13]. Das Projekt ist gescheitert, wie andere auch. Um aber trotz allem Erfolg zu haben, wurde die Tötung von Habichten, dem vermuteten Hauptfeind des Birkhuhns, mehrfach gefordert, von den Behörden jedoch nicht erlaubt. Die Habichte durften lediglich gefangen werden und waren beringt wieder freizulassen. Von insgesamt 168 gefangenen Habichten aus dem Ried und seiner Umgebung gab es aber nur einen Wiederfund. Das ist hochsignifikant weniger als die statistische Erwartung aus den Fundraten der Vogelwarte Radolfzell. Die Statistiker argwöhnten, dass entweder die Bücher schlampig geführt oder die gefangenen Habichte verbotswidrig in die *„Ewigen Jagdgründe verfrachtet"* wurden. Persönliche Verunglimpfungen und üble Auseinandersetzungen waren die Folge kritischer Einwände zum Projekt, was teilweise aus Veröffentlichungen dieser Zeit im Detail nachgelesen werden kann. Schließlich stellte sich heraus, dass Habichte getötet werden mussten, weil sie sich beim Fang angeblich so stark verletzt hätten. In Stammtischgesprächen der Gegend und von Whistleblowers, die es damals noch nicht in unserem Sprachschatz gab, wusste man längst, dass aus der statistischen Analyse die richtige Vermutung gezogen worden war und zumindest ein Teil der Habichte den Fang nicht überlebte[14].

Natürlich war auch der Weißstorch ein beliebtes Objekt für Wiederansiedlungen und Bestandsstützungen. Er brachte aber besondere Probleme mit, denn Störche sind bekanntlich Zugvögel und beginnen frühestens mit drei, viele auch erst mit vier Jahren, einzelne noch ein bis zwei Jahre später mit der ersten Brut. 1950 war der Weißstorch als freilebender Brutvogel in der Schweiz ausgestorben. Schon 1948 begann der Schweizer Storchenvater Max Bloesch (1908-1997), Turnlehrer und Gewinner einer Olympiamedaille, ein Wiederansiedlungsprojekt mit Jungstörchen aus dem Elsass, die später aus mehreren Ländern Europas Zuwachs erhielten und in Gehegen bei Altreu aufgezogen wurden. Das war der Anfang einer spannenden Geschichte, die zunächst von Fachleuten sehr kritisch gesehen wurde. Man betrat Neuland mit unsicherem Boden und das Unternehmen erwies sich zunächst auch tatsächlich als Misserfolg.

Erst nach neun Jahren gab es im Storchengehege in Altreu den ersten Bruterfolg! Da die Aussichten, Nestlinge aus Mitteleuropa zu erhalten, sich mit sinkendem Storchenbestand allerorten verschlechterten und nicht mehr zu verantworten waren, andererseits in den Gehegen der Nachwuchs viel zu gering war, wurde die Aufzuchtgruppe 1955 durch 36 aus Algerien eingeflogene Nestlinge erweitert, die man an vier verschiedenen Orten aufzog. Erwachsen, wurden 13 freigelassen und zogen im Spätsommer weg, die übrigen wurden in den Gehegen zurückbehalten, vier starben. 1957 kehrte einer der Algerienstörche mit dem Kennzeichen S 124 in die Schweiz zurück und übernachtete den Sommer hindurch auf einer bereitgestellten Nestunterlage. Das Jahr darauf wurde er im Kreis Lörrach/Baden als Brutvogel gemeldet.

Damit erfuhren die bisher erfolglosen Bemühungen neuen Auftrieb. Man reiste 1959 bis 1961 dreimal nach Algerien, einem Land mit hohem Storchenbestand. Insgesamt gelangten in vier Aktionen 292 Nestlinge aus Algerien in die Schweiz, von denen 265 in den Gehegen flügge wurden. 220 zogen im ersten Herbst weg, 45 blieben in den Gehegen. Bis auf S 124 ist keiner der weggezogenen Algerienstörche jemals wieder in die Schweiz oder in ein anderes Land Mitteleuropas zurückgekehrt. Viele wurden in den Durchzugsländern abgeschossen oder verunglückten an Leitungen. Vielleicht hat die Gewöhnung an Menschen die Gefahren verstärkt, möglicherweise war, da es keine bewohnten Storchennester in der Umgebung gab, die als Anziehungspunkte hätten wirken können, bei den aufgelassenen Jungvögeln auch keine Bindung an den Aufzuchtplatz entwickelt.

Ein neuer Ansatz war sinnvoll: Man behielt die aufgezogenen Störche bis zur Geschlechtsreife in Altreu und setzte nur fest verpaarte Altstörche frei. Das war der Durchbruch, aber auch eine neue Dimension des Projekts. Die Jungstörche blieben vier Jahre in Gefangenschaft. Man musste durch Aufzucht und Nachschub von außen die Zahl der Gehegestörche erhöhen, um Paarbildungen zu fördern. Inzwischen waren 22 Außenstationen eingerichtet worden. Den für die Freilassung vorgesehenen Paaren war Kontakt mit Gehegestörchen möglich, vorbereitete Kunstnester wurden angeboten. Damit aber war die Fürsorge noch nicht vorbei. Allmählich entwickelte sich ein freilebender Brutbestand, der auch wildlebende Paare anzog. Im Todesjahr von Bloesch 1997 gab es landesweit 170 Brutpaare, 2002 waren es 195, von denen 115 Nachwuchs großzogen[18].

Das Schweizer Storchenschicksal ist nur ein Teil eines großräumigen Zusammenhangs. Durch viele Funde beringter Störche innerhalb fast eines Jahrhunderts weiß man, dass Austausch von Brutvögeln innerhalb einer Teilpopulation stattfindet, die das österreichische Rheintal, die Schweiz, die deutschen Bundesländer Hessen, Rheinland-Pfalz, Saarland und Baden-Württemberg sowie die französischen Départements Alsace und Moselle besiedelt. Der Niedergang des Storchenbestandes trat in diesen Gebieten etwa gleichzeitig ein. Die Aktivitäten von Max Bloesch waren also keine regional begrenzte Aktion, sondern strahlten auch über die Schweizer Grenzen aus und fanden Nachahmer. Im Elsass wandte man Bloeschs Volierenmethode an, um die wenigen noch übrig gebliebenen Brutpaare der Oberrheinebene zu unterstützen; auch in Baden-Württemberg oder Rheinland-Pfalz arbeitete man mit Projektstörchen. So kam es zu internationaler Zusammenarbeit, die beflügelt wurde, als sich herausstellte, das Nachkommen solcher Projektstörche aus Baden-Württemberg wie ihre wildlebenden Artgenossen über die Straße von Gibraltar ins westliche Afrika ziehen.

Entscheidend für geglückte Wiederansiedlung war aber auch bei diesen Storchenprojekten, den Vogel im Lebensraum zu sehen. Historisch besiedelte Gebiete mit guter Habitateignung waren die lokalen Voraussetzungen für Wiedereinbürgerungen. Storchgerechte Bewirtschaftung von Dauergrünlandflächen, Anlage von Kleingewässern und andere Maßnahmen mussten die Nachhaltigkeit von Ansiedlungen unterstützen. Aber für einen Langstreckenzieher sind auch die Verhältnisse im Winterquartier entscheidend. Negative Auswirkungen auf die Populationen hatten vor allem Dürreperioden und Bekämpfung der Wanderheuschrecken in der Sahelzone. Vor den Ansiedlungen hatten aber die Niederschläge und damit das Nahrungsangebot dort wieder zugenommen.

Somit übertraf die Wiederansiedlung in Rheinland-Pfalz die Erwartungen. 1996-2013 brüteten insgesamt 964 Storchenpaare; 1975 Junge flogen aus. Im Saarland zog 1999 ein Paar Gehegestörche Junge auf, die wegzogen, während die Altvögel den Winter über im Brutgebiet blieben und auch mit Futter versorgt werden mussten. 2005/09 werden für dieses Bundesland 4 Brutpaare gemeldet. In Baden-Württemberg brüteten 1984 noch 20 Storchenpaare mit nur 37 flüggen Jungen.

Ohne Zucht und Auswilderung im Elsass und in der Schweiz wäre in diesem Bundesland der Weißstorch als Brutvogel wohl ausgestorben. Auch hier begann man mit einer Aufzuchtstation, die dann aber 1998 geschlossen wurde. Ihre Projektstörche verstärken den Aufzuchtbestand in Rheinland-Pfalz. Von dort kam dann auch sicherlich wieder etwas zurück, denn 2005/09 wurde für Baden-Württemberg ein Jahresbestand von 240-260 Paaren gemeldet.

Die Rettung des Bestandes der nach Südwesten abziehenden Storchenpopulation im südwestlichen Mitteleuropa durch den Aufbau einer reproduktionsfähigen Brutpopulation kann also als Erfolg betrachtet werden, der sicher entscheidend von der Initialzündung Projektstörche angestoßen wurde. Aber ohne Ansätze zur Erhaltung oder Verbesserung der Lebensräume wäre die großräumige Rettungsaktion wohl kaum über die Runden gekommen. Zahlen allein sagen noch nicht alles über ein komplexes Problem. Kritiker befürchteten, dass durch Verpaarung von Projekt- mit Wildstörchen langfristig die Biorhythmik und Genetik in einer wildlebenden Population verändert und damit die Fitness der Individuen reduziert werden könnte. Erste sorgfältige Vergleiche in Rheinland-Pfalz haben dafür keine Anhaltspunkte ergeben. Wieder einmal gibt es aber Hinweise darauf, dass wesentliche Faktoren des Niedergangs der südwestdeutschen Störche außerhalb des Brutgebietes liegen, wohl aber auch Gründe, die sich günstig auswirken, wie Klimawandel und „Mülltourismus" (S. 94)[19].

Die umfangreichen Erfahrungen von Versuchen, wildlebende, sich selbst erhaltende Populationen durch Freilassung zu begründen, lehren, dass die IUCN-Guidelines sich keineswegs in bürokratischen Anweisungen erschöpfen. Vielmehr stecken sie den Rahmen für Voraussetzungen ab, die solchen Vorhaben Nachhaltigkeit und einen sinnvollen Platz in den Bemühungen sichern, dem Schwund der Biodiversität entgegenzuwirken. Das schließt wissenschaftlichen Streit in der Auslegung nicht aus, wie er sich etwa um Wiederansiedlungsprojekte des Waldrapps in Europa entzündet hat. Der fast mystische Ibis war wohl einstmals in Mitteleuropa heimisch. Heute beschränkt sich sein Vorkommen auf Marokko. Eine kleine Population in Türkei und Syrien ist sicherlich ausgestorben. Das ist in kürzester Form die Situation kurz vor dem globalen Aussterben zusammengefasst. Es gibt aber Waldrappzuchten in Gefangenschaft und mittlerweile Projekte, den längst ausgestorbenen Vogel in Europa wieder anzusiedeln. Dazu werden enorme Anstrengungen und wissenschaftliche Untersuchungen unternommen, die ohne Zweifel zu interessanten Einsichten führen. Die Gefangenschaftszuchten stammen überwiegend von marokkanischen Brutvögeln, die im Unterschied zu den ausgestorbenen Vögeln im Nahen Osten keine Zugvögel sind. Die Ansiedlung nördlich der Alpen scheint aber nur möglich, wenn den Vögeln das Ziehen beigebracht wird, indem sie von Menschen geleitet werden.

Die Einbürgerung des Waldrapps in Mitteleuropa erfordert daher einen besonders großen Aufwand. Die Gegner dieser Aktionen weisen vor allem darauf hin, historische Quellen würden nicht ausreichen, um zu belegen, dass der Waldrapp jemals längere Zeit in Mitteleuropa gebrütet hat. Damit wäre die Aktion eine Neuansiedlung statt einer Wiedereinbürgerung und die sei ja nun keine vordringliche Aufgabe des Artenschutzes, zumal negative Auswirkungen auf die heimische Fauna nicht abzuschätzen und ein langes Überleben im Aussetzungsgebiet keineswegs gesichert seien. Im letzteren Fall wäre das Unternehmen zwar kaum schädlich, aber immerhin ein etwas großzügiger Umgang mit Ressourcen für den Schutz der Biodiversität. Die Differenzen werden sicher weitergehen, denn Bemühungen, eine Art vor dem globalen Aussterben zu retten, fordern Betrachtungen aus verschiedenen Richtungen. Den Fall Waldrapp als einen Wandel im Artenschutz zu betrachten, wie das die Befürworter sehen, scheint aber doch etwas hoch gegriffen[20]. Ansätze, die einen spektakulären Lieblingsvogel im Auge haben und ihn anzusiedeln versuchen, hat es vielmehr immer gegeben, wie manche Neubürger mit Starthilfe belegen.

Neubürger mit Starthilfen

Irrtum

54. Mithilfe von Menschen eingebürgerte, ehemals nicht heimische Vogelarten (Neozoen) sind ein Gewinn an Biodiversität und daher praktizierter Artenschutz.

Als Zierde eines Parkgewässers galt schon seit dem Mittelalter der Höckerschwan, der in Deutschland vermutlich nur auf den Gewässern der Norddeutschen Tiefebene schon von jeher als Wildvogel heimisch war. Heute geht in den meisten Gebieten der Symbolvogel für ein Gewässer auf Nachkommen ausgesetzter, entkommener oder halbzahmer Vögel zurück, vor allem im mittleren und südlichen Deutschland sowie im südlichen und westlichen Europa. Das erste Schwanenpaar am Bodensee brütete 1885 bei Lindau, das als der erste bayerische Brutnachweis eines freilebenden Schwanenpaares gilt; in Münchner Parkanlagen wurden seit Jahrhunderten Schwäne gehalten, von denen sicher auch immer wieder einige entkamen und als wilde Schwäne im Herbst auch von Jägern gemeldet wurden[21]. 2005-2009 schätzte man den jährlichen Brutbestand in Bayern auf 1 200 bis 1 700 Paare[22]. Die dauerhafte Besiedlung des Bodensees gelang ab 1917 mit der Ansiedlung eines Schwanenpaares aus Luzern; 1936 gab es am Bodensee 37 Brutpaare. Im Herbst 1962 überschritt der Schwanenbestand auf dem See erstmals die Tausendergrenze. Rund 300 Brutpaare bildeten kurz vor der Jahrtausendwende eine stabile Population, die Zahl der im Winterhalbjahr rastenden Vögel belief sich auf durchschnittlich 1 700 Vögel[23]. Auch auf anderen großen Binnengewässern im südlichen Mitteleuropa begann die Geschichte der Höckerschwäne meist mit Aussetzungen im 19. Jahrhundert, auf dem Genfer See zum Beispiel 1802 mit erster Brut 1837. Um die Jahrtausendwende brüteten im Kanton Genf 61 Paare [24]. Im Norden Deutschlands sieht es etwas anders aus. Auch in Schleswig-Holstein wurden Höckerschwäne seit dem Mittelalter in Haltungen gepflegt, doch dürften dort stets unabhängig vom Menschen Paare gebrütet haben. Durch Verfolgung war der Bestand um 1920 auf ein Minimum zurückgegangen. Mit Aussetzungen begründete man neue Brutplätze; 2005-2009 schätzte man den Jahresbestand auf 1 000 Brutpaare[25]. Der deutsche Brutvogelatlas meldet für denselben Zeitraum 11 500 bis 16 000 Brutpaare für das Gebiet der Republik. Solche Zahlen wollen allerdings nicht viel besagen, denn in manchen Gebieten täuschen viele nichtbrütende Höckerschwäne einen viel größeren Brutbestand vor, wie etwa die sorgsam jährlich in ein Winterquartier gebrachten Alsterschwäne in Hamburg[26].

Ein Blick auf Schwanenschicksale erfasst ein bewegtes Bild. Gegen Ende und nach den beiden Weltkriegen nahmen die Bestände als stark genutzte Nahrungsquelle stark ab, um sich dann wieder zu erholen, teilweise auch durch weitere Aussetzungen. Auf manchen Gewässern kam und kommt es zu großen Schwanendichten, sodass die Paare in Kolonien brüteten. Das tut aber der Reproduktion nicht gut, weil nur große Reviere mit ausreichenden Wasserpflanzen die Ernährung des Vegetariers sichern. Man kann Zusammenballungen von brütenden Höckerschwänen zu Kolonien durchaus als Regulativ sehen, weil die Reproduktion dann stark zurückgeht. Und schließlich verlangsamte sich die Zunahme gegen Ende des 20. Jahrhunderts, vermutlich weil man mit Abschüssen eine unerwünschte Schwanendichte verhindern wollte. 2 000 bis 3 000 Schwäne wurden 2005-2009 in Deutschland pro Jahr geschossen[27]. Auch wurden und werden immer wieder Schwanengelege absichtlich zerstört und vernichtet. Von umsorgten Alsterschwänen bis zu Aktivitäten gegen unerwünschte Ansiedler reicht die Bandbreite im Umgang mit dem so beliebten Ziervogel.

Höckerschwäne auf mitteleuropäischen Gewässern sind keine Exoten mehr, sondern feste Bestandteile der Avifauna geworden. Auch der im prächtigen

Kleid des Männchens exotisch wirkende Jagdfasan wird längst als heimischer Vogel gesehen, obwohl man in weniger günstigen Lebensräumen mit Aussetzungen und Fütterungen versuchen muss, den Bestand zu halten. Jäger sind an der „Fasanenhege" interessiert und mancher Habicht musste wegen des aus Asien importierten, aber dann meist aus Gehegezüchtungen stammenden Neuzugangs der heimischen Fauna sein Leben lassen. Heute leidet der Jagdfasan wie andere Feldvögel unter den Folgen der industrialisierten Landwirtschaft; es geht ihm jedoch nicht annähernd so schlecht wie dem Rebhuhn. Seine ursprüngliche Heimat ist Asien, wo er in einem langen Band vom Nordkaukasus bis ins östlichste China in vielen Unterarten verbreitet ist. Sein wissenschaftlicher Artname *colchicus* deutet das an, denn er bezieht sich auf die Herkunft aus Kolchis, einer in der Antike so benannten Landschaft zwischen Kaukasus und der Ostküste des Schwarzen Meers, dem westlichsten und daher Europa am nächsten liegenden Herkunftsgebiet. Schon seit dem Altertum wurde der Jagdfasan offenbar nach Europa gebracht und zumindest in Fasanerien gehalten. Erste Freilandbeobachtungen und -bruten in Deutschland sind aus dem 12. Jahrhundert bekannt. Wohl erst ab Mitte des 18. Jahrhunderts kam es durch Aussetzungen zu Jagdzwecken zu einer weiteren Verbreitung. Mittlerweile wurden viele Unterarten eingeführt, gezüchtet und wohl auch gekreuzt und ausgesetzt, sodass die heute in Mitteleuropa lebenden Fasane nicht mehr einer Ursprungspopulation zugeordnet werden können. Die Eignung des dekorativen Vogels zum Abschuss hat ihm auch die Einbürgerung in Nordamerika, Tasmanien und Neuseeland eingebracht; im festländischen Australien war sie allerdings erfolglos[28].

Auch die in allen Städten heimische Straßentaube ist kein ursprünglicher Wildvogel. Von der Felsenraube abstammende Haustauben wurden wahrscheinlich schon im späten Altertum ausgesetzt und brüteten freilebend. Wann die meist in Städten freilebenden Populationen entstanden sind, von denen die heutigen Bestände abstammen, ist nicht genau bekannt.

Echte Exoten der mitteleuropäischen Fauna aber sind Papageien, genauer gesagt solche aus der Familie der Altweltpapageien. Der Halsbandsittich gehört mittlerweile allerdings schon zum Bild einiger Großstädte in Westdeutschland. Aus Gefangenschaft entflohene oder auch ausgesetzte Vögel haben in milden Gebieten Westdeutschlands eine Erfolgsgeschichte hinter sich. Seit 1966 brüten sie in Belgien, seit 1968 in den Niederlanden und seit 1969 in Großbritannien. In Deutschland entdeckte man die Art 1967 im Freiland und zwei Jahre später die erste Brut in Köln. Seither ist der gesellig lebende Sittich regelmäßiger Brutvogel in Deutschland. Die Ansiedlung in Köln umfasste 1993 bereits 200 Brutpaare. 2005-2009 schätzte man den jährlichen Brutbestand vom Neckarraum bis an den Niederrhein auf 1 400 bis 2 100 Paare.

Aber das ist nur ein kleiner Ausschnitt aus einer großräumigen Entwicklung. Rasch wuchsen auch die Bestände in Belgien, in den Niederlanden oder in Großbritannien. In den 1970er und 1980er Jahren gab es Ansiedlungen in Frankreich, Italien, Spanien, Portugal und Griechenland[29]. Kurz nach der Jahrtausendwende war der Halsbandsittich weltweit der verbreitetste Neubürger unter den Papageien mit etablierten Populationen in 35 Ländern auf fünf Kontinenten[30]. Mittlerweile häufen sich die Unterlagen über die Entwicklung in Europa, die Verhältnisse scheinen sich fast zu überstürzen. Zählungen an geselligen Schlafplätzen 2017 haben für Deutschland eine Summe von rund 14 380 Individuen ergeben. Aber Köpfe zählen ist nur die eine Seite der Entwicklung. Auch Folgen rascher Evolution machen sich bemerkbar. Die Neueuropäer stammen aus dem südlichen Asien und werden nach der neuesten Version der Weltvogelliste des International Ornithological Committee (IOC) als Unterart *manillensis* des Halsbandsittichs *Psittacula krameri* geführt. Doch die molekulargenetische Analyse der Gattung *Psittacula* legt nahe, den bisherigen Halsbandsittich als zwei Arten einer neuen Gattung *Alexandrinus* zu betrachten. Der deutsche Name würde dann korrekt Asiatischer Halsbandsittich heißen. Eine Entscheidung in der unterschiedlichen taxonomischen Behandlung des Problems ist augenblicklich noch offen.

Spannend bleiben Beobachtungen einer raschen Evolution der Sittiche im europäischen Areal. Innerhalb weniger Generationen bekamen Halsbandsittiche längere Flügel, längere Schädel und größere Schnäbel als ihre asiatischen Vorfahren. Das könnte ein sogenannter Gründereffekt sein, wie er bei Populationen, die von wenigen Individuen und daher einem kleinen Genpool abstammen, zu beobachten ist. Einige Entwicklungen lassen Schwierigkeiten erkennen, denen der Südasiate in Europa begegnet. Er hat unter den strengen Wintern zu leiden; in einer Stichprobe hatten zwei Drittel der Vögel Frostschäden an den Füßen. Auch ist der Bruterfolg niedriger als im Herkunftsgebiet, wahrscheinlich weil die Vögel für mitteleuropäische Verhältnisse zu früh mit der Brut beginnen[45]. Aber offenbar reichen klimatisch günstige Schwerpunkte und geeignete Stadtbiotope aus, den Bestand auch nördlich der Alpen zu vermehren.

Mit dem Halsbandsittich ist die Papageieninvasion als Folge von Freilassungen und wohl auch entwischten Käfigvögeln aber nicht beendet. Für 2005-2009 verzeichnet der Deutsche Brutvogelatlas einen Jahresbestand von 75-85 Paaren Alexandersittiche, die wie Halsbandsittiche aus dem südlichen Asien stammen und 1987 zum ersten Mal in Freiheit brüteten, sowie von sieben bis zehn Paaren Gelbkopfamazonen in Stuttgart, damit auch einen Vertreter der Neuweltpapageien. Eine weitere südamerikanische Art, der Mönchssittich, der nicht in Höhlen, sondern in Reisignestern kolonieweise brütet, hat es bei uns mehrfach versucht, aber teilweise auch unter Eingriff von Menschen keine dauerhafte Ansiedlung geschafft[29].

Gebietsfremde Tierarten, die absichtlich oder unabsichtlich durch den Menschen in Regionen verbracht werden, die nicht im ursprünglichen und von den Vögeln aus eigener Kraft besiedelten Areal liegen, werden als Neozoen bezeichnet. Noch vor wenigen Jahrzehnten haben sich Vogelbeobachter und Avifaunisten wenig oder gar nicht um angesiedelte fremde Vögel gekümmert, sie höchstens als mehr oder minder lästig empfunden, weil nicht klar war, ob man sie als „Natur zweiter Klasse" auf die Liste bei einer Exkursion registrierten Arten setzen oder in einer Zusammenstellung der regionalen Vogelwelt überhaupt berücksichtigen sollte.

Mittlerweile hat sich aber das Phänomen derart ausgeweitet, dass man nur in geschlossenen Waldgebieten und in höheren Lagen mit harten Wintern kaum auf Neozoen trifft, ihnen sonst fast überall begegnet. Besonders zahlreich ist die Artenvielfalt an Neozoen am Wasser, die meisten und auffälligsten Arten stellen die Entenvögel. Das ist dem schier unerschöpflichen Nachschub aus zahlreichen öffentlichen und privaten Wasservogelhaltungen zu verdanken. Viele Arten sind auch relativ leicht zu züchten. Einmal freigekommen finden Schwäne, Gänse und Enten bei uns recht günstige Verhältnisse. Es gibt viele stehende Gewässer. Auch deren Beunruhigung fällt im Unterschied zu heimischen Arten nicht so sehr ins Gewicht, da die meisten Neubürger ihre Scheu vor Menschen abgelegt haben und an Menschen gewöhnt sind. Nahrung wird in begrünten Weideflächen und Äckern (Gänse, Schwäne), in eutrophierten Gewässern (Enten) und nicht zuletzt an vielen Parkfütterungen ausreichend angeboten. Schließlich leben rund zwei Drittel aller Entenvogelarten der Welt jenseits der beiden Wendekreise in mittleren und höheren Breiten, nur 15% sind tropische Brutvögel. Unser Klima entspricht, wie die Biotopanforderungen, also weitgehend den Verhältnissen in natürlichen Verbreitungsgebieten der meisten Arten[31]. Anders liegt der Fall bei spezialisierten Hühnervögeln, die meist aus jagdlichem Interesse ausgesetzt wurden, aber überwiegend keine dauerhaften Ansiedlungen entwickeln konnten. In Deutschland wurden zum Beispiel Wildtruthuhn, Moorschneehuhn, Rothuhn, Chukarhuhn oder Helmperlhuhn ausgesetzt[29].

Vielfalt, unterschiedliche Geschichte und auch manche rechtlichen Fragen und unterschiedlichen Bewertungen drohen den Überblick über Neozoen mit manchen irrtümlichen Einschätzungen zu erschweren. Die Fachgruppe Neozoen der Deutschen Ornithologen-Gesellschaft hat sich daher an eine logisch definierte Statuseinstufung gemacht[29]. Sie ordnet die Verhältnisse nach historisch-biologischen Kriterien, das Ergebnis klingt aber notgedrungen wie Vogelbürokratie oder ein Gesetzestext.

Etablierte Neozoen sind ursprünglich in einem Land nicht heimische Vogelarten, die absichtlich oder aus Versehen eingebürgert wurden, sich regelmäßig fortpflanzen und dabei seit mindestens 25 Jahren oder drei Generationen einen stabilen oder sich vergrößernden Bestand weitestgehend ohne menschliches Zutun aufgebaut haben. (1) Etablierte Neozoen durch Einbürgerung aus Gebieten außerhalb von Deutschland sind nach dieser Einschätzung 12 Arten: Schwarzschwan, Schneegans, Streifengans, Kanadagans, Rostgans, Nilgans, Mandarinente, Jagdfasan, Straßentaube, Halsbandsittich, Alexandersittich, Gelbkopfamazone. (2) Nur regional etablierte Neozoen, von denen auch ansässige (autochthone) Bestände in anderen Regionen Deutschlands existieren, sind weitere sieben Entenvogelarten, darunter Singschwan, Höckerschwan, Graugans oder Brandgans. (3) Nicht sicher ist man, ob man auch die Bestandstützungsversuche durch Wiedereinbürgerung (siehe oben) hier einzuordnen hat, da in den manchmal doch etwas naiv durchgeführten Aktionen nicht eindeutig dokumentiert wurde, ob Angehörige gebietsfremder Populationen dabei beteiligt waren. (4) Eine weitere Kategorie wäre erfolgreiche Wiedereinbürgerung einer ehemals heimischen Art, die innerhalb der Grenzen Deutschlands wohl nur für den Habichtskauz gelten könnte, wenn er eines Tages das Limit von drei Generationen oder 25 Jahren erreicht hat. (5) Wieder anders liegen die Verhältnisse, wenn eine domestizierte Form eine wildlebende Population in Deutschland aufgebaut hat. Diesen Fall sehen einige Experten bei der Höckergans, die von der wildlebenden ostasiatischen Schwanengans abstammt. Allerdings brüten solche Vögel nur an wenigen Stellen in Menschennähe in einem Gesamtbestand von fünf bis zehn Brutpaaren[27]. (6) Schließlich sind auch von etablierten Neozoen anderer Ländern Individuen nach Deutschland eingewandert, haben in Deutschland schon gebrütet, sich hier aber noch nicht etabliert, nämlich die Schwarzkopf-Ruderente und der Pharaonenibis, zu dem der bis vor kurzem noch geltende Heilige Ibis nomenklatorisch verweltlicht wurde. Eine artenreiche Sparte füllen nicht etablierte Neozoen. Regelmäßig brüten bei uns bereits Nandu, Brautente, Wildtruthuhn, Rosaflamingo, Chileflamingo. Die Liste unregelmäßig einzeln brütender oder als Brutvögel wieder verschwundener Vogelneozoen umfasst mindestens 69 Arten. In Freiheit ohne Brutnachweis wurden bis jetzt Individuen von über 250 Neozoenarten festgestellt.

Die Statusbewertung führt zu Listen, die sich dauernd ändern. Damit ist zwar eine wichtige Aufgabe erfüllt, nämlich ein Schema erarbeitet zu haben, in das man laufend die kleinen Schritte des Wandels und die wachsenden Kenntnisse einordnen und somit klar definieren kann. Aber die Verhältnismäßigkeit muss dabei stark strapaziert werden, denn ein paar Vögel einer exotischen Art irgendwo sind sicher kein grundlegendes Problem für Forschung und Naturschutz – könnten es aber werden.

Die Diskussion um Neozoen ist aber mit komplizierten Listen noch lange nicht erledigt, sie fängt eigentlich erst an. *„Nichtheimische Tiere sind die Ursache für das Verschwinden von 70 der rund 150 weltweit seit dem Jahr 1500 ausgestorbenen Vogelarten"* beginnt Klemens Steiof seinen kritischen Bericht über nichtheimische Vogelarten in Deutschland. Das betrifft zwar meistens kleine Inselpopulationen, die auf Inseln eingeschleppte Säugetiere nicht überlebten, hat aber auch für die gegenwärtige Situation der Vogelwelt Europas die Bedeutung eines Warnrufs, denn *„bei 422 der aktuell 1240 weltweit gefährdeten Vogelarten stellen invasive nichtheimische Arten einen Gefährdungsfaktor dar"*[32]. Grundsätzlich entsteht mit nichtheimischen Vogelarten, die in Freiheit entlassen werden oder entkommen, eine Reihe gesetzlicher Probleme, auf die hier nicht näher eingegangen werden soll.

Neozoen sind nicht einfach Bereicherungen der regionalen Faunen, sondern können Biodiversität gefährden, wenn sie für ursprünglich heimische Arten zur Gefahr werden, etwa als Beutefeinde (Prädatoren) oder Konkurrenten, ferner durch Hybridisierung oder eingeschleppte Krankheiten und Parasiten. Besonders kritisch kann es bei invasiven Neozoen werden, also Neubürgern, die sich stark ausbreiten und vermehren und dabei heimischen Arten gefährlich werden. Ob und was man gegen „Invasionen" unternehmen kann und muss, ist noch sehr umstritten. Sicher ist jedenfalls, dass Vorkommen gebietsfremder Arten durch Freisetzungen zunehmen werden und man auch bei Vögeln dem Phänomen mehr Aufmerksamkeit widmen muss als bisher. Anekdotische Beobachtungen belegen, dass gebietsfremde Vögel anderen gefährlich werden können, doch gibt es *„derzeit so gut wie keine belastbaren Daten, die einen tatsächlichen negativen Einfluss auf heimische Vogelarten auf kontinentaler Ebene belegen würden“*[33].

Das Problem ist aber erkannt und bietet nicht nur ein spannendes Forschungsfeld, das bisher von Vogelkundigen meist vernachlässigt wurde, sondern auch ein komplexes Paket von Herausforderungen für eine Handlungsstrategie, die Vorsorge, wenn nötig Sofortmaßnahmen und Kontrolle im Sinne eines Monitorings umfassen muss. Selbst eine „Schwarze Liste invasiver Arten Deutschlands“ ist schon im Gespräch[34]. Einige Nilgänse, die aggressiv gegen heimische Wasservögel vorgehen, sind sicher noch kein Anlass, nervös zu werden und lautstark regulierende Eingriffe zu fordern. Aber das Buch von Bernhard Kegel macht auch einer breiten Öffentlichkeit anschaulich klar, wie sehr „biologische Invasionen“ die Biodiversität bedrängen können, einmal ganz abgesehen von wirtschaftlichen Folgen[35]. Vögel spielen in diesem Konzert freilich nur eine bescheidene Rolle, sind aber auch in diesem Zusammenhang als Signale für Entwicklungen in unserem Umgang mit Natur nicht zu übersehen.

Klimawandel

Irrtum

55. Veränderungen von Brutarealen und regionalen Beständen von Brutvögeln als Folge des Klimawandels lassen sich mit rein klimabezogenen Rechenmodellen zuverlässig vorhersagen.

Seit 1910 hat sich die globale mittlere Jahrestemperatur über Land erhöht, seit etwa 1970 mit kleinen Schwankungen relativ steil. Das Jahresmittel lag um 2010 bei rund 0.5 °C über dem Mittel der Periode 1961-1990[36]. In der politischen Diskussion ist die globale mittlere Temperaturerhöhung der Aufhänger der Diskussion, in die dann meist Hinweise auf konkrete Folgeerscheinungen für die menschliche Bevölkerung, mehr oder minder pauschal benannt, einfließen. Alle Anzeichen sprechen dafür, dass die Welttemperaturen bis 2100 um mehrere Grade steigen; gestritten wird aus meist kurzfristigen wirtschaftlichen Erwägungen heraus meist darüber, ob und wie stark der Mensch mit welchen Ansprüchen daran Schuld trägt. Die Entwicklung ist global und trifft sowohl alle Klimazonen von Pol bis Äquator als auch unterschiedliche Klimabereiche innerhalb breitenparalleler Zirkulationsysteme der Atmosphäre als Folge der Verteilung von Land und Meer.

Schon in diesem Zusammenhang ist mit einem komplexen Gefüge von unmittelbaren und langfristig mittelbaren Folgen auf die Biodiversität zu rechnen. Hinzu aber kommen Auswirkungen von Maßnahmen, die einerseits einer globalen Erwärmung entgegensteuern, andererseits Menschen vor unmittelbaren Gefahren und drohenden Engpässen schützen sollen. Das Thema Klimawandel und Vögel reicht daher von klimatisch bedingten Habitatverlusten und -änderungen in globalem Maßstab, Änderungen von Häufigkeit und Ausmaß abnormer Witterungserscheinungen regional wie kontinental, Problemen evolutiv entstandener Synchronisation mit lebenswichtigen Ressourcen, Folgen des Klimawandels auf die Flächennutzung für die menschliche Ernährung bis zur Gewinnung alternativer Energie mit Wasserkraft, Biomasse, Windrädern oder Fotovoltaikfeldern. Über das ständig wachsende Problemfeld der Konflikte zwischen Windparks und Vögeln ist bereits ein mächtiges zweibändiges Werk mit einer mahnenden Botschaft erschienen: Windparks vermehren sich weltweit als kosteneffiziente Maßnahmen zur Gewinnung von Energie, die Kosten für Biodiversität dürfen nicht in gleichem Maße zunehmen[46]. Die Zahlen wirklich wichtiger wissenschaftlicher Publikationen zum Thema Vögel und Klimawandel steigen seit 1990 pro Jahr exponentiell. Datenbanken wachsen im Millionentakt.

Auch eine Konzentration auf lokale und regionale Veränderungen an der raumzeitlichen Verteilung und am Verhalten der Vögel, die man dem Klimawandel in die Schuhe schieben könnte, wirft eine Fülle unterschiedlicher Fragen und Erklärungsversuche auf, führt aber auch zu manchen realitätsfernen Spekulationen und voreiligen Prognosen und bleibt auf alle Fälle für den aufmerksamen Naturbeobachter enorm spannend. Allerdings braucht man für belastbare Daten lange Zeiträume oder zumindest gut vergleichbare Stichproben aus möglichst weit voneinander liegenden Zeitpunkten. Das ist häufig ein Problem, das der Verwechslung von Wetter mit Klima Vorschub leistet (S. 121 f.). Denn mit Zeitreihen von ein paar Jahren oder der Ermittlung von Folgen einzelner abnormer Witterungsereignisse ist es nicht getan.

Für wissenschaftlich ernst zu nehmende Untersuchungen sind Zeitfenster von rund 30 Jahren gefordert. Umfangreiche Literaturauswertungen mit Modellierungen auf der Grundlage einer großen Datenmenge zeigen, in welchem Rahmen Folgen des Klimawandels auf das Verhalten von Vögeln großräumig einzuordnen sind.

Um etwa 2010 sind in Europa die Erstbeobachtungen von Zugvögeln im Frühjahr um etwa 2,4 und die mittleren Ankunftsdaten von Populationen um 1,5 Tage pro Jahrzehnt nach vorne gerückt, in Nordamerika geringfügig weniger. Mit der Zeit haben sich die Vorverlegungen zunehmend beschleunigt und sind in den mittleren Breiten zwischen 45 und 50°N am höchsten. Kurzstreckenzieher haben rascher auf die Klimaerwärmung reagiert als Langstreckenzieher. Die Erklärung für die Entwicklung liefern nicht die aktuellen Wetterbedingungen am Ankunftsort, sondern die großräumigen Indizes der Nordatlantischen Oszillation (S. 132).

Für Kurz- und Mittelstreckenzieher bedeuten positive Werte wärmeres Wetter in den Überwinterungsgebieten, das zu früherem Heimzug anregt. Für Langstreckenzieher beeinflussen offenbar davon unabhängig die Wetterverhältnisse in den Winterquartieren, die anderen Zirkulationssystemen unterliegen, die Abzugstermine und damit auch die Ankunft im Brutgebiet. Allerdings sind Unterschiede zwischen mittleren Ankunftsdaten von Populationen und Erstbeobachtungen einzelner Individuen nicht konstant. Eine Schwalbe macht eben noch keinen Sommer.

Noch auffälliger als die Ankunft von Zugvögeln hat sich zumindest in mittleren Breiten Europas der Zeitpunkt der Eiablage nach vorne verschoben, vor allem bei Mittel- und Kurzstreckenziehern. Das bedeutet aber nicht automatisch, dass Brutvögel auch früher ihre Brutplätze wieder verlassen. Kurzstreckenzieher haben ihren Abzug sogar eher verzögert, bei Mittel- und Langstreckenziehern ist kein Trend der Veränderung von Abzugsdaten erkennbar. In den Tropen sind weniger Temperaturänderungen als Auslöser für Änderungen in der Brutzeit zu erwarten als vielmehr Verschiebungen im Muster der Regenzeiten. Hierüber gibt es aber noch zu wenig Daten[36].

Für die Erhaltung von Brutpopulationen und damit ganz konkret für den Vogelschutz ist die Frage entscheidend, ob durch geänderte Zug- und Brutzeiten die zeitliche Abstimmung mit den für die Reproduktion erforderlichen Gipfeln des Ressourcenangebots oder mit besonders günstigen Umweltbedingungen gestört wird, also ein „Mismatch“ in der Fachsprache der Klimabiologen entsteht. Diese Befürchtung ist durchaus begründet, denn Studien in Großbritannien und Nordamerika haben belegt, dass die Vorverlegung von phänologischen Ereignissen bei Vögeln hinter denen bei kontrollierten Gruppen von Pflanzen und Wirbellosen herhinkt. Wenn die optimalen Zeitfenster verpasst werden, könnten Ernährungsengpässe entstehen. Bisher gibt es wenig Hinweise darauf, dass unzeitige Ankunft von Zugvögeln zu Verringerung der Reproduktion oder gar ungewöhnlicher Sterblichkeit geführt und dass Klimawandel die Wahrscheinlichkeit solcher Vorfälle erhöht hat.

Bei gut untersuchten Höhlenbrütern wie der Kohlmeise sind die Ergebnisse teilweise widersprüchlich. Es gibt Populationen, in denen früherer Brutbeginn eindeutig nicht mehr zu einer Synchronisation zwischen Gipfel von Schmetterlingsraupen und maximalem Nahrungsbedarf der Nestlinge ausreichte, aber auch Befunde, dass mildere Frühjahre den Kohlmeisen Gelegenheit gaben, das Wachstum ihrer Nestlinge mit dem Verlauf des Raupenangebots besser zu synchronisieren. Unterschiede zwischen Kohlmeisenpopulationen entdeckte man auch, als bei Mismatch mit dem Nahrungsangebot die Weibchen dann weniger häufig in der Lage waren, eine zweite Jahresbrut erfolgreich zu beginnen. Diese Situation führte aber nicht zur Abnahme des regionalen Brutbestandes[37].

Unterschiede in Temperaturen bei Legebeginn oder verschieden eng verbundener Phänologie von Nahrungsressourcen, für die in der Regel mehrere Faktoren verantwortlich sind, bedeuten Herausforderungen, denen der Vogel mit unterschiedlichen Strategien begegnen kann, in denen auch die eigene individuelle Fitness eine Rolle spielt. Ein vielfältiges Bild von Reaktionen und ihren Folgen ist also selbst innerhalb einer Art zu erwarten. Es gibt aber auch eindeutige Verlierer, nämlich Vögel, deren Jahresverlauf durch hohe Saisonalität bestimmt wird. Das gilt in Mitteleuropa zum Beispiel für Bewohner der Alpinstufe, wie Alpenschneehuhn, oder auch für Langstreckenzieher, die im Laubwald brüten. Bei ihnen kann offensichtlich die Verringerung der Reproduktion als Folge einer Desynchronisierung mit dem Nahrungsangebot eintreten. Aber gerade für Langstreckenzieher gilt, die Verhältnisse auch außerhalb des Brutgebiets zu berücksichtigen, was hier heißt, dass Mismatch auch in anderen Gebieten der jährlichen Verbreitung zu anderen Zeiten eine Rolle spielen kann[36].

Die Auswirkungen einer Temperaturerhöhung auf Vogelpopulationen lassen sich in einem kurzen Überblick nur andeuten. Versuche, sie auf kurzem Nenner zusammenfassend zu erklären, sind unbefriedigend und können auch zu Irrtümern führen. So erschien bereits 2007 ein umfangreicher Klimaatlas der Brutvögel Europas, der auf der Grundlage gegenwärtigen Klimas und Verbreitung der Brutvögel ihre Verbreitung für die zweite Hälfte des 21. Jahrhunderts modellierte[38]. Ungeachtet vieler interessanter Aspekte und ohne Zweifel auch mancher zutreffenden Prognose ist diesem Unternehmen vorzuhalten, dass sekundäre Folgen des Klimawandels auf Populationen wohl zu wenig berücksichtigt wurden, allen voran Änderungen der menschlichen Flächennutzung, vom klimabedingten agrarischen Wandel und von Änderungen von Waldfläche und -struktur bis zur Flächennutzung für alternative Energieerzeugung. Manche Autoren sehen darin weit größeren Druck auf Veränderungen als durch Temperaturerhöhungen. Durch mehr oder minder monokausale Erklärungsversuche werden Irrtümer in der Bewertung der Auswirkungen des Klimawandels auch auf Vögel eines kleinen Beobachtungsgebietes programmiert.

Gegenwärtig sieht es so aus, als ob Vogelpopulationen in höheren Breiten von höheren Temperaturen und abnehmenden Niederschlägen profitieren, in niederen Breiten dagegen in erster Linie von Trockenheit bedroht sind, während dort Temperaturerhöhung zwiespältig zu wirken scheint. Niederschläge wirken sich während der Brutzeit negativer aus als in Zeiten außerhalb, in denen sie vor allem in tropischen Überwinterungsgebieten eher einen positiven Effekt haben. Vogelpopulationen in mittleren und höheren Breiten haben unter strengen Wintern zu leiden, nicht nur unter Kälte, sondern auch unter kaltem Frühjahrswetter, da sich dann die Individuen wegen Nahrungsmangels schlecht auf die Brutzeit vorbereiten können. Im Sommer kann zunehmende Trockenheit die Ernährung mit Wirbellosen aus den obersten Bodenschichten gefährden, etwa für Drosseln oder Stare. Nestflüchterküken sind grundsätzlich der Witterung stärker ausgesetzt als Nesthocker. Temperaturerhöhung kann Konkurrenzverhältnisse und Räuber-Beute-Beziehungen ändern und damit auch günstigen Prognosen für eine Population höherer Breiten in die Quere kommen. Die wachsende Wahrscheinlichkeit von extremen Witterungsereignissen wie Stürmen oder Hitzewellen bedeutet auch zunehmendes Risiko für den Fortbestand regionaler Populationen nach plötzlich erhöhter Sterblichkeit. Katastrophen können vor allem Seevögel bedrohen, die zudem mit einer Veränderung des Nahrungsangebotes durch Erwärmung der Ozeane konfrontiert sind. Das sind nur einige der Signale eines Wandels, die uns über Vögel erreichen.

Mit Prognosen, wie es weitergehen könnte, befassen sich nicht nur Modellierungen mit komplizierter statistischer Software. Auch der Blick zurück durch die Auswertung historischer Daten, die in Zeiten des Wandels eine besondere Bedeutung erhalten, kann Grundlagen für Versuche bieten, einen Blick in die Zukunft zu werfen. Da geographische Grenzen in der Verbreitung vieler Arten unmittelbar oder mittelbar über das Angebot an Organismen bestimmt werden, deren Masse und Vielfalt über das Klima bestimmt sind, kann man erwarten, dass sich Verbreitungsgrenzen mit dem Klimawandel ändern. Im Durchschnitt haben sich für Vögel mittlerer und höherer Breiten die Nordgrenzen ihres Brutgebietes bis jetzt um 0,8 Kilometer pro Jahr polwärts verschoben. Für Perioden von ein bis zwei Jahrzehnten errechneten sich bei Brutvogelbestandsaufnahmen in Großbritannien mittlere Nordverschiebungen von ca. einem Kilometer, in Finnland von 1,7 und in Nordamerika etwa 2,3 Kilometern pro Jahr und keine systematischen Veränderungen der Südgrenze[39]. In Europa sind auch Verschiebungen von Höhengrenzen nach oben von einigen Höhenmetern pro Jahr ermittelt worden. Bisher publizierte Daten lassen auch vermuten, dass Nordgrenzen sich rascher polwärts verrücken als Südgrenzen. Das lässt wiederum erwarten, dass sich die Areale mancher Vogelarten mit dem Klimawandel etwas vergrößern.

Großräumige Veränderungen wirken sich auch auf die Zusammensetzung von regionalen Artengesellschaften aus. Artenreichtum findet sich in der Regel dort, wo eine große räumliche Variation der pflanzlichen Produktivität herrscht, die wiederum in hohem Maße vom Klima beeinflusst wird. In hohen Breiten spielt Temperatur oder Sonnenenergie die entscheidende Rolle, in niederen Breiten eine Kombination von Energieeinstrahlung und Angebot an Wasser. Die gegenwärtige Situation des Artenreichtums muss aber vor dem Hintergrund der historischen Entwicklung gesehen werden, etwa langfristige Klimastabilität in den Tropen gegen enormen Klimawandel zwischen Eiszeiten, Zwischeneisperioden und der aus heutiger Sicht nacheiszeitlichen Entwicklung in höheren Breiten. In hohen Breiten ist die Vielfalt der Zugvögel am größten, weil die Sommer sehr produktiv sind, die kalten Winter Artenzahlen von Jahresvögeln stark limitieren. Zu erwarten ist daher, dass hier mit einer Klimaerwärmung die Diversität der Vögel bei abnehmendem Anteil von Zugvögeln zunimmt. In milden und warmen niedrigen Breiten werden Niederschläge die wichtigsten Treiber eines Wandels in der Vogelwelt sein[36].

Wie sehen großräumige Veränderungen der Vogelareale in der Realität der Gegenwart aus? Für die Brutvögel Europas liegt abgesehen von den oben erwähnten modellierten Prognosen eines Brutvogelatlasses für das späte 21. Jahrhundert auch eine Auswertung vor, die sich mit den bisherigen Ereignissen auseinandersetzt. Aus einem umfassenden Vergleich der Brutvögel Europas hat John F. Burton für die Zeit von 1900 bis 1950 eine Verschiebung der Nordgrenze für 135 Brutvogelarten ausgemacht, die er als Antwort auf eine Klimaerwärmung betrachtet. In der zweiten Hälfte des 20. Jahrhunderts bis in die 1990er waren es mit 150 Arten bereits deutlich mehr. In den gleichen Zeiträumen dehnten 47 beziehungsweise 49 Arten ihre Areale in Europa nach Westen aus, während ein Rückzug nach Süden nur bei 2 beziehungsweise 19 Arten festzustellen war[40]. Solche Zahlen scheinen eindeutig für Folgen einer sich offenbar beschleunigenden Klimaerwärmung zu sprechen, doch kann man bei genauerem Hinsehen nicht alles in diesen Zusammenhang zwingen. In einer Liste, die von Basstölpel und Kormoran bis Gartenbaumläufer die unterschiedlichsten Vogeltypen miteinbezieht, ist mit ganz unterschiedlichen artspezifischen Schicksalen zu rechnen, zu deren Erklärung häufig nur mehr oder minder gut begründete Vermutungen ausreichen müssen, die möglicherweise vieles außer Acht lassen.

Die Deutsche Ornithologen-Gesellschaft hat eine Fachgruppe nur für das Studium einer einzigen Art eingerichtet, weil sie rechtzeitig erkannte, mit dem Bienenfresser einen Leuchtturm für nordwärts orientierte Brutvögel in Zeiten des Klimawandels genauer untersuchen zu können. Sie hat damit den Blick auf ein Einzelereignis gerichtet, dessen Untersuchung viel zum Verständnis der oft überraschenden Arealveränderungen von Vogelarten beitragen kann. Spektakulären Gebietseroberungen in jüngster Vergangenheit ist man manchmal zu spät gefolgt oder hat sich rasch mit einleuchtenden Hypothesen ihrer Ursachen zufriedengegeben. Über die Treiber des grandiosen, heute schon fast vergessenen Eroberungszugs der Türkentaube in Europa ab der Mitte des vorigen Jahrhunderts diskutiert und rätselt man noch heute, da man in den Anfangsstadien die Beschreibung der Entwicklung einigen eifrigen Amateurornithologen überlassen hatte und Teamarbeit von Wissenschaftlern sich erst zu spät mit dem Phänomen befasste.

Gelegentliche Vorstöße des bunten Südländers Bienenfresser in Gebiete nördlich der Alpen sind schon aus früheren Jahrhunderten bekannt. Im 20. Jahrhundert gab es mehrere Vorstöße nach Deutschland, doch keine der Ansiedlungen war von Dauer. *„Hat wiederholt Brutversuche unternommen."* heißt es in der Artenliste der Vögel Deutschlands von 1964[41]. Ab den 1970er Jahren mehrten sich Beobachtungen über Ansiedlungen und etwa ab 1990 kam es zu ersten einzelnen dauerhaften Besiedlungen, zum Beispiel im klimatisch begünstigten Gebiet des Kaiserstuhls im Südwesten Deutschlands. In rund 20 Jahren stiegen Zahlen der Brutplätze und Brutpaare, um 1995 wurde ein Bestand von 50-70 und um die Jahrtausendwende von 120-190 Paaren in Deutschland ermittelt. 2005-2009 schätzte man bereits 750-800 Paare[27]. Hohe Temperatur mit geringer Bewölkung und langer Sonnenscheindauer fördern als Wetterfaktoren im Sommerhalbjahr die Bestandsentwicklung, denn sie sind einige der Voraussetzungen für ein gutes Insektenangebot. Das wiederum erlaubt eine erfolgreiche Vorbereitung für den Herbstzug und fördert das Überleben der Bienenfresser bis zur nächsten Brutzeit. Die Zusammenhänge mit dem Sommerwetter an den nördlichen Brutplätzen sind signifikant[42].

Inzwischen wissen wir auch, dass Untersuchungen an mitochondrialer DNA und nicht kodierenden Wiederholungen der Kern-DNA (Mikrosatelliten) nichts über die Herkunft der nördlichen Ansiedler sagen können. Sie liegt im Dunkeln. Dies hängt möglicherweise mit der Klimaentwicklung und Bodenbedeckung während und seit der letzten Eiszeit, also innerhalb der letzten 15 000 Jahre zusammen. Wärmeliebende Vogelarten siedelten wohl in wärmeren Gebieten Asiens und Afrikas und überlebten auch in einigen Rückzugsräumen des heutigen Mittelmeergebiets Kälteperioden. Dieses Szenario hat sich vermutlich im Wechsel von Kalt- und Warmzeiten im Rhythmus von rund 100 000 Jahren innerhalb der letzten 2 Millionen Jahre wiederholt. Die Folge war eine Vermischung der in den kleineren kaltzeitlichen Rückzugsarealen entstandenen unterschiedlichen genetischen Linien während der Ausdehnung der Ansiedlungen in den Warmzeiten. Als Folge der Vermischung (Panmixie) ist die genetische Variabilität nicht nur beim Bienenfresser, sondern auch bei anderen Vogelpopulationen der Nordhalbkugel gering[43]. Die gegenwärtige Entwicklung wäre damit unter erdgeschichtlichen Dimensionen nicht so ganz neu, weil möglicherweise eine Wiederholung von weit zurückliegenden Vorgängen. Bis jetzt benötigte sie rund 50 Jahre bis zu einem messbaren ersten Erfolg, dessen Dauer allerdings noch nicht vorherzusagen ist. Den Spuren des Klimawandels zu folgen fordert Beharrlichkeit.

Nochmal sei betont: Nicht alles an Änderungen des Verhaltens der Vögel lässt sich auf den Treibhauseffekt unmittelbar zurückführen. Da ist noch das große und komplexe Gefüge der mittelbaren Folgen des Wandels. Maßnahmen, die etwa 20 % des Energiebedarfs der Welt durch Bioenergie ersetzen, bedeuten nach Schätzungen etwa einen globalen Landbedarf von 8 Mio. Quadratkilometern[36]. Den Konflikt zwischen erneuerbarer Energie und Biodiversitätsschutz zu lindern, kann daher nur bedeuten, Flächen und Quellen für erneuerbare Energie von schützenswerten Gebieten fernzuhalten. Rigorose Strategien für den Schutz der Artenvielfalt und die Kontrolle der Auswirkungen von Energieerzeugung auf der Fläche sind nötig, um den größten Schaden abzuwenden. Verzicht auf Biodiversität sollte in Einzelentscheidungen nur als letzte Option in Frage kommen, denn seine langfristigen Folgen für die Zukunft sind kaum abzusehen.

Das allein ist Grund genug, um rote Linien zu ziehen. Lebensräume mit großer Biomasse an Vegetation, die meist auch artenreich sind, können zur Abschwächung des Klimawandels beitragen und haben daher unter beiden Gesichtspunkten höchste Priorität ihrer Erhaltung. Das dient auch dem Vogelschutz, insbesondere der Erhaltung höchst bedrohter Arten. Tropische Regenwälder wie Moore höherer Breiten, Mangroven oder Gezeitenmarschen an Küsten markieren einige der vorrangigen Ziele von überfälligen Schutzmaßnahmen, die der Abschwächung des Klimawandels und der Erhaltung der Artenvielfalt dienen. Es gibt keine einzige kostengünstige, großflächige Maßnahme für Gewinnung erneuerbarer Energie, die für Vogelpopulationen gefahrlos wäre.

Anmerkungen

Kurze Einleitung: Irrtumswahrscheinlichkeiten

1 Beck 2017
2 Berthold 2017
3 Amrhein u.a. 2017; Süddeutsche Zeitung 23.9.2017, S. 37
4 Lovette & Fitzpatrick 2016
5 Dietzen u.a. 2014- 2017
6 Prange 2016

Stunde der Gartenvögel

1 Precht 2016
2 Loriot 2005
3 Lohmann 2007
4 www.nabu.de/tiere-und-pflanzen/aktionen-und-projekte/stunde-der-gartenvoegel/ (zuletzt besucht Dez. 2017)
5 http://www.audubon.org/history-christmas-bird-count (zuletzt besucht Dez. 2017)
6 Birkhead u.a. 2014
7 Bezzel 2015a
8 Jonston u.a. 2014
9 Gedeon u.a. 2014
10 Bergmann u.a.2016
11 Böhme & Landmann 2015
12 Bezzel 2010a
13 www. zitatezumnachdenken.com/wilhelm-busch/522
14 Glutz von Blotzheim & Bauer 1993a
15 Garmisch-Partenkirchen: Von 200 Mai-Juni 2008 und 211 Mai-Juni 2013 kontrollierten Grundstücken war in 30% bzw.11% die Fläche ums Haus versiegelt, die Grünfläche in 44% bzw.48% als Rasen auf Zentimeterlänge kurz gehalten, in 17% bzw. 26% das Gras halblang mit einigen Wiesenblumen, in 10% bzw 15% wenigstens zu einem größeren Teil Blumenwiese (E. Bezzel unpubl.)
16 Glutz vom Blotzheim 2015
17 www.media.de/2017/07/18/angeblicher-insektenschwund-wie-die-medien-in-die-gruen-rote-wahlkampffalle-tappten/ (zuletzt besucht Okt. 2017)
18 www.bund-rvso.de/insekten sterben-luege-kein-html (zuletzt besucht Okt. 2017)
19 Bezzel 2015 b
20 Berlepsch 1923
21 Schnurre 1929
22 Berthold & Mohr 2017
23 Schäffer 2006, 2017
24 Lehikoinen u.a. 2013
25 www.laves.niedersachsen.de/tiere/tiergesundheit/tierseuchen_tierkrankheiten/73844.html (zuletzt besucht Okt. 2017); www.n-tv.de/wissen/Gruenfinkensterben-geklaert-article420458.html (zuletzt besucht Sept. 2017)
26 Jachman & Adrion 2017

27 Shaw u.a. 2008
28 www.rspb.org.uk/bgbw (zuletzt besucht Nov. 2017)
29 Schäffer 2017
29 Hanmer u.a. 2016
30 Bezzel 2017
31 Berthold 2017
32 Voigt-Heucke u.a. 2017

Licht, Lärm und Scheibentod – Vogelprobleme in der Stadt

1 Reichholf 2006
2 Gil & Brumm 2014; Marzluff 2016
3 Bairlein u.a. 2014
4 Brichetti u.a. 2008
5 Murgui & Macias 2010
6 Dott & Brown 2000
7 Mitschke 2009
8 Glutz v. Blotzheim u.a. 1971
9 Ratcliffe 1962
10 Mebs 1969
11 Wegener 2015
12 Kersting 2015; Wegner & Schilling 1995
13 Rödl u.a. 2012; Wichmann u.a. 2009; Flöter u.a. 2006; Wendt 2006; Arbeitsgem. Berlin-Brandenburger Ornithol. 2001
14 Drewitt 2014; Frank 1994
15 Richarz 2015
16 Montier 1977
17 Kooiker 2005
18 Tomiałoic, L. 1998
19 Bezzel 1995
20 Ferenc u.a. 2014; Kelcey & Rheinwald 2005
21 Clergeau u.a. 1998
22 Bezzel 2015c
23 Rabosée u. a. 1995
24 Bland u.a. 2004
25 Sunkel 1918
26 Stickroth 2011, 2015
27 Campo u.a. 2005; Blumstein 2014; Halfwerk & Slabbekoorn 2014
28 Perillo u.a. 2017
29 Zimmer u.a. 2014; Tietze u.a. 2015
30 Nemeth & Brumm 2009; Partecke u.a. 2006b
31 Rheindt 2003
32 Redondo u.a. 2013; Salaberria & Gil 2010
33 Leonard & Horn 2012
34 Huffeldt & Dabelsteen 2013
35 McLaughlin & Kunc 2013
36 Bergmann u.a. 2016
37 weltweite Zusammenfassung in Lovette & Fitzpatrick 2016
38 Partecke u.a. 2006 a
39 Potvin u.a. 2014
40 Tietze u.a. 2016
41 Bailly u.a. 2016
42 Solonen 2001
43 Halfwerk & Slabbekoorn 2014
44 Szymanski u.a. 2017
45 Stephan 1985
45 Kempenaers u.a. 2010
46 Spoelstra & Visser 2014
47 Gätke 1900, Dierschke u.a. 2011
48 DeCandido & Allen 2006
49 Bezzel & Gauß 1958
50 Augsburger Allgemeine online 22.8.2017; www. augsburger-allgemeine.de (zuletzt besucht Nov. 2017)
51 www.nabu.de/tiere-und pflanzen/voegel
52 Klem 2009
53 Klem 1990 a, b; Richarz u.a. 2001
54 Elle u.a. 2013
55 www.vogelglas.vogelwarte.ch; Schmid u.a. 2012
56 Pfeifer 1980
57 Richarz u.a. 2001
58 Lovette & Fitzpatrick 2016; Schmid u.a. 2012;
59 Haupt 2011a
60 Bracey u.a., 2016
61 Korner-Nievergelt u.a. 2011
62 Kehl 2017
63 Ballasus u.a. 2009, Haupt 2011b
64 Kempenaers u.a.2010

65 Arbeitsgemeinschaft Wanderfalkenschutz: Jahresbericht 2017. www.agw-bw.de
66 Kehl u. a. 2018
67 Kreideritz u.a. 2016

Jeder Vogel zählt

1 www.ebcc. Info; www.dda-wb.de (zuletzt besucht Jan.2018)
2 www.birdlife.org (zuletzt besucht Jan. 2018)
3 Bezzel & Fünfstück 1994; Weixler & Fünfstück 2013
4 Berndt u.a. 2002; Koop & Berndt 2014
5 Schiermann 1930
6 Jonston u.a. 2014
7 Frommolt 2017
8 Gedeon u.a. 2014
9 Knaus 2010; Knaus u.a. 2011
10 Hagemeijer & Blair 1997
11 Herrando u.a. 2013
12 van Strien u.a.
13 Oelke 1974
14 Schoppe 2006
15 Bauer u.a. 2005a
16 Flade & Jebram 1995
17 Bezzel 1982
18 Krägenow 1981; Bergmann 1993
19 E. Bezzel unpubl.
20 z. B. Vogelwelt 137, 2017, Heft 1 und 2
21 Südbeck u.a. 2005
22 Worthington-Hill & Conway 2017
23 Mulhauser & Zimmermann 2015
24 Eldegard u.a. 2014
25 Steen 2017
26 Naef-Danzer 2013
27 López-López 2016
28 Mitschke & Ludwig 2004; Gedeon u.a. 2014
29 Bairlein 2000
30 Berthold & Fiedler 2005
31 Gottschalk & Kövér 2016
32 Meister u. a. 2016
33 Glutz von Blotzheim 2010
34 Schüz 1936
35 Clewly u.as. 2016
36 Birrer 2014
37 Saccavino u.a. 2017
38 Lindenmayer u.a. 2013

Von Problemen, Vielfalt zu ordnen

1 Mayr 2005
2 Kraus & Wink 2015
3 www.ornitho.de
4 Glutz v. Blotzheim, U.N. & K. Bauer (1993a); Arbeitsgemeinschaft Berlin-Brandenburger Ornithologen 2001; Bartel & Helbig 2005; Bauer u.a. 2005a; Gedeon u.a. 2014;
5 Gill, F & D Donsker (Eds). 2018. IOC World Bird List (v 8.2.). www.worldbirdnames.org (zuletzt besucht Juni 2018)
6 Glaubrecht 2016
7 Moss 2005 (übersetzt E. Bezzel)
8 Mebs & Schmidt 2006
9 Johnson u.a. 1999 (E. Bezzel, vereinfacht übersetzt); Martens & Bahr 2007; Bahr 2011:
10 Tobias u.a. 2010; del Hoyo & Collar 2014, 2016; Winkler 2016
11 www.lfu.bayern.de/natur/biodiversitaet (zuletzt besucht Dez. 2017)
12 Kunz 2017
13 Segelbacher 2013
14 Bezzel 1970
15 del Hoyo & Collar 2014
16 Bollmann u.a. 2002; Denz 2003;
17 Gedeon u.a. 2014
18 del Hoyo u.a. 1999
19 Bauer u.a. 2011
20 Berlepsch 1923
21 Henze 1943
22 Bairlein in Falke 64/12, S. 18-19
23 Schnurre 1929

24 Glutz von Blotzheim 2016 auch: www. gnor-de/gnor-info123-erschienen (zuletzt besucht Jan. 2018)
25 www.euractiv.de/section/eu-innenpolitik; www.bund.net/akutelles; cor.europa.eu/de/news/ (zuletzt besucht Jan 2018)
26 LBV 2017
27 Sudfeldt u.a. 2008; BfN Artenschutzreport 2015
28 Berthold 2017
29 www.Jagdverband.de/jagdstatistik; www.jagd-bayern.de/bjv-jagdstrecken; www.schonzeiten.de; www.komitee.de/node/438 (zuletzt besucht Jan. 2018)
30 Wahl u.a. 2017
31 Grüneberg & Sudfeld 2013; www.komitee.de/content/aktionen-und-projekte (zuletzt besucht Jan. 2018)
32 www.mdwfp.com/wildlife-hunting; www.gma.vic.gov.au (zuletzt besucht Jan. 2018)
33 Guillemain u.a. 2016
34 Jiguet u.a. 2012
35 Bezzel & Geiersberger 1998; Evans & Day 2002
36 Champagnon u.a. 2016
37 www.komiteee.de/node/2876 (zuletzt besucht Jan. 2018)
38 www.digt/virginia.gov/mallard-release-evaluation (übersetzt E. Bezzel, zuletzt besucht Jan. 2018)
39 Ottenburghs u.a. 2015
40 Sonneburg & Schmitz 2006
41 Flack u.a. 2016; Arizaga u.a. 2018
47 Bundesministerium für Umwelt.... 2015; www.bumb.bund.de (zuletzt besucht März 2018).
48 Münchner Merkur 13. März 2018

Partner, Helfer, Seitensprünge

1 Stresemann 1927-1934
2 Südbeck u.a. 2005
3 Lack 1968 (wörtl. Zitate übersetzt E. Bezzel)
4 Bezzel & Prinzinger 1990
5 Lovette & Fitzpatrick 2016
6 Bauer u. a. 2005a
7 Johnsen u.a. 2008
8 Brown 1987; Skutch 1987; Li u.a. 2012
9 Gaston 1973; Glenn & Perrins 1988; Hatchwell & Russel 1996; Bauer u.a. 2005a; Hernandez 2010
10 Kempf 2014
11 Bezzel 1961
12 Hario u.a. 2012
13 Bezzel 1959, 1969
14 Heinroth 1911
15 Bezzel 1959, 1969; Carbone & Owen 1995
16 Liekfeldt & Straaß 2002
17 Moss 2004
18 Bauer u. a. 2005b
19 Westfälische Nachrichten 27.5.2006; Münstersche Zeitung 11.12.2008; s. auch de.wikipedia.org/wiki/Petra_(Schwan).
20 Rees u.a. 1996; Coleman u.a. 2001
21 Young 1973; Newton 1986; Newton & Wyllie 1986
22 Bezzel 1980
23 Bunzel & Drüke 1989; Bunzel-Drüke u.a. 2014
24 Kleven u.a. 2008
25 Dixon u.a. 1994; Suter u.a.2009
26 Kempenaers u.a. 1992
27 Foerster u.a. 2003
28 Leisler & Schulze-Hagen 2011
29 Leisler 1985; Schulze-Hagen 1989; Schulze-Hagen u.a. 1999; Kennerley & Pearson 2011

Vögel als Wetterpropheten

1 Annonymus 1846
2 Bairlein u.a. 2014
3 Arbeitsgemeinschaft Berlin-Brandenburger Ornithologen 2001
4 Albegger u.a. 2015
5 www.bauernregeln.net
6 Leche 1763; Lehikonen, Sparks & Zalakevicius 2004
7 Lehikonen, Sparks & Zalakevicius 2004; Bezzel 2010a und 2010b
8 König & Stübing 2015
9 Newson u.a. 2016
10 Ahola u.a. 2004; Hüppop, K. & O. 2005
11 Hüppop, K & O 2004
12 Hüpppop, K. & O. 2007
13 Johnston u.a. 2016
14 Berthold 2007
15 Bairlein & Heiser 2014
16 Lehikonen, Sparks & Zalakevicius 2004
17 Schmidt & Hüppop 2007
18 Garmisch-Partenkirchen, Südhang Wank 811m NN, 1967-2009 (Bezzel unpubl.)
19 Kinzelbach & Hölzinger 2000; Springer & Kinzelbach 2009
20 Aitinger 1631; Gattiker 1989
21 Svärdson 1957; Cornwallis & Townsend 1968; Glutz von Blotzheim & Bauer 1985
22 Jenni 1987
23 Greenwood &. Baillie 1991
24 Przygodda 1976
25 Pzrygodda 1976, Bruderer & Muff 1979, Bruderer 2017
26 Stokke u.a. 2005
27 Glutz von Blotzheim & Bauer 1988
28 Clement & Hathway 2000; del Hoyo u.a. 2005
29 Vähätalo u.a. 2004; Bairlein & Heiser 2014
30 Robinson u.a. 2007
31 Grimm u.a. 2015
32 kurze Zusammenfassung Stickroth 2015
33 Dierschke u.a. 2011
34 Borchert 1927
35 Münchner Merkur Nr. 189, 17.8.2016

Ein heißes Eisen; Katzen und Vögel

1 von Berlepsch 1923
2 Tennyson & Martinson 2006; del Hoyo & Collar 2016
3 Lüps 2003
4 Pfeifer 1973
5 Ruprecht 1933
6 Hofmann 1986
7 Reichholf 1986
8 von Goldschmidt-Rothschild & Lüps 1976
9 Liberg 1984
10 Heidemann & Vauk 1970
11 Evers 2013
12 Berthold 2017
13 Garmisch-Partenkirchner Tagblatt 14.9.2017
14 Woods u.a. 2003
15 Newton 2013
16 Baker u.a. 2008
17 Churcher & Lawton 1987
18 Richarz 2015
19 www.catsaway.org (zuletzt besucht September 2017)
20 Blancher 2013
21 www.theconversation.com/for-whom-the-bell-tolls-cats-kill-more-than-a-million-australian-birds-every-day-85084
22 Schäffer 2017

Krähenplage – Singvögel mit schlechtem Ruf

1 G. Kooiker in Ökologischer Jagdverein 2001
2 www.vogelschutzwarten.de/downloads/vsrl.pdf (zuletzt besucht Sept. 2017)
3 T. Scharnagl, Münchner Merkur 13./14. 8. 23017, S. 12
4 A. Hitchcock, The Birds (Die Vögel), 1963: Klassischer Horrorfilm (Angriffe von Vögeln auf Menschen).
5 Bezzel 1988
6 Glutz von Blotzheim & Bauer 1993b
7 H.-W. Helb in Ökologischer Jagdverein 2001
8 Newton 2013
9 Bellebaum & Boschert 2003
10 E. Bezzel u.a. 2005
11 Deutscher Jagdverband (DJV) www.jagdverband.de/sites/ (zuletzt besucht Sept. 2017).
12 Landesbund für Vogelschutz (LBV) www.lbv.de/fileadmin/www.lbv.de/Ratgeber/ (zuletzt besucht Sept: 2017)
13 www.nabu.de/tiere-und-pflanzen/voegel/artenschutz/rabenvoegel/00520.html (zuletzt besucht Sept. 2017)
14 Bellebaum 2002
15 Eickhorst & Bellebaum 2004
16 Langgemach & Bellebaum 2005
17 Salewski 2014
18 Schaefer 2004
19 Stevens u.a. 2008
20 Weidinger 2009
21 Charter u.a. 2011
22 Kreideritz u.a. 2016
23 Bellebaum 2001
24 Madden u.a. 2015
25 Gedeon u. a. 2014
26 Randler 2008
27 Vökler 2007
28 Bairlein u.a. 2014
29 www.duden.de/rechtschreibung/ (zuletzt besucht Sept. 2017)
30 www.naturkundescheibbs.at/dwl/Kraehenbekaempfung.pdf (zuletzt besucht Sept. 2017)
31 Mäck & Jürgens 1999
32 Hirschfeld & Heyd 2005
33 Bezzel 1992
34 Newton 1989
35 Reichholf 2009
36 Berlepsch 1923
37 Münchner Merkur Nr. 35, 12. Februar 2018

Fischen verboten: Kampf und Krampf am Wasser

1 Youtube, Suchbegriff „Kormoran Gerhard Polt“, veröffentlicht 28.4.2006 und 26.11.2014
2 Jäckel 1891
3 Gentz 1962
4 Opitz 2010, 2014 mit weiteren Kostproben
5 Timmerman 1970; Bezzel 1980; Hölzinger 2001
6 Bunzel & Drüke 1989
7 Bezzel 1980; Libois 2013
8 Gedeon u.a. 2014
9 Hölzinger & Zöller 1975
10 Westermann 1998
11 AFZ-Fischwaid 4/2015, S. 4 (www.daf.de/index.php/jugend; zuletzt besucht Nov. 2017)
12 Niethammer u.a. 1964 und 1966
13 www.mittelbayerische.de; www. de academic.com; www.gartenfreunde.com; www.teichprofi.de (zuletzt besucht Nov. 2017).
14 Maumary u.a. 2007
15 www.wildtierportal.bayern.de (zuletzt besucht Nov. 2017)
16 Wüst 1981
17 Mirlieb & Schmid 2017 mit eindrucksvoller Fotodokumentation

18 Bairlein u.a. 2014
19 Utschick 1986
20 www.all-in.de/nachrichten/lokales; www.merkur.de/lokales/regionen (zuletzt besucht Nov. 2017);
21 www.lfu.bayern.de/natur/gaense saeger (zuletzt besucht Nov. 2017)
22 Keller 2009
23 Guthruf 2011 und 2013; Hertig 2006; www.aarewasser.ch; www.be.ch/fischerei; www.linthwerk.ch/images (zuletzt besucht Nov. 2017)
24 Gross 2000
25 Wood 1985; Wood & Hand 198520
26 Beike 2014; Beike u.a. 2013; Kinzelbach 2007, 2010
27 Wember 2017
28 Rutschke 1998
29 Schalow 1919
30 Bauer & Berthold 1996
31 z. B. Maumary u.a. 2007; Bezzel 2013
32 Lohmann & Rudolph 2016
33 Keller 2010, 2014; Sudfeldt 2010; Bregnballe u.a. 2014; www.intercafeproject.net; www.birdlife.org
34 Conz 2010
35 Nipkow u.a. 2011
36 Suter 1995, 1997, 1998; Bokranz 1999; Winkler 2010; Emmrich & Düttmann 2011
37 Bezzel 2005
38 Möllers & Trippel 2010
39 www.lfvbayern.de/schuetzen/kormoran
40 Conrad u.a. 2002
41 Laursen u.a. 2017
42 Čech 2017
42 Schalow 1919

Fischadler: Irrwege einer Anekdote

1 British Birds, Vol. 61, No. 10 plate 58
2 Ferguson-Lees 1968b
3 Ferguson-Lees 1968a
4 Cowles 1969
5 British Birds 62, 1969, S. 542
6 Springer & Kinzelbach 2009
7 Gessner 1669, 1981
8 Halberstadt-Bildung.de (2017): Der Adler und der Hecht.pdf, Suchbegriff über Google (zuletzt besucht Sept. 2017).
9 Engelmann 1928, 1997
10 Brehm 1886a
11 Glutz von Blotzheim u.a. 1971, 1989
12 Cramp 1980
13 Palmer 1988
14 Rüppell 1981
15 Poole 1989
16 Mebs & Schmidt 2006
17 ten Kate 1946

Krokodilwächter und Ziegenmelker: Wie Irrtümer zu Namen werden

1 Urban u.a. 1986
2 Koenig 1926
3 Brehm 1886b
4 Meinertzhagen 1959
5 Howell 1979
6 Birkhead u.a. 2014, S. 421
7 Garfield 2007
8 Beolens u.a. 2014
9 del Hoyo u.a. 1996
10 Gill, F & D Donsker (Eds). 2017. IOC World Bird List (v 8.1.). www.worldbirdnames.org (zuletzt besucht Febr.2018)
11 del Hoyo u.a. 2014
12 Langrand 1990
13 Jobling
14 del Hoyo u.a. 2016
15 Wember
16 Lockwood
17 Wüst 1981
18 Barthel & Helbig 2005
19 Kinzelbach 2007, 2010

Rätsel, Rollenspiele und Gerüchte

1 Jehl jr. 2017
2 Buffon 1781; web edition www.buffon.cnrs.fr
3 Llimano & del Hoyo 1992
4 Burst 2015; google-Bildsuche „Water Wetland Birds“ oder „Baby Waterbird“
5 Bandorf 1970
6 Fjeldså 2004
7 Ziswiler & Farner 1972
8 Girtanner 1879
9 Mundy u.a. 1992
10 von Tschudi 1890
11 Girtanner 1871
12 Glutz von Blotzheim u.a. 1971; Meinertzhagen 1959; Dement´ev & Gladkov 1951
13 Waller 1973
14 Nill u.a. 2013
15 Nill u.a. 2016
16 www.blog.bayern-wild.de/tag/greifvogelmord (zuletzt besicht Jan. 2018)
17 Newton 2013
18 Gedeon u.a.2014
19 Bairlein u.a.2014
20 Berthold 2007
21 Bezzel 1961
22 Davies 2000, 2015; Mikulica u.a. 2017
23 Glutz v. Blotzheim & Bauer 1993b
24 Vander Wall 1990
25 Glandt, D. 2012
26 Glutz v. Blotzheim & K. Bauer 1991; Rey & Gutiérrez 1997; Telleria u.a. 2013
27 Dixon 1933
28 del Hoyo u. a. 1996
29 del Hoyo u. a. 1992
30 Berthold 1961
31 Bezzel 1958
32 Curio 1976
33 Forssgren 1981
34 Arcos 2007
35 Furness 1987
36 Garcia u.a. (2014):
37 Spencer u.a. 2017
38 Oro 1996
39 Roth-Bojadzhiev 1985
40 Gattiker 1989
41 Goodwin 1976
42 Shepard u.a. 2015
43 Löhrl 1968
44 Mock u.a. 2009
45 Glutz von Blotzheim & Bauer 1980
46 Scheller & Meyburg 1996
47 Meyburg 2001; Mebs & Schmidt 2006
48 Schüz 1957; Wendland 1958; Schüz 1969
49 Bense 2017
50 Houlihan 1986
51 Hosking 1970
52 Nill u.a. 2013

Zeichen des Wandels

1 Fremuth u.a. 2008
2 IUCN 2013
3 Scherzinger 2006
4 Gedeon u.a.2014
5 Rödl u. a. 2012
6 Berndt u.a. 2002; Koop & Berndt 2014
7 Arbeitsgemeinschaft Wanderfalkenschutz: Jahresbericht 2017. www.agw-bw.de
8 Trommer 1983, Saar u.a. 1986
9 Wink 2015
10 Siano & Klaus 2013
11 Unger & Klaus 2013
12 Krzywinski u.a. 2013
13 Hölzinger 1987, 2001
14 Dobler & Siedle 1993 & 1994
15 Evans u.a. 1999
16 Frölich 1983;
17 Zuberogoitia u.a. 2003
18 Bloesch 1980; Maumary u.a. 2007
19 Epple & Hölzinger 1986; Stoltz &

Helb 2004; Bos u.a. 2005; Dorner & Tietze 2015; Gedeon u.a. 2017
20 Fritz & Unsöld 2015; Landmann 2015
21 Wüst 1981
22 Rödl u.a. 2012
23 Jacoby u.a. 1970; Heine u.a. 1999
24 Géroudet u.a. 1983; Géroudet u.a. 2003; Maumarie u.a. 2007
25 Berndt u.a. 2002; Koop & Berndt 2014
26 Mitschke & Baumung 2001
27 Gedeon u.a. 2017
28 del Hoyo u.a. 1994
29 Bauer & Woog 2008; Braun 2009; Bauer u.a. 2016; Gedeon u. a.2017;
30 Newson u.a. 2011
31 Bezzel 1996
32 Steiof 2011
33 Bauer & Woog 2011
34 Nehring 2011
35 Kegel 2013
36 Pierce-Higgins & Green 2014
37 Cresswell & McCleery 2003; Visser u.a. 2003
38 Huntley u. a. 2007
39 Fiedler 2009
40 Burton 1995
41 Niethammer u.a. 1964
42 Bastian & Bastian 2017
43 Caneiro u.a. 2017
44 www. worldbirdnames.org vers. 8.1.
45 Braun u.a. 2016 und 2017; LeGros u.a. 2016
46 Perrow, M. (2017)

Literaturverzeichnis

Ahola, M., T. Laaksonen, K. Sippola, T. Eeva & K. Rainio (2004): Variation in climate warming along the migration route uncouples arrival and breeding dates. Global Change Biology 10, S. 1620-1617.

Aitinger, J. C. (1631): Kurtzer vnd Einfeltiger Bericht Vom Vogelstellen…. J. Schütz, Cassel; 343 S.

Albegger, E. u.a. (2015): Avifauna Steiermark – Die Vögel der Steiermark. Leykam Buchverlag, Graz; 880 S.

Amrhein, V., F. Korner-Nievergelt & F. Roth (2017): Statistische Signifikanz schadet der Wissenschaft. Vogelwarte 55, S. 382.

Anonymus (vermutlich E. Baldamus) (1846): Protokoll der ornithologischen Section der Gesellschaft deutscher Naturforscher und Ärzte. Rhea 1, S. 1-10.

Arbeitsgemeinschaft Berlin-Brandenburger Ornithologen (2001): Die Vogelwelt von Brandenburg und Berlin. Natur & Text, Rangsdorf; 684 S.

Arcos, J. M. (2007): Frequency-dependent morph differences in kleptoparasitic chase rate in the polymorphic arctic skua *Stercorarius parasiticus*. J. Ornithol. 148, S. 167-171.

Arizaga, J., J. I. Dean, A. Vilches, D. Alonso & A. Mendiburu (2011): Monitoring communities oft small birds: a comparison between mist-netting and counting. Brit. Birds 58, S. 291-301.

Arizaga, J., J. Resano-Mayor, D. Villanúa, D. Alonso u.a. (2018): Importance of artificial stopover sites through avian migration flyways: a landfill-based assessment with the White Stork *Ciconia ciconia*. Ibis online. Jan. 2018 doi: 10.1111/ibi.125661

Bairlein, F. (2000): Nicht nur Köpfe zählen. Vogelschutz 2000/34, S. 28-31.

Bairlein, F., J. Dierschke u. V. Dierschke, V. Salewski u.a. (2014): Atlas des Vogelzugs. Ringfunde deutscher Brut- und Gastvögel. Aula-Verlag, Wiebelsheim; 565 S.

Bahr, N. (2011): The Bird Species. Die Vogelarten. Charadriiformes. Media Natur, Minden; 191 S.

Baker, J. P., S. E. Molony, E. Stone, I.C. Cuthill & S. Harris (2008): Cats about town: is predation by free-ranging pet cats *Felis catus* likely to affect urban bird populations? Ibis 150 (Suppl. 1), S. 86-99.

Ballasus, H., K. Hill & O. Hüppop (2009): Gefahren künstlicher Beleuchtung für ziehende Vögel und Fledermäuse. Ber. Vogelschutz 16, S. 127-157.

Bandorf, H. (1970): Der Zwergtaucher. Neue Brehm-Büch. 430, A. Ziemsen-Verlag, Wittenberg-Lutherstadt; 204 S.

Barthel, P. H. & A. J. Helbig (2005) Artenliste der Vögel Deutschlands. Limicola 19, S. 89-111.

Bastian, H.-V. & A. Bastian (2017): Ist die Bestandsdynamik des Bienenfressers *Merops apiaster* vom Wetter abhängig? Vogelwarte 55, S. 354-355.
Bauer, H.-G. & P. Berthold (1996): Die Brutvögel Mitteleuropas. Bestand und Gefährdung. Aula-Verlag, Wiesbaden; 715 S.
Bauer, H.-G., E. Bezzel & W. Fiedler (2005a): Das Kompendium der Vögel Mitteleuropas. Passeriformes – Sperlingsvögel. Aula-Verlag, Wiebelsheim; 622 S.
Bauer, H.-G., E. Bezzel & W. Fiedler (2005b): Das Kompendium der Vögel Mitteleuropas. Passeriformes – Nonpasseriformes. Aula-Verlag, Wiebelsheim 808 S.
Bauer, H.-G., M. Boschert, H. Haupt, O. Hüppop, T. Ryslavy & P. Südbeck (2011): Rote Listen der Brutvögel der deutschen Bundesländer – erneuter Aufruf zur zeitlichen Synchronisation und methodischen Einheitlichkeit. Ber. Vogelschutz 47/48, S. 73-92.
Bauer, H.-G., O. Geiter, S. Homma & F. Woog (2016): Vogelneozoen in Deutschland – Revision der nationalen Statuseinstufungen. Vogelwarte 54, S. 165-179.
Bauer, H.-G. & F. Woog (2008): Nichtheimische Vogelarten (Neozoen) in Deutschland, Teil I; Auftreten, Bestände und Status. Vogelwarte 46, S. 157-194.
Bauer, H.-G. & F. Woog (2011): Bemerkungen zur „Invasivität" nichtheimischer Vogelarten. Ber. Vogelschutz 47/48, S. 135-141.
Bailly, J., R. Scheifler, S. Berthe, V.-A. Clément-Demange, M. Leblond, B. Pasteur & B. Faivre (2016): From eggs to fledging: negative impact of urban habitat on reproduction in two tit species. J. Ornithol. 157, S. 377-392.
Beck, H. (2017): Irren ist nützlich. Hanser Verlag, München; 316 S.
Beike, M. (2014): *Phalacrocorax carbo sinensis* in Europe – indigenous or introduced. Ornis Fennica 91, S. 48-50.
Beike, M., C. Herrmann, R. Kinzelbach & J. de Rijk (2013): Der Kormoran *Phalacrocorax carbo sinensis* im deutschsprachigen Raum und in den Niederlanden zwischen 800 und 1800. Vogelwelt 13, S. 233-261.
Bellebaum, J. (2001): Im Schutz der Dunkelheit: Wer stiehlt die Eier wirklich? Falke 48, S. 138-141.
Bellebaum, J. (2002): Prädation als Gefährdung bodenbrütender Vögel in Deutschland – eine Übersicht. Ber. Vogelschutz 39: S. 95-117.
Bellebaum, J. & M. Boschert (2001): Bestimmung von Predatoren an Nestern von Wiesenlimikolen. Vogelwelt 124, S. 83-91.
Bense, R. (2017): Der Weißstorch: (K)ein Vogel wie jeder andere? Falke 64/11, S. 10-15.
Beolens, B., M. Watkins & M. Grayson (2014): The Eponym Dictionary of Birds. Bloomsbury, London u. a.; 824 S.
Berlepsch, H. v. (1923) Der gesamte Vogelschutz. 10. Aufl., Neumann, Neudamm; 301 S.
Bergmann, H.-H. (1993). Der Buchfink. Neues über einen bekannten Sänger. Aula-Verlag, Wiesbaden; 142 S.
Bergmann, H.-H., W. Engländer, S. Baumann & H.-W. Helb (2016): Die Stimmen der Vögel Europas auf DVD. Aula-Verlag, Wiebelsheim.
Berndt, R. K., B. Koop & B. Struwe-Juhl (2002): Vogelwelt Schleswig-Holsteins, Band 5, Brutvogelatlas. Wacholtz Verlag, Neumünster; 504 S.
Berthold, P. (2007): Vogelzug. Eine aktuelle Gesamtübersicht. 5. Aufl., Wiss. Buchges., Darmstadt; 280 S.

Berthold, P. (2017): Unsere Vögel. Ullstein Buchverlag, Berlin; 322 S.
Berthold, P. & W. Fiedler (2005): 32-jährige Untersuchung der Bestandsentwicklung mitteleuropäischer Kleinvögel mit Hilfe von Fangzahlen: überwiegend Bestandsabnahmen. Vogelwarte 43, S. 97-102.
Berthold, P. & G. Mohr (2017): Vögel füttern, aber richtig. 4. Aufl., Franckh-Kosmos, Stuttgart; 176 S.
Bezzel, E. (1958): Sturm- und Lachmöwen (*Larus canus* und *L. ridibundus*) als Nahrungsschmarotzer. Ornithol. Mitt. 10, S. 135.
Bezzel, E. (1959): Beiträge zur Biologie der Geschlechter bei Entenvögeln, Anz. Ornithol. Ges. Bayern 5, S. 269-355.
Bezzel, E. (1961): Über Mischgelege bei Enten. Vogelwelt 82, S. 97-101.
Bezzel, E. (1969): Die Tafelente. A. Ziemsen-Verlag, Wittenberg-Lutherstadt; 108 S.
Bezzel, E. (1970): Besonders gefährdete Vogelarten in Bayern. LBV Merkblatt 6, 8 S.
Bezzel, E. (1980): *Alcedo atthis* Linnaeus 1758 – Eisvogel. In: Glutz v. Blotzheim, U. N. & K. M. Bauer: Handbuch der Vögel Mitteleuropas, Band 9, S. 735-774.
Bezzel, E. (1982): Vögel in der Kulturlandschaft. Ulmer, Stuttgart; 350 S.
Bezzel, E. (1988): Übles Raubzeug oder harmlose Singvögel? Das Schicksal von Eichelhäher, Elster und Rabenkrähe im Streit zwischen Jägern und Vogelschützern. Seevögel 9, S. 57-61.
Bezzel, E. (1992): Liebes böses Tier. Artemis & Winkler, München; 231 S.
Bezzel, E. (1995): Anthropogene Einflüsse in der Vogelwelt Europas. Ein kritischer Überblick mit Schwerpunkt Mitteleuropa. Natur u. Landschaft 70, S. 391-411.
Bezzel, E. (1996): Neubürger in der Vogelwelt Europas: Zoogeographisch-ökologische Situationsanalyse – Konsequenzen für den Naturschutz. In: Gebhardt, H., R. Kinzelbach & S. Schmidt-Fischer: Gebietsfremde Tierarten. ecomed, Landsberg; S. 241-260.
Bezzel, E. (2005): Vogelmassaker in Mecklenburg-Vorpommern – zurück ins Mittelalter. Falke 62, S. 260-261.
Bezzel, E. (2010a): Langfristige Dauerbeobachtung an einem Punkt: Tunnelblick oder weiter reichende Einsichten? Limicola 24, S. 29-68.
Bezzel, E. (2010b): Vogelbeobachtung und Artenzahlen – eine Lokalstudie mit intensiver audio-visueller Registrierung. Vogelarte 48, S. 1-13.
Bezzel, E. (2013): Faunenwandel? 160 Jahre Avifaunistik in Bayern. Ornithol. Anz. 52, S. 1-18.
Bezzel, E. (2015a): Erfassungsgrad von Singvögeln auf Kleinflächen: Saisonale Muster häufiger Arten. Vogelwarte 53, S. 261-273.
Bezzel, E. (2015b): Bilanz. Vögel in einer Urlaubs- und Gesundheitsregion am Nordrand der Alpen. Ornithol. Anzeiger 53, S. 121-180.
Bezzel, E. (2015c): Artenlisten in der Stadt: Stadtvögel auf Besuch. Falke 62, Sonderh., S. 23-25.
Bezzel, E. (2017): Fleischige Früchte als Vogelnahrung – ein Beitrag zur „Gartenökologie". Ökol. Vögel 35/36, S. 231-250.
Bezzel, E. & H.-J. Fünfstück (1994): Brutbiologie und Populationsdynamik des Steinadlers (*Aquila chrysaetos*) im Werdenfelser Land/Oberbayern. Acta ornithoecol. 3, S. 5-32.
Bezzel, E. & G. Gauß (1958): Vogelzugbeobachtungen auf der Zugspitze (2963m) bei

Garmisch-Partgenkirchen/Obb, im Herbst 1957. Jb. Ver. Schutz Alpenpflanzen und -tiere S. 161-169.
Bezzel, E. & I. Geiersberger (1998): Wasservogeljagd am Staffelsee: Fallbeispiele für die Störwirkung verschiedener Jagdmethoden. Ornithol. Anz. 37, S. 61-68.
Bezzel, E. & R. Prinzinger (1990): Ornithologie. Eugen Ulmer, Stuttgart; 552 S.
Birkhead, T., J. Wimpenny & B. Montgomerie (2014): Ten thousand Birds. Ornithology since Darwin. Princeton Univ. Press, Princeton u. Oxford; 524 S.
Birrer, S. (2014): Reaktion der Waldohreule *Asio otus* auf Klangattrappen – Konsequenzen für Bestandsaufnahmen. Vogelwelt 52, S. 111-117.
Blancher, P. (2013): Estimated number of birds killed by house cats (*Felis catus*) in Canada. Avian Conservation and Ecology 8(2), S. 3.
Bland, R. L., J. Tully & J. J. D. Greenwood (2004): Birds breeding in British gardens: an underestimated population? Bird Study 51, S. 97-106.
Bloesch, M. (1980): Drei Jahrzehnte Schweizerischer Storchansiedlungsversuch (*Ciconia ciconia*) in Altreu, 1948-1979. Ornithol. Beob. 77, S-167-194.
Blumstein, D. T. (2014): Attention, habituation, and antipredator behaviour: implications for urban birds. In: Gill, D. & H. Brumm: Avian Urban Ecology. Oxford University Press; S. 41-53.
Boehm, C. & A. Landmann (2015): Ein Vogeljahr im Tiroler Garten. Ein Kalender etwas anderer Art. Verb. Tiroler Obst- u. Gartenbauvereine, Innsbruck; 168 S.
Bollmann, K., V. Keller, W. Müller & N. Zbinden (2002): Prioritäre Vogelarten für Artenförderungsprogramme in der Schweiz. Ornithol. Beob. 99, S. 301-320.
Bokranz, W. J. (1999): Jagdstrategien und Beutespektrum des Kormorans *Phalacrocorax carbo* L. am Unteren Niederrhein. Ornithol. Anz. 38, S. 131-147.
Borchert, W. (1927): Die Vogelwelt des Harzes, seines nordöstlichen Vorlandes und der Altmark. Karl Peters Verlag, 350 S. (Reprint Kolbe 2007, Halle).
Bos, J., M. Buchheit, M. Austgen & O. Elle (20o5): Atlas der Brutvögel des Saarlandes. Ornithol. Beobachterring Saar, Mandelbachtal; 431 S.
Bracey, A. M., M. A. Etterson, G. J. Niemi & R. F. Green (2016): Variation in bird-window, collision mortality and scavenging rates within an urban landscape. Wilson J. Ornithol. 128, S. 355-367.
Braun, M. (2009): Die Bestandssituation des Halsbandsittichs *Psittacula krameri* in der Rhein-Neckar-Region (Baden-Württemberg, Rheinland-Pfalz, Hessen) 1962-2008 im Kontext der gesamteuropäischen Verbreitung. Vogelwelt 130, S. 77-89.
Braun, M. P., N. Bahr & M. Wink (2016): Phylogenie und Taxonomie der Edelsittiche (Psittaciformes: *Psittacula)* mit Beschreibungen von drei neuen Gattungen. Vogelwarte 54, S. 322-324.
Braun, M. P., N. Bruslund, H. Sauer-Gürth, W. Dreyer u.a. (2017): Ökologie und Bestandsentwicklung des Asiatischen Halsbandsittichs *Alexandrinus manillensis* in Deutschland und Europa mit aktuellen Bestandszahlen. Vogelwarte 55, S. 307-309.
Bregnballe, T., J. Lynch, R. Parz-Gollner, L. Marion u.a. (2014): Breeding numbers of Great Cormorants *Phalacorcorax carbo* in the Western Palearctic. Sci. Rep. Danish Centre Environment and Energy No. 99; 224 S. (deutsche Zusammenfassung Ber. Vogelschutz 51, 139-141).
Brehm, A. E. (1886a): Brehms Thierleben. Die Vögel. 2. Aufl. Band 1. Bibl. Inst. Leipzig; 743 S.

Brehm, A. E. (1886b): Brehms Thierleben. Die Vögel. 2. Aufl. Band 3. Bibl. Inst. Leipzig; 671 S.

Brichetti, P., D. Rubolini, P. Galeotti & M. Fasola (2008): Recent decline in urban Italian Sparrow *Passer (domesticus) italiae* populations in northern Italy. J. Ornithol. 150, S. 177-181.

Brown, J. L. (1987): Helping and Communal Breeding in Birds. Ecology and Evolution. Princeton University Press, Princeton; 354 S.

Bruderer, B. (2017): Vogelzug. Eine schweizerische Perspektive. Ornithol. Beob. Beih. 12, 264 S.

Bruderer, B. & J. Muff (1979): Bestandesschwankungen schweizerischer Rauch- und Mehlschwalben, insbesondere im Zusammenhang mit der Schwalbenkatastrophe im Herbst 1974. Ornithol. Beob. 76, S. 229-234.

Buffon, G.-L. Comte de (1781): L'Histoire Naturelle des Oiseaux. Tom VIII, 480 S.

Bundesministerium für Umwelt, Naturschutz, Bau und Reaktorsicherheit (2015): Nationale Strategie zur biologischen Vielfalt. 4. Aufl., Berlin; 179 S.

Bunzel, M. & J. Drüke (1989): Kingfisher. In: Newton, I.: Lifetime reproduction in birds. Academic Press, London, S. 107-116.

Bunzel-Drüke, M., O. Zimball & M. Wink (2014): Die Treue der Eisvögel: Untersuchungen zu Paarungssystem und Fremdvaterschaften. Vogelwarte 52, S. 311-312.

Burst, W. (2015): Water Babies: The Hidden Lives of Baby Wetland Birds. Countryman Press, New York; 280 S.

Burton, J. F. (1995): Birds and Climate Change. Christopher Helm, London; 376 S.

Campo, J. L., M. G. Gill & S. G. Davila (2005): Effects of specific noise and music on stress and fear levels of laying hens of several breeds. Appl. Animal Behaviour Sci. 91, S. 75-84.

Carbone, C. & M. Owen (1995): Differential migration of the sexes of Pochard *Aythya ferina*: results from an European survey. Wildfowl 46, S. 99-108.

Carneiro, C., A. Bastian, H.-V. Bastian & M. Wink (2017): Phylogeographie des Bienenfressers: Ergebnisse der mtDNA- und Micorosatelliten-Analysen. Vogelwarte 55, S. 353.

Čech, M. & P. Čech (2017): Effect of brood size on food provisioning rate in Common Kingfisher *Alcedo atthis*. Ardea 105, S. 5-17.

Champagnon, J. , M. Guillemain, J.-Y. Mondain-Monval u.a. (2016): Contribution of released captive-bred Mallards to the dynamics of natural population. Ornis Fennica 93, S. 3-11.

Churcher, P. B. & J. H. Lawton (1987): Predation by domestic cats in an English village. J. Zool. London 212, S. 439-455.

Clement, P. & E. Hathway (2000): Thrushes. Christopher Helm, London; 463 S.

Clewley, G. D., D. L. Norfolk, D. I. Leech & D. E. Balmer (2016): Playback survey trial for the Little Owl *Athene noctua* in the UK. Bird Study 63, 268-272.

Clergeau, P., J.-P. L. Savard, G. Mennechez & G. Falardeau (1998): Bird abundance and diversity along an urban-rural gradient: a comparative study between two cities on different continents. Condor 100, S. 413-425.

Coleman, A. E., J. T. Coleman, P. A. Coleman & C. D. T. Minton (2001): A 39 year study of Mute Swan *Cygnus olor* population in the English Midlands. Ardea 89, spec. iss., S.123-133.

Conrad, B., H. Klinger, H. Schulze-Wiehenbrauck W. & C. Stang (2002): Kormoran und Äsche – ein Artenschutzproblem. LÖBF-Mitt. 1/02, S. 46-54.
Conz, O. (2010): Ein politisches Lehrstück: Der Kormoran in Hessen. Falke 57, Sonderh., S. 48-49.
Cornwallis, R. K. & Townsend, A. D. (1968). Waxwings in Britain and Europe during 1965/66. Brit. Birds 61, S. 97-118.
Cowles, G. S. (1969): Alleged skeleton of Osprey attached to Carp. British Birds 62, 542-543.
Cramp, S. (Hrsg. 1980): The Birds of the Western Palaearctic. Band 2, Oxford Univ. Press; 695 S.
Cresswell, W. & R. McCleery (2003): How great tits maintain synchronisation of their hatch date with food supply in response to long-term variability in temperature. J. Anim. Ecol. 72, 356-366.
Curio, E. (1976): The Ethology of Predation. Springer, Berlin; 252 S.
Davies, N. B. (2000): Cuckoos, Cowbirds and other Cheats. T & A D Poyser, London; 310 S.
Davies, N. B. (2015): Cuckoo: Cheating by Nature. Bloomsbury, London; 289 S.
DeCandido, R. & D. Allen (2006): Nocturnal hunting bei Pergrine Falcons at the Empire State Building, New York City. Wilson J. Ornithol. 118, S. 53-58.
del Hoyo, J. A. & N. J. Collar (2014): Illustrated Checklist of the Birds of the World. Vol. 1 Non-passeriformes. Lynx Edicions, Barcelona; 903 S.
del Hoyo, J. A. & N. J. Collar (2016): Illustrated Checklist of the Birds of the World. Vol. 2 Passerines. Lynx Edicions, Barcelona; 903 S.
del Hoyo, J. A., A. Elliott & D. Christie (2005): Handbook of the Birds of the World. Vol. 10, Lynx Edicions, Barcelona; 896 S.
del Hoyo, J., A. Elliot & J. Sargatal (1992): Handbook of the Birds of the World. Vol. 1, Lynx Edicions, Barcelona; 696 S.
del Hoyo, J., A. Elliot & J. Sargatal (1994): Handbook of the Birds of the World. Vol. 2, Lynx Edicions, Barcelona; 696 S.
del Hoyo, J., A. Elliott & J. Sargatal (1996): Handbook of the Birds of the World. Vol. 3, Lynx Edicions, Barcelona; 821 S.
del Hoyo, J., A. Elliott & J. Sargatal (1999): Handbook of the Birds of the World. Vol. 5, Lynx Edicions, Barcelona; 759 S.
Dement'ev, G. P. & N. A. Gladkov (1951) Birds of the Soviet Union. Vol 1, Israel Program for Scientficic Translation, Jerusalem 1966; 704 S.
Denz, O. (2003): Rangliste der Brutvogelarten für die Verantwortlichkeit Deutschlands um den Artenschutz. Vogelwelt 124, S. 1-16.
Dierschke, J., V. Dierschke, K. Hüppop, O. Hüppop & K. F. Jachmann (2011): Die Vogelwelt der Insel Helgoland. OAG Helgoland; 630 S.
Dietzen, C. u.a. (2014-2017): Die Vogelwelt von Rheinland-Pfalz. Band 1-4. Ges. Naturschutz u. Ornithol. Rheinland-Pfalz (GNOR), Mainz.
Dixon, J. S. (1933): Three Magpies rob a Golden Eagle. Condor 35, S. 161.
Dixon, A., S. Ross, S. C. L. O'Malley & T. Burke (1994): Paternal investment inversely related to degree of extra-pair paternity in the reed bunting. Nature 371, S. 698-700.
Dobler, G. & L. Siedle (1993): Fänge von Habichten (*Accipier gentilis*) im Wurzacher

Ried: Kritische Fragen zu einem behördlich genehmigten Wiedereinbürgerungsprojekt. J. ornithol. 134, S. 165-171.

Dobler, G. & L. Siedle (1994): Wurzacher Ried: Habichte illegal gefangen und getötet. Ber. Vogelschutz 21, S. 61 -74.

Dorner, I. & D. T. Tietze (2015): Die Wiederansiedlung des Weißstorchs *Ciconia ciconia* in Rheinland-Pfalz. Vogelwarte 53, S. 99-119.

Dott, H. M. & A. W. Brown (2000): A major decline in House Sparrows in central Edinburgh. Scottish Birds 21, S. 61-68.

Drewitt, E. (2014): Urban Peregrines. Pelagic Publishing, Exeter; 250 S.

Eickhorst, W. & J. Bellebaum (2004): Prädatoren kommen nachts – Gelegeverluste in Wiesenvogelschutzgebieten Ost- und Westdeutschlands. Natursch. u. Landschaftspfl. Niedersachs, 41, S. 81-89.

Eldegard, K., J. W. Dirksen, H. O. Ørka, R. Halvorsen, E. Naesset, T., Gobakken & M. Ohlson (2014): Modelling bird richness and bird species presence in a boreal forest reserve using airborne laser-scanning and aerial images. Bird Study 61, S. 204-219.

Elle, O., F. Weerts, C. Schneider, J. Blankenburg, C, Anders, C. Hach & T. Lebowski (2013): Vogelschlagrisiko an spiegelnden oder transparenten Glasscheiben in der Stadt: Unterschätzt, überschätzt oder unkalkulierbar? Ber. Vogelschutz 49/50, S. 135-148.

Emmrich, M. & H. Düttmann (2011): Seasonal shifts in diet composition of Great Cormorants *Phalacrocorax carbo sinensis* foraging at a shallow eutrophic inland lake. Ardea 99, S. 207-216.

Engelmann, F. (1928, 1997): Die Raubvögel Europas. Neumann-Neudamm Melsungen, Nachdruck 1997 Aula-Verlag, Wiebelsheim; 834 S.

Epple, W. & J. Hölzinger (1986): Bestandsstüzung und Wiedereinbürgerung des Weißstorchs (*Ciconia ciconia*) in Baden-Württemberg. Beih. Veröff. Natursch. Landschaftspfl. Bad.-Württ. 43, S. 271-282.

Evans, D. E. & K. R. Keith (2002): Hunting disturbance on a large shallow lake: the effectiveness of waterfowl refuges. Ibis 144, S. 2-8.

Evans, I. M., R.W. Summers, L. O'Toole u.a. (1999 a): Evaluation the success of translocation Red Kites *Milvus milvus* to the UK. Bird Study 46, S. 129.144.

Evers, M. (2013): Killer mit Kulleraugen. Spiegel 2013/6, S. 105-108.

Ferenc, M., O. Sedlacek, R. Fuchs, M. Dinetti, M. Fraissinet & D. Storch (2014): Are cities different? Patterns of species richness and beta diversity of urban bord communities and regional species assemblages in Europe. Global Ecol. Biogeogr. 23, S. 479-489.

Ferguson-Lees, I. J. (1968a): Ospreys in Action. British Birds 61, S, 256-257.

Ferguson-Lees, I. J. (1968b): Skeleton of Osprey attached to Carp. British Birds 61, S. 465.

Fiedler, W. (2009): Bird Ecology as an Indicator of Climate and Global Change. In: Letcher, T. M.: Climate Change: observed impacts on Planet Earth. Elsevier, Amsterdam; S. 181-195.

Fjeldså, J. (2004): The Grebes, Podicipedidae. Oxford Univ. Press, Oxford, New York; 268 S.

Flack, A., W. Fiedler, J. Blas, I. Pokrovsky u.a. (2016): Costs of migratory decisions: a comparison across eight white stork populations. Sci Advances 2, No. 1 e, 1500938, 7 S.

Flade, M. & J. Jebram (1995): Die Vögel des Wolfsburger Raums im Spannungsfeld zwischen Industriestadt und Natur. NABU Wolfsburg; 619 S.
Flöter, E., D. Saemann & J. Börner (2006): Brutvogelatlas der Stadt Chemnitz. Mitt. Ber. Sächsischer Ornithol. 9, Sonderh. 4.
Foerster, K., K. Delhey, A. Johnson, J. T. Lifjeld & B. Kempenaers (2003): Females increase offspring heterozygosity and fitness through extra-pair matings. Nature 425, S. 714-717.
Forssgren, K. (1981): The klepotparasitic behaviour of the Arctic Skua *Stercorarius parasiticus* and the Lesser Black-backed Gull *Larus fuscus* with the Caspian Tern *Hydropogne caspia*. Mem. Soc. Fauna Flora Fenn. 57, S. 5.
Frank, S. (1994): City Peregrine. Hancock House, New York; 320 S.
Fremuth, W., H. Frey & W. Walter (2008): Der Bartgeier in den Alpen zurück. Natursch. Landschaftspl. 40, S. 121-127.
Fritz, J. & M. Unsöld (2015): Internationaler Artenschutz im Kontext der IUCN Reintroduction Guidelines: Argumente zur Wiederansiedlung des Waldrapps *Geronticus eremita* in Europa. Vogelwarte 53, S. 157-168.
Froehlich, C. (2010): Avifaunistische Methoden auf dem Prüfstand: Kritische Bewertungen von Erfassungsmethoden im Rahmen des Monitorings von Brutvogelbeständen in Naturwaldreservaten. Vogelwelt 131, S. 1-29.
Frölich, K. (1983): Ein Versuch zur Wiederansiedlung des Seeadlers (*Haliaeetus albicilla*) in einem Randbiotop der Schleswig-Holsteinischen Seeadlerpopulation mit Hilfe der Wildflugmethode. Zool. Anz. 211, S. 30-42.
Frommolt, K.-H. (2017): Information obtained from long-term acoustic recordings: applying bioacoustic techniques for monitoring wetland birds during breeding season. J. Ornithol. 159, S. 659-668.
Furness, R. W. (1987): The Skuas. T & A D Poyser, Calton; 363 S.
Garcis, G. O., J. Riechert, M. Favero & P. H. Becker (2014): Stealing food from conspecifics: spatial behavior of kleptoparasitic Common Terns *Sterna hirundo* within the colony site. J. Ornithol. 155, S. 777-783.
Garfield, B. (2007): The Meinertzhagen Mystery: The Life and Legend of a Colossal Fraud. Potomac Books, Washington DC.
Gaston, A. J. (1973): The ecology and behaviour of the long-tailed tit. Ibis 115, S. 330-351.
Gattiker, E. & L. Gattiker (1989): Die Vögel im Volksglauben. Aula-Verlag, Wiesbaden; 589 S.
Gätke, H. (1900): Die Vogelwarte Helgoland. 2. Aufl. Meyer, Braunschweig, Reprint 1987, Maren Knauß; 654 S.
Gedeon, K., C. Grüneberg, A. Mitschke u.a. (2014): Atlas deutscher Brutvogelarten. Dachverband Deutscher Avifaunisten, Münster; 800 S.
Géroudet, P., C, Guex & M. Maire (1983): Les oiseaux nicheurs du Canton de Genève. Museum de Genève; 351 S.
Gentz, K. (1962): Hört auf mit dem Eisvogelfang. Falke 9, S. 161-164.
Gessner, C. (1669, 1981): Vollkommenes Vogelbuch. Tomus II. Nachdruck Schlütersche Verlagsanstalt Hannover 1981; 388 S.
Gill, D. & H. Brumm (2014): Avian Urban Ecology. Oxford University Press; 217 S.
Girtanner, A. (1871): Beitrag zur Naturgeschichte des Bartgeiers der Central-Alpenkette (*Gypaetos alpinus*). Alpen-Bartgeier. Zool. Garten 12, 241-247.

Girtanner, A. (1879): Zur Pflege und Ernährung des Bartgeiers in der Gefangenschaft. Mitt. Ornithol. Ver. Wien 3, 112-115.
Glandt, D. (2012): Kolkrabe & Co. Aula-Verlag, Wiebelsheim; 159 S.
Glaubrecht, M. (2016): Die Evolution von Arten bei Vögeln: Ernst Mayr und das Erbe der „Berliner Schule". Vogelwarte 54, S. 322.
Glenn, N. W. & C. M. Perrins (1988): Co-operative breeding by long-tailed tits. Brit. Birds 81, S. 630-641.
Glutz v. Blotzheim, U. N. (2010): Historische Entwicklung des Vogelmonitorings in Europa. Mitt. Ver. Sächs. Ornithol. 10, S. 379-395.
Glutz v. Blotzheim, U. N. (2015): Finden Gartenrotschwänze *Phoenicurus phoenicurus* noch überall genügend Insekten, um erfolgreich Junge aufzuziehen? Ornithol. Beob. 112, S. 51-56.
Glutz v. Blotzheim, U. N. (2016): Illegale Vogeljagd. Diskrepanz zwischen Bemühung von Druckerschwärze und effektivem Einsatz gegen einen gesetzeswidrigen, skandalösen und in der derzeitigen Gesamtsituation nicht mehr tolerierbaren Zustand. GNOR-Info 123, S. 18-23.
Glutz v. Blotzheim, U. N. & K. M. Bauer (1980, 1994): Handbuch der Vögel Mitteleuropas. Band 9 Columbiformes-Piciformes.1. Aufl. 1980, 2. Aufl. 1994 Aula-Verlag, Wiebelsheim; 1147 S.
Glutz v. Blotzheim, U. N. & K. M. Bauer (1985): Handbuch der Vögel Mitteleuropas. Band 10/II Passseriformes (1. Teil). Aula-Verlag, Wiebelsheim; 808 S.
Glutz v. Blotzheim, U. N. & K. M. Bauer (1988): Handbuch der Vögel Mitteleuropas. Band 11/II Passseriformes (2. Teil). Aula-Verlag, Wiebelsheim; 491 S.
Glutz v. Blotzheim, U. N. & K. M. Bauer (1991): Handbuch der Vögel Mitteleuropas. Band 12/II Passseriformes (3. Teil). Aula-Verlag, Wiebelsheim; 553 S.
Glutz v. Blotzheim, U. N. & K. M. Bauer (1993a): Handbuch der Vögel Mitteleuropas. Band 13/II Passseriformes (4. Teil). Aula-Verlag, Wiebelsheim; 553 S.
Glutz v. Blotzheim, U. N. & K. M. Bauer (1993b): Handbuch der Vögel Mitteleuropas. Band 13/III Passseriformes (4. Teil). Aula-Verlag, Wiebelsheim; 710 S.
Glutz v. Blotzheim, U. N., K. M. Bauer & E. Bezzel (1971, 1989): Handbuch der Vögel Mitteleuropas. Band 4 Falconiformes.1. Aufl. Akademische Verlagsgesellschaft, Frankfurt/Main; 2. durchgesehene Auflage 1989, Aula-Verlag, Wiebelsheim; 943 S.
Goldschmidt-Rothschild, B. v. & P. Lüps (1976): Untersuchungen zur Nahrungsökologie „verwilderter" Hauskatzen (*Felis sylvestris* f. *catus* L.) im Kanton Bern (Schweiz). Rev. Suisse Zool. 83, S. 723-735.
Goodenough, A., D. C. Coker, M. J. Wood & S. L. Rogers (2017): Overwintering habitat to summer reproductive success: intercontinental carry-over effects in a delining migratory bird revealed using stable isotope analysis. Bird Study 64, S. 433-444.
Goodwin, D. (1976): Crows of the world. Brit. Mus. (Nat. Hist.), London; 354 S.
Gottschalk, T. & L. Kövér (2016): Gast- und Rastvögel im Sommer und Herbst in einem Maisfeld bei Gießen. Vogelwarte 54, S.1-14.
Greenwood, J. J. D. & S. R. Baillie (1991): Effect of density-dependence and weather on population changes of English passerines using a non-experimental paradigm. Ibis 133, S. 121-133.

Grimm, A., B. M. Weiß, L. Kuli, J.-B. Mihoub, R. Mundry, U. Köppen, T. Brueckmann, R. Thomsdon & A. Widing (2015): Earlier breeding, lower success: does the spatial scale of climatic conditions matter in a migratory passerine bird? Ecol. Evolution 23, S. 5722-5734.
Gross, A. (2000): Die Entwicklung der Brutpopulation von *Mergus merganser* in Südbayern und Österreich im Hinblick auf die Sichttiefe repräsentativer Flüsse im Brutareal. Ornithol. Anz. 39, S. 97-118.
Grüneberg, C. & S. R. Sudmann (2013): Die Brutvögel Nordrhein-Westfalens. NWO & LANUV, Münster; 480 S.
Guthruf, J. (2013): Äschenmonitoring Kanton Bern in der Saison 2012-2013. Statusbericht Aquatica, Auftrag Fischereiinspektorat des Kantons Bern; 21 S.
Guthruf, J. & K. Guthruf (2011): Äschenmonitoring in der Aare im Kanton Bern. Ber. Vogelschutz 47/48. S. 207-209.
Hagemeijer, W. J. M. & M. J. Blair (1997): The EBCC Atlas of European Breeding Birds. T & A D Poyser, London, 904 S.
Halfwerk, W. & H. Slabbekoorn (2014): The impact of anthropogenic noise on avian communication and fitness. In: Gill, D. & H. Brumm: Avian Urban Ecology. Oxford University Press; S. 84-97.
Hanmer, H., R. L. Thomas & M. D. Fellowes (2016): Provision of supplementary food for wild birds may increase the risk of local nest predation. Ibis 1589, S. 158-167.
Hario, M., M.-L. Koljonen & J. Rintala (2012): Kin structure and choice of brood care in a Common Eider (*Somateria m. mollisimia*) population. J. Ornithol. 153, S. 963-973.
Hatchwell, B. J. & A. F. Russell (1996): Provisioning rules in cooperatively breeding long-tailed tits *Aegithalos caudatus*: an experimental study. Proc. Royal Soc. B 263, S. 83-88.
Haupt, H. (2011a): Auf dem Weg zu einem neuen Mythos? Warum UV-Glas zur Vermeidung von Vogelschlag noch nicht empfohlen werden kann. Ber. Vogelschutz 47/48, S. 143-160.
Haupt, H. (2011b): Massen-Irritation ziehender Singvögel durch Straßenbeleuchtung. Ber. Vogelschutz 47/48 S. 161-165.
Heidemann, G. & G. Vauk (1970): Zur Nahrungsökologie „wildernder" Hauskatzen (*Felis sylvestris* f. *catus* Linné, 1758). Z. f. Säugetierkunde 35, S. 185-190.
Heine, G., H. Jacoby, H. Leuzinger & H. Stark (1999): Die Vögel des Bodenseegebietes. Orn. Jh. Bad.-Württ. 14/15, S. 847 S.
Heinroth, O. (1911): Beiträge zur Biologie, namentlich Ethologie und Psychologie der Anatiden. Verh. V. Intern. Ornithol.-Kongr. Berlin, 30. Mai bis 4. Juni 1910. Dtsch. Ornithol. Ges. Berlin, S. 559–702.
Heller, M., K. Hepp, H. Nickolaus, F. Schilling & P. Wegner (1995): Gebäudebruten des Wanderfalken. Beih. Veröff. Naturschutz Landschaftspflege Bad.-Württ. 82, S. 247-262.
Henze, O. (1943): Vogelschutz gegen Insektenschaden in der Forstwirtschaft. F. Bruckmann, München; 291 S.
Hernandez, A. (2010): Breeding ecology of long-tailed tits *Aegithalos caudatus* in northwestern Spain: phenology, nest-site selection, nest success and helping behaviour. Ardea 57, S. 267-284.

Herrando, S., P. Vorisek & V. Keller (2013): The methodology of the new European breeding bird atlas: finding standards across diverse situations. Bird Census News 26: 6–14

Hertig, A. (2006): Populationsdynamik der Äschen (*Thymallus thymallus*) im Linthkanal mit besonderer Berücksichtigung der Habitatnutzung von Äschenlarven. Diss. Univ. Zürich; 172 S. (www.linthwerk.ch/images/PDF-05).

Hirschfeld, A. & A. Heyd (2005): Jagdbedingte Mortalität von Zugvögeln in Europa: Streckenzahlen und Forderungen aus Sicht des Vogel- und Tierschutzes. Ber. Vogelschutz 42, S. 47-74.

Hölzinger, J. (1987): Die Vögel Baden-Württembergs. Band 1.1: Gefährdung und Schutz. Eugen Ulmer, Stuttgart; 722 S.

Hölzinger, J. (2001): Die Vögel Baden-Württembergs. Band 2.2: Nicht-Singvögel 2. Eugen Ulmer, Stuttgart; 880 S.

Hölzinger, H. & W. Zöller (1975): Gefährdung, Schutz und erfolgreiche Ansiedlungsversuche des Eisvogels. Beih. Veröff. Natursch. u. Landschaftspfl. Bad.-Württ. 7, S. 78-82.

Hosking, E. & F. W. Lane (1970): An Eye for a Bird. Hutchinson, London; 302 S.

Howell, T. R. (1979): Breeding biology of the Egyptian Plover, *Pluvianus aegyptius*. Univ, California Publ. Zool. 113, S. 1-76.

Huffeldt, N. P. & T. Dabelsteen (2013): Impact of a noise-polluted urban environment on the song frequencies of a cosmopolitan songbird, the Great Tit (*Parus major*) in Denmark. Ornis Fennica 90, S. 94-102.

Hüppop, K. & O. Hüppop (2004): Atlas zur Vogelberingung auf Helgoland Teil 2: Phänologie im Fanggarten 1961 bis 2000. Vogelwarte 42, S. 285-343.

Hüppop, K. & O. Hüppop (2005): Atlas zur Vogelberingung auf Helgoland Teil 3: Veränderungen von Heim- und Wegzugszeiten von 1960 bis 2001. Vogelwarte 43, S. 217-248.

Hüppop, K. & O. Hüppop (2007): Atlas zur Vogelberingung auf Helgoland Teil 4: Fangzahlen im Fanggarten 1960 bis 2004. Vogelwarte 45, S. 145-207.

IUCN (2013): Guidelines for Reintroductions and other Conservation Translocations. Version 1.0. IUCN Species Survival Commission, Gland, Schweiz; 65 S.

Jachmann, L. & M. Adrion (2017): Mitmachaktion „Stunde der Gartenvögel“: Über ein Jahrzehnt Citizen Science. Falke 64/7, S. 14-19.

Jäckel, J. A. (1894): Systematische Übersicht der Vögel Bayerns. Oldenbourg, München & Leipzig; 392 S.

Jacoby, H., G. Knötzsch & S. Schuster (1970): Die Vögel des Bodenseegebietes. Ornithol. Beob. 67 Beih.; 260 S.

Jehl, J. jr. (2017): Feather-eating in grebes: a 500-year conundrum. Wilson J. Ornithol. 129, S. 446-458.

Jenni, L. (1987): Mass concentrations of Bramblings *Fringilla montifingila* in Europe 1900-1983: Their dependence upon beechmast and the effect of snow cover. Ornis Scandinavica 18, S. 84-94.

Jiguet, F., L. Godet & V. Devictor (2012): Hunting and the fate of French breeding waterbirds. Bird Study 59, S.474-482.

Jobling. J. A. (1991): A Dictionary of Scientific Bird Names. Oxford Univ. Press, 272 S.

Johnsen, A., H. Pärn, F. Fossøy, O. Kleven, T. Laskemoen & J. T. Lifjeld (2008): Is female

promiscuity constrained by the presence of her social mate? An experiment with bluethorats *Luscinia svecica*. Behavioral Ecol. and Sociobiol. 62, S. 1791-1767.
Johnston A., S. E. Newson, K. Risley u.a. (2014): Species traits explain variation in detectability of UK birds. Bird Study 61, S. 340-350.
Johnston, J. A., R. A. Robinson, G. Gargallo, R, Juilliard, H. van der Jeugd & S. R. Baillie (2016): Survival of Afro-Palaearctic passerine migrants in western Europe and the impacts of seasonal weather variables. Ibis 158, S. 465-480.
Kate, C. G. B.ten (1946): Visarend (*Pandion haliaetus*) wordt door te zware prooi onder water getrokken, Limosa 18, S. 69.
Kegel, B. (2013): Die Ameise als Tramp. DuMont Buchverlag, Köln; 512 S.
Kehl, G. (2017): Chronik einer Wanderfalkenansiedlung. Ornithol. Mitt. 69, S. 37-42.
Kelcey, J. & G. Rheinwald (2005): Birds in European Cities. Ginster Verlag, St. Katharinen; 450 S.
Keller, T. (2010): Methoden zur Reduzierung von Kormoranproblemen an Fischgewässern: INTERCAFE Kormoran „Toolbox“. Falke 57, Sonderh., S. 32-37.
Keller, T. (2014): Zusammenfassung der Berichte des INTERCAFE-Projektes. Ber. Vogelschutz 51, S. 134-138.
Keller, V. (2009): The Goosander *Mergus merganser* population breeding in the Alps and its connections to the rest of Europe. Wildfowl, Spec. Iss. 2, S. 60-73.
Kempenaers, B., P. Borgström, P. Loes, E. Schlicht & M Valcu (2010): Artificial night lighting affects dawn song, extra-pair siring success, and lay date in songbirds. Current Biol. 20, S. 1735-1739.
Kempenaers, B., F. R. Verheyen, N. van den Broeck, T. Burke, C. can Broeckhoven & A. Dhondt (1992): Extra-pair paternity results from female preference for high-quality males in the blue tit. Nature 357, S. 494-496.
Kempf, N. (2014): Entwicklung des Brandgands-Mauserbestandes im deutschen Wattenmeer 1988 bis 2014. Corax 22, Sonderh, 1, S. 27-43.
Kennerley, P. & D. Pearson (2010): Reed and Bush Warblers. Christopher Helm, London; 712 S.
Kersting, G. (2015): 50 Jahre Arbeitsgemeinschaft Wanderfalkenschutz. Ornithol. Jh. Baden-Württ. Sonderband S. 47-74.
Kettel, E. F., L. K. Gentle, J. K. Quinn & R. W. Yarrell (2018): The breeding performance of raptors in urban landscapes: a review and meta-analysis. J. Ornithol. 159, S. 1-18.
Kinzelbach, R. (2007): Thesen zum Kormoran. Seevögel 28, S.70-71.
Kinzelbach, R. (2010): Nomenklatur und Geschichte: Der Kormoran in Mitteleuropa. Falke 57, Sonderh. 12-20.
Kinzelbach, R. K. & J. Hölzinger (2000): Marcus zum Lamm (1544-1606), die Vogelbücher aus dem Thesaurus Pictuarum. Ulmer, Stuttgart, 404 S.
Klem, D. Jr. (1990a): Bird injuries, cause of death, and recuperation form collisions with windows. J. Field Ornithol. 61, S. 115-119.
Klem, D. Jr. (1990b): Collision between birds and windows: Mortalitty and prevention. J. Field Ornithol. 61, S. 120-128.
Klem, D. Jr. (200)): Avian mortality at windows; the second largest human source of bird mortality on earth. Proc. 4th Int. Partners in Flight Conf.: Trundra to Tropics, S. 244-251.

Kleven, O., B.-A. Bjerke & J. T. Lifjeld (2008): Genetic monogamy in the Common Crosbill (*Loxia curvirostra*). J. Ornithol. 149, S. 651-654.

Knaus, P. (2010): The distribution of breeding birds in Switzerland in the 1950s compared to the present situation. Bird Census News 23, S. 41-47.

Knaus, P., R. Graf, J. Guélat, V. Keller, H. Schmid & N. Zbinden (2011): Historischer Brutvogelatlas. Die Verbreitung der Schweizer Brutvögel seit 1950. Schweizerische Vogelwarte Sempach; 336 S.

Koenig, A. (1926): Die Stelz- oder Watvögel (Grallatores) Ägyptens. J. Ornithol. 74, Sonderh., S. 111-152.

König, C. (1962): Glaswände als Gefahren für die Vogelwelt. Ber. Dtsch. Sekt. Int. Rat Vogelschutz 2, S. 53-55.

König, C. & S. Stübing (2015): Bemerkenswerte Ereignisse in der Vogelwelt – Herbstzug 2013 bis Brutzeit 2014. In: Wahl, J., R. Dröschmeister u.a.: Vögel in Deutschland – 2014. DDA, BFN, LAG, VSW, Münster, S. 52-63.

Kooiker, G. (2005): Brutvogelatlas der Stadt Osnabrück. Umweltber. 11, Sonderband Osnabrück; 252 S.

Koop, B. & R. K. Berndt (2014): Vogelwelt Schleswig-Holsteins. Band 7. Zweiter Brutvogelatlas. Wacholtz Verlag, Neumünster; 504 S.

Korner-Nievergelt, F. & P. Korner-Nievergelt, O. Behr, I. Niermann, R. Brinkmann & B. Hellriegel (2011): A new method to determine bird and bat fatality at wind energy turbines from carcass searches. Wild. Biol. 17, S. 350-363.

Krägenow, P. (1981): Der Buchfink *Fringilla coelebs*. Neue Brehm-Bücherei 527, A. Ziemsen Verlag, Wittenberg Lutherstadt; 104 S.

Kraus, R. H. S. & M. Wink (2015): Avian genomics: fledging into the wild! J. Ornithol. 156, S. 851-865.

Kreideritz, A., A. Gamauf, H.W. Krenn & P. Sumasgutner (2016): Investigating the influence of local weather conditions and alternative prey composition on the breeding performance of urban European Kestrels *Falco tinnunculus*. Bird Study 63, S. 369-379.

Krzywinski, A., M. Keller & A. Kobus (2013): „Born to be free" – an innovatory method of restitution and protection of endangered and isolated grouse populations (Tetraonidae). Vogelwelt 134, S. 55-63.

Kuhk, R. (1969): Schlüpfen und Entwicklung der Nestjungen beim Raufußkauz (*Aegolius funereus)*. Bonn. Zool. Beitr. 20, S. 145-150.

Kunz, W. (2017): Artenschutz durch Habitatmanagement. WHILEY-VCH. Weinheim; 292 S.

Landmann, A. (2015): Bestandsschutz, Bestandsstützung, Wiederanseidlung oder Auswilderung – Wie kann oder soll der Waldrapp *Geronticus eremitus* geschützt werden? Vogelwarte 53, S. 169-180.

Langgemach, T. & J. Bellebaum (2005): Prädation und der Schutz bodenbrütender Vogelarten in Deutschland. Vogelwelt 126, S. 259-298.

Langrand, O. (1990): Guide to the Birds of Madagaskar, Yale Univ. Press, New Haven & London; 364 S.

Laursen, K., T. Bregnballe, O-R. Therkildsen, T. E. Holm & R. D. Nielsen (2017): Forstyrrelse af vandfugle ved friluftaktiviteter tilknyttet marine od ferske vande – en oversigt. Dansk Ornithol. Tidsskr. 111, 96-112.

LBV (2017): Jahresbericht 2017, Hilpoltstein, 38 S. (www.lbv.de/jahresbericht).
Leche, J. (1763): Utdrag ad 12 drs Meteorologiska Observationer, gjorda i Abo: Sjette och Sista Styket. Kongl. Svenska Vetenskaps Akademiens Handlingar 24, S. 257-268.
Lehikoinen, E., T. H. Sparks & M. Zalakevicius (2004): Arrival and Departure Dates. In: Møller, A. P., W. Fiedler & P. Berthold, Birds and Climate Change. Advances Ecol. Res. 35, S. 1-31.
Lehikoinen, A. & E., J. Valkama, R.A. Väisänen & M. Isomursu (2013): Impacts of trichomonosis on Greenfinch *Chloris chloris* and Chaffinch *Fringilla coelebs* populations in Finland. Ibis 155, S. 357-366.
Leisler, B. (1985): Öko-etholgische Voaussetzungen für die Entwicklung von Polygamie bei Rohrsängern (*Acrocephalus*). J. Ornithol. 126, S. 357-381.
Leisler, B. & K. Schulze-Hagen (2011): The Reed Warblers: Diversity in a Uniform Bird Family. KNNV Publishers, Zeist; 328 S.
LeGros, A., S. Samadi, D. Zuccom, R. Conette, M. P. Braun, J. C. Senar & P. Clergau (2016): Rapid morphological changes, admixture and invasive success in populations of Ring-necked Parakeets (*Psittacula krameri*) established in Europe. Biol. Invasions 18, S. 1581-1598.
Leonard, M. L. & A. G. Horn (2005): Ambient noise and the design of begging signals. Proc. Royal Soc. B-Biol. Sci. 272, S. 651-656.
Li, J., L. Ly, Y. Wang, B. Xi & Z. Zhang (2012): Breeding biology of two sympatric *Aegithalos* tits with helpers at the nest. J. Ornithol. 153, S. 273-283.
Liberg, O. (1984): Food habits and prey impact by feral and house-based domestic cats in a rural area in southern Sweden. J. Mamm. 65, S. 424-432.
Libois, R. & F. Libois (2013): Causes de mortalité et survie du Martin-pécheur *Alcedo atthis* in Europe. Aves 50, S. 65-79.
Lieckfeld, C.-P. & V. Straaß (2002): Mythos Vogel. BLV-Buchverlag, München; 223 S.
Lindenmayer, D. B., M. P. Piggot & B. A. Wintle (2013): Counting the books while the library burns: why conservation monitoring programs need a plan for action. Front. Ecol. Environm.11, S. 549-555.
Lohmann, M. (2007): Vogelparadies Garten. BLV-Buchverlag, München; 95 S.
Lohmann, M. & B.-U. Rudolph (2016): Die Vögel des Chiemseegebietes. Ornithol. Ges. Bayern, München; 536 S.
López-López, P. (2016): Individual-based tracking systems in ornithology: Welcome to the era of Big Data. Ardeola 63, S. 103-136.
Löhrl, H. (1968): Das Nesthäkchen als biologisches Problem. J. Ornithol. 109, S. 383-395.
Loriot (2005): Sehr verehrte Damen und Herren. Diogenes, Zürich.
Lovette, I.-J. & J. W. Fitzpatrick (2016): The Cornell Lab of Ornithology Handbook of Bird Biology. 3. Aufl., Whiley & Sons, Chichester; 716 S.
Lugrin, B., A. Barbalat & P. Albrecht (2003): Atlas des oiseaux nicheurs du Canton de Genève (1998-2001). Ecitions Nicolas Junod, Genéve; 383 S.
Lüps, P. (2003) Hauskatze und Vogelwelt, ein Dauerthema rund um Biologie, Emotionen und Geld. Ornithol. Beob. 100, S. 281-292.
Mäck, U. & M.-E. Jürgens (1999): Aaskrähe, Elster und Eichelhäher in Deutschland. Bundesamt f. Naturschutz, Bonn; 252 S.

Madden, C. F. B. Arroyo & A. Amar (2015): A review of the impacts of corvids on bird producitivity and abundance. Ibis 157, S. 1-16.
Martens, J. & N. Bahr (2007): Dokumentation neuer Vogel-Taxa – Bericht für 2005. Vogelwarte 45, S. 119-134.
Marzluff, J. M. (2016): A decadal review of urban ornithology and a prospectus for the future. Ibis 159, S. 1-13.
Maumary, L., L. Valloton & P. Knaus (2007): Die Vögel der Schweiz. Vogelwarte Sempach, Nos Oiseaux, Montmollin; 848 S.
Mayr, E. (2005): Konzepte der Biologie. S. Hirzel Verlag, Stuttgart; 247 S.
McLaughlin, K. E. & H. P. Kunc (2013). Experimentally increased noise levels change spatial and swinging behaviour. Biol. Letters 9, 2012.0771.
Mebs, T. (1969): Wanderfalkenbruten an menschlichen Bauwerken. Jb. Deutscher Falkenorden 1968, S. 55-65.
Mebs, T. & D. Schmidt (2006): Die Greifvögel Europas, Nordafrikas und Vorderasiens. Franckh-Kosmos, Stuttgart; 495 S.
Meinertzhagen, R. (1959): Pirates and Predators. Oliver & Boyd, Edinburgh, London; 230 S.
Meister, B., U. Köppen, O. Geiter, W. Fiedler & F. Bairlein (2016): Brutbestand, Bruterfolg und jährliche Überlebensrate von Kleinvogelarten – Ergebnisse des Integrierten Monitorings von Singvogelpopulationen in Deutschland (IMS) 1998 bis 2013. Vogelwarte 54, S. 90-108.
Meyburg, B.-U. (2001): Zum Kainismus beim Schreiadler *Aquila pomarina*. Acta ornithoecol. 4, 269-278.
Mikulica, O., T. Grim, K. Schulze-Hagen & B. G. Stokke (2017): Der Kuckuck. Gauner der Superlative. Franckh-Kosmos, Stuttgart; 158 S.
Mirlieb, U. & W. Schmid (2017): Graureiher *Ardea cinerea* erbeutet ausgewachsene Wanderratte *Rattus norvegicus*. Ornithol. Mitt. 69, S. 21-24.
Mitschke, A. (2009): Wo sind all die Haussperlinge geblieben? – 25 Jahre Stadtkorridorkartierung in Hamburg. Hamburger avifaun. Beitr, 36,S. 147-196.
Mitschke, A. & S. Baumung (2001): Brutvogel-Atlas Hamburg. Hamb. Avifaun. Beitr. 31, 343 S.
Mitschke, A. & J. Ludwig (2004): Monitoring häufiger Brutvögel in der Normallandschaft von Niedersachsen und Bremen. Vogelkdl. Ber. Niedersachsen 36, S. 69-78.
Mock; D. W., P. L. Schwagmeyer & M. B. Digas (2009) Parental provisioning and nestling mortality in House Sparrows. Animal Behaviour 78, S. 677-684.
Möllers, F. & K. Trippel (2009); Kormoran – Schwarzer Peter oder harmloser Vogel? Tecklenborg Verlag, Steinfurt; 128 S.
Montier, D. J. (1977): Atlas of Breeding Birds of the London Area. Batsford, London; 288 S.
Moss, S. (2004): Vogelverhalten. Franckh-Kosmos, Stuttgart; 159 S.
Moss, S. (2005): Everything you always wanted to know about birds ... but were afraid to ask. Christopher Helm, London; 192 S.
Mulhauser, B. & J-L. Zimmermann (2015): Suivi démographique de la Bécasse des bois *Scolopax rusticola* en periode des reproduction dan le Canton Neuchâtel (Suisse) entre 2001 et 2010. Aves 52, S. 129-150.

Mundy, P., D. Butchart, J. Ledger & S. Piper (1992): The Vultures of Africa. Academic Press London u.a.; 460 S.
Murgui, E. & A Macias (2010): Changes in the House Sparrow *Passer domesticus* populations in Valencia (Spain) from 1998 to 2008. Bird Study 57, S. 281-288.
Nehring, S. (2011): Warum ein differenzierter Umgang mit gebietsfremden Vogelarten sinnvoll ist und welches naturschutzfachliche Instrument dabei in Deutschland Anwendung finden sollte. Ber. Vogelschutz 47/48, S. 119-134.
Nemeth, E. & H. Brumm (2010): Birds and anthropogenic noise; are urban songs adaptive? American Naturalist 176, S. 465-475.
Nemeth, E. & S. A. Zollinger (2014): The application of signal transmission modelling in conservation biology: on the possible impact of a projected motorway on avian communication. In: Gill, D. & H. Brumm: Avian Urban Ecology. Oxford University Press; S. 193-200.
Newson, S. E., A. Johnston, D. Parrot, D. I. Leech (2011): Evaluating the population-level impact of an invasive species, Ring-necked Parakeet *Psittacula krameri*, on native avifauna. Ibis 153, S. 509-516.
Newson, S. E., N. J. Moran, A. J. Musgrove, J. W. Pearce-Higgins, S. Gillings, P. A. Atkinson, R. Miller, M. J. Grantham & S. R. Baillie (2016): Long-term changes in the migration phenology of UK breeding birds detected by large-scale citizen science recording schemes. Ibis 158, S. 481-495.
Newton, I (1986): The Sparrowhawk. Poyser, Calton; 396 S.
Newton, I. (2013): Bird Populations. HarperCollins. London; 596 S.
Newton, I. & I. Willie (1986): Monogamy in the Sparrow Hawk. In: J. F. Black & M. Hulme: Partnerships in Birds, Oxford Univ. Press, Oxford, New York, S. 248-267.
Niethammer, G., H. Kramer & H. E. Wolters (1964): Die Vögel Deutschlands. Artenliste. Akad. Verlagsges. Frankfurt, 128 S.
Niethammer, G., K. M. Bauer & U. N. Glutz von Blotzheim (1966): Handbuch der Vögel Mitteleuropas. Band 1. Akad. Verlagsges. Wiesbaden, Neuaufl. 1987 Aula-Verlag Wiebelsheim; 483 S.
Nill, D., T. Pröll, E. Bezzel (2013): Adler. Mächtige Jäger – Symbole der Freiheit. BLV-Buchverlag, München; 158 S.
Nill, D., T. Pröll, B. Ziegler (2016): Siegertypen – Überlebensstrategien der Greifvögel. Franckh-Kosmos Verlag, Stuttgart; 160 S.
Nipkow, M., A. v. Lindeiner & H. Opitz (2011): Der Kormoran – Vogel des Jahres 2010. Eine Bilanz von NABU und LBV. Ber. Vogelschutz 47/48. S. 31-43.
Oelke, H. (1980): Siedlungsdichte. In: Berthold, P., E. Bezzel & G. Thielcke: Praktische Vogelkunde. Kilda-Verlag, Greven, S. 34-45.
Ökologischer Jagdverein (2001): Rabenvögel im Visier. Rothenburg o. T.; 160 S.
Opitz, H. (2014): Die Vögel des Jahres 1970 – 2013. Aula Verlag, Wiebelsheim; 176 S.
Oro, D. (1996): Interspecific kleptoparasitism in Audouni´s Gull *Larus audouinii* at the Ebro Delta, northeast Spain: behavioureal response to low food availability. Ibis 138, S. 218-221.
Ottenburghs, J., R. C. Ydenberg, P. van Hooft, A. E. van Werden & H. A Prins (2015): The Avian Hybrids Project: gathering the scientific literature on avian hybridization. Ibis 157, S. 892-894.

Palmer, R. S. (1988): Handbook of North American Birds. Vol. 4. Yale Univ. Press, New Haven u. London; 433 S.

Partecke, J., E. Gwinner & S. Bensch (2006a): Is urbanisation of European Blackbirds (*Turdus merula)* associated with genetic differentiation? J. Ornithol. 147, S. 549-552.

Partecke, J., I. Schwabl & E. Gwinner (2006b): Stress and the city: Urbanization in its effect on the stress physiology in European Blackbirds. Ecology 87, S. 1945-1952.

Perillo, A., L. G. Mazzoni, L. F. Passos, V. D. L. R. Goulart, C. Duca & R. Y. Young (2017): Anthropogenic noise reduces bird species richness and diversity in urban parks. Ibis 159, S. 638- 646.

Perrow, M. (2017): Wildife and Wind Farms: Conflicts and Solutions. 2 Bde. Pelagic Publishin, Exeter; 301 bzw. 229 S.

Pfeifer, S. (1980): Taschenbuch für Vogelschutz. 5. Aufl., Strobach, Frankfurt; 342 S.

Pierce-Higgins, J. W. & R. E. Green (2014): Birds and Climate change. Cambridge Univ. Press., Cambridge; 467 S.

Poole, A. F. (1989): Ospreys. A natural and unnatural history. Cambridge Univ. Press; 246 S.

Potvin, D. A., R. A. Mulder & K. M. Parris (2014): Acoustic, morphological, and genetic adaptations to urban habitats in the Silvereye (*Zosterops lateralis*). In: Gill, D. & H. Brumm: Avian Urban Ecology. Oxford University Press; S. 171-180.

Prange, H. (2016): Die Welt der Kraniche. MediaNatur Verlag, Minden; 895 S.

Precht, R. D. (2016): Tiere denken. Wilhelm Goldmann Verlag, München; 509 S.

Przygodda, W. (1976): Erfahrungsbericht über die Schwalbenkatastrophe im Herbst 1974. Mitt. Landesanstalt Ökol., Landschaftsentwicklung und Forstplanung Nordrhein-Westfalen; 4 S.

Quillfeldt, P. (2017): Einblicke in Nahrungsgefüge und Wanderungen auf der Basis von Stabilisotopen-Analysen. Vogelwarte 55, S. 304-305.

Rabosée, D., H. de Wavrin, J. Tricot & D. van der Elst (1995): Atlas des oiseaux nicheurs de Bruxelles 1989-1991. Aves, Liege; 304 S.

Randler, C. (2008): Soziale Einflüsse, Umweltfaktoren und Urbanisationsgrad beeinflussen die Fluchtdistanzen bei Rabenkrähen *Corvus corone.* Vogelwelt 129, S. 409-418.

Ratcliffe, D. A. (1962): Breeding density in the Peregrine and Raven. Ibis 104, S. 13-39.

Redondo, P., G. Barrantes & L. Sandoval (2013): Urban noise influences vocalization structure in the House Wren *Troglodytes aedon.* Ibis 155, S. 621-625.

Rees, E. C., P. Lievesley, R. A. Pettifor & C. Perrins (1996): Mate fidelity in swans: an interspecific comparison. In: Black, J. F. & M. Hulme, Partnerships in Birds, Oxford Univ. Press, Oxford, New York, S. 118-137.

Reichholf, J. (1986): Schädigen freilaufende Hauskatzen unsere Vögel? J. Ornithol. 127, S. 518-520.

Reichholf, J. (2006): Der Tanz um das goldene Kalb. Wagenbach, Berlin; 215 S.

Reichholf, J. H. (2009): Langfristige Häufigkeitstrends von Rabenkrähen *Corvus c. corone* in Südostbayern und Wirkung des Krähenabschusses. Ornithol. Mitt. 10, S. 308-311.

Rey, P. J. & J. E. Gutierrez (1997): Eleccion de fruto y condicta de alimentacion des aves frugivoras en olivares y acebuchares: una estrategia optima basada en la razon beneficio/tiempo de manipulacion. Ardeola 44, S. 27-39.

Rheindt, F. E. (2003): The impact of roads on birds: Does song frequency play a role in determining susceptibility to nois pollution? J. Ornithol. 144, S. 295-306.
Richarz, K. (2015): Vögel in der Stadt. Pala-Verlag, Darmstadt 157 S.
Richarz, K., E. Bezzel & M. Hormann (2001): Taschenbuch für Vogelschutz. Aula-Verlag, Wiebelsheim; 630 S.
Robinson, R. A., S. R. Baillie & H. O. P. Crick (2007): Weather-dependent survival: implications of climate change for passerine population processes. Ibis 149, S. 357-364.
Rödl, T., B.-U. Rudolph, I. Geiersberger, K. Weixler & A. Görgen (2012): Atlas der Brutvögel in Bayern. Verbreitung 2005 bis 2009. Ulmer, Stuttgart; 246 S.
Roth-Bojadzhiev, H. G. (1985): Studien zur Bedeutung der Vögel in der mittelalterlichen Tafelmalerei. Böhlau Verlag, Köln; ca. 200 S.
Rüppell, G. (1981): Analyse des Beutefanges des Fischadlers (*Pandion haliaetus*). J. Ornithol. 122, S. 285-305.
Ruprecht, G, (1933): Singvögel und „Samtpfötchen". Ornithol. Beob. 30, S. 127-142.
Rutschke, E. (1998): Der Kormoran. Biologie – Ökologie – Schadabwehr. Parey Buchverlag, Berlin; 162 S.
Saar, C., G. Trommer & W. Hammer (1986): Wanderfalken-Auswilderungsbericht 1985. DFO-Jb. 1985, S. 3-12.
Saccavino, E., K. Jäckel & D. T. Tietze (2017): Wie gut repräsentieren die Ergebnisse des Integrierten Monitorings von Singvogelpopulationen die Population des jeweiligen Untersuchungsgebiets? Vogelwarte 55, S. 53-62.
Salaberria, C. & D. Gil (2010): Increase in song frequency in response to urban noise in the Great Tit *Parus major* as shown by data form the Madrid (Spain) city noise map. Ardeola 57, S. 3-11.
Salewski, V. (2014): Fotofallen im Naturschutz: Aus dem Privatleben der Uferschnepfen. Falke 61/9, S. 17-20.
Schaefer, T. (2004): Video monitoring of shrub-nests reveals nest predators. Bird Study 51, S. 170-177.
Schäffer, A. & N. Schäffer (2006): Gartenvögel. Aula-Verlag, Wiesbaden; 154 S.
Schäffer, A. & N. Schäffer (2017): Vögel füttern im Garten ganzjährig und naturnah. Ullmer, Stuttgart; 126 S.
Schalow, H. (1919): Beiträge zur Vogelfaune der Mark Brandenburg. Deutsche Ornithol. Ges., Berlin; Reprint 2004, Natur & Text, Rangsdorf; 602 S.
Scheller, W. & B.-U. Meyburg (1996): Untersuchungen zum Kainismus beim Schreiadler *Aquila pomarina* mittels ferngesteuerter Videokamera. In: Stubbe, M. & A. Stubbe: Populationsökologie Greifvogel- und Eulenarten 3: S. 177-184, Halle/Saale.
Scherzinger, W. (2006): Die Wiederbegründung des Habichtskauz-Vorkommens *Strix uralensis* im Böhmerwald. Ornithol. Anz. 45, S. 97-156.
Schiermann, G. (1930): Studien über Siedelungsdichte im Brutgebiet. J. Ornithol. 78, S. 137-180.
Schmid, H., W. Doppler, D. Heynen & M. Rösler (2012): Vogelfreundliches Bauen mit Glas und Licht. Schweizerische Vogelwarte, Sempach; 56 S.
Schmidt, E. & K. Hüppop (2007): Erstbeobachtungen und Sangesbeginn von 97 Vogelarten in den Jahren 1963 bis 2006 in einer Gemeinde im Landkreis Parchim (Mecklenburg-Vorpommern). Vogelwarte 45, S. 27-58.

Schnurre, O. (1929): Ketzerisches zum Vogelschutz. J. Ornithol. 77, S. 242-246.
Schoppe, R. (2006): Die Vogelwelt der Kreises Hildesheim. Georg Olms Verlag, Hildesheim; 620 S.
Schulze-Hagen, K. (1989): Bekanntes und weniger Bekanntes vom Seggenrohrsänger *Acrocephalus paludicola*. Limicola 3, S. 229-246.
Schulze-Hagen, K., B. Leisler, H. M. Schäfer & V. Schmidt (1999): The breeding system of the Aquatic Warbler *Acrocephalus paludicola* – a review of new results. Vogelwelt 120, S. 87-96.
Schüz, E. (1936): Internationale Bestandsaufnahme am Weißen Storch. Ornithol. Monatsber. 44, S. 43-41.
Schüz, E. (1957): Das Verschlingen eigener Junger („Kronismus") bei Vögeln und seine Bedeutung. Vogelwarte 19, S. 1-15.
Segelbacher, G. (2013): Trends in der Raufußhuhnforschung. Ornithol. Beob. 110, S. 271-280.
Shaw, L. M., D. Chamberlain & M. Evans (2008): The House Sparrow *Passer domesticus* in urban areas: reviewing a possible link between post-decline distribution and human socioeconomic status. J. Ornithol. 149, S. 293-299.
Shephard, T. B. , S. E. G. Lea & N. Hempel de Ibarra (2015): 'The thieving magpie'? No evidence for attraction to shiny objects. Animal Cogn. 18, S. 393-397.
Siano, R. & S. Klaus (2013): Auerhuhn *Tetrao urogallus* – Wiederansiedlungs- und Bestandsstützungsprojekte in Deutschland nach 1950 – eine Übersicht. Vogelwelt 134, S. 3-18.
Skutch, A. F. (1987): Helpers at bird's nests. Univ. Iowa Press, Iowa City; 298 S.
Solonen, T. (2001): Breeding of the Great Tit and Blue Tit in urban and rural habitats in southern Finland. Ornis Fennica 78, S. 49-60.
Sonneburg, F. & M. Schmitz (2006): Häufigkeitsanteile und Färbungsmerkmale fehlfarbener Stockenten *Anas platyrhnchos* im Ballungsraum Rhein-Ruhr. Charadius 42, S. 9-22.
Spencer, R., Y. I. Russel, B. J. A. Dickins & R. E. Dickins (2017): Kleptoparasitism in gulls Laridae at an urban and a coastal foragin environment: an assessment of ecological predictors. Bird Study 64, S. 12-19.
Spoelstra, K. & M. E.Visser (2014): The impact of artificial light on avian ecology. In: Gill, D. & H. Brumm: Avian Urban Ecology. Oxford University Press; S. 171-180, S. 21-28.
Springer, K. B. & R. K. Kinzelbach (2009): Das Vogelbuch von Conrad Gessner. Springer, Berlin-Heidelberg; 582 S.
Steen, R. (2017): Bird monitoring using the smartphone (IOS) application videography for motion detection. Bird Study 64, 62-69.
Steiof, K. (2011): Handlungserfordernisse im Umgang mit nichtheimischen und mit invasiven Vogelarten in Deutschland. Ber. Vogelschutz 47/48, S. 93-118.
Stephan, B. (1985): Die Amsel. Neue Brehm-Bücherei, Wittenberg; 231 S.
Stevens, D. K., G. Q. A. Andersen, P. C. Grice, K. Norris & N. Butcher (2008): Predators of Spotted Flycatcher *Muscicapa striata* nest in southern England as determined by digital nest-cameras. Bird Study 55, S. 179-187.
Stickroth, H. (2011): Vögel fliehen in Massen vor Feuerwerken. Falke 60, S. 28-30.
Stickroth, H. (2015): Auswirken von Feuerwerken auf Vögel. Ber. Vogelschutz 52, S. 15-149.

Stoltz, M. & H.-W. Helb (2004): Die Entwicklung einer Wiederansiedlungspopulation des Weißstorchs *Ciconia ciconia* in Rheinland-Pfalz und im Saarland. Vogelwelt 125, S. 21-39.

Stokke, B. G., A. P. Møller, B. E. Saether, R. Goetz & H. Gutscher (2005): Weather in the breeding area and during migration affects the demography of a small longdistance passerine migrant. Auk 122, S. 637-647.

Stresemann, E. (1927-1934): Aves. Handbuch der Zoologie Band 7, 2. Hälfte. Walter de Gruyter & Co., Leipzig; 899 S.

Südbeck, P., H. Andretzki, S. Fischer, K. Gedeon, T. Schikore, K. Schröder & C. Sudfeldt (2005): Methodenstandards zur Erfassung der Brutvögel Deutschlands. Radolfzell; 777 S.

Sudfeldt, C. (2010): „Der Kormoranbestand in Europa steigt immer weiter an". Europaweite Synchronzählungen. Falke 57, Sonderh., S. 10-11.

Sudfeldt, C., R. Dröschmeister, C. Grüneberg, S. Jaehne, A. Mitschke & J. Wahl (2088): Vögel in Deutschland – 2008. DDA, BfN, LAG VSW, Münster; 44 S.

Sunkel, W. (1917): Ornithologische Beobachtungen aus Flandern 1915/16. Verh. ornithol. Ges. Bayern 13, S. 225-244.

Suter, S. M., J. Bielanska, S. Röthlin-Spillmann, L. Strambini & D. R. Meyer (2009): The cost of infidelity to female reed buntings. Behav. Ecol. 20, S; 601-608.

Suter, W. (1995): The effect of predation by wintering cormorants *Phalacrocorax carbo* on grayling *Thymallus thymallus* and trout (Salmonidae) populations: two case studies form Swiss rivers. J. Applied Ecol. 32, 29-46.

Suter, W. (1998): The effect of predation by wintering cormorants *Phalacrocorax carbo* on grayling *Thymallus thymallus* and trout (Salmonidae) populations: two case studies form Swiss rivers. Reply. J. Applied Ecol. 35, 611-616.

Suter, W. (1997): Roach Rules: shoaling fish are a constant factor in the diet of cormorants *Phalacrocorax carbo* in Switzerland. Ardea 85, S. 9-27.

Svärdson, G. (1957): The "invasion" type of bird migration. Brit. Birds. 50, S. 314-343.

Szymanski, P., K. Deoniziak, K. Losak & T. S. Osiejuk (2017): The song of Skylarks *Alauda arvensis* indicates the deterioration of an acoustic environment resulting from wind farm start-up. Ibis 159, S. 769-777.

Telleria, J. L., M. Blázquez, I. de la Hera & J. Perez-Triz (2013): Migratory and resident Blackcaps *Sylvia atricapilla* wintering in southern Spain show no resources partitioning. Ibis 155, S. 750-761.

Tennyson, A. J. D. & P. Martinson (2006): Extinct Birds of New Zealand. Te Papa Press Wellington; 140 S.

Tietze, D. T., J. Schäfer & M. Janocha (2015): Verändert Stadtleben den Vogelgesang? City Slang bei Singvögeln. Falke 62, Sonderh., S. 42-44.

Tietze, D. T., S. Koglon & M. Wink (2016): Liegt der Anpassung von Singvögeln and das Stadtleben eine veränderte Genexpression zugrunde? Vogelwarte 54, S. 361.

Timmerman, A. (1970): De IJsvogel (*Alcedo atthis*) als broedvogel in Nederland. Limosa 43, S. 31-38.

Tobias, J. A., N. Seddon, C. N. Spottiswoode, J. D. Pilgrim, L. D. C. Fishpool & N. Collar (2010): Quantitative criteria for species delimination. Ibis 152, S. 724-746.

Tomiałoić, L. (1998): Breeding bird densities in some urban versus non-urban habitats: the Dijon case. Acta ornithol. 33, S. 159-171.

Trommer, G. (1983): Greifvögel. 3. neu bearbeitete Aufl. Eugen Ulmer, Stuttgart; 199 S.
Tschudi, F. v. (1890): Das Tierleben der Alpenwelt. J. J. Weber, Leipzig; 582 S.
Unger, C. & S. Klaus (2013): Translokation russischer Auerhühner *Tetrao urogallus* nach Thüringen. Vogelwelt 134, S. 43-54.
Urban, E. K., C. H. Fry & S. Keith (1986): The Birds of Africa. Vol. II. Academic Press, London u.a.; 552 S.
Utschick, H. (1986): Der Graureiher am Fischteich – Verhalten und Abwehr. Öko-Linz 8/4, S. 3-12.
Vähätalo, A. V., K. Rainio, A. & E. Lehikoinen (2004): Spring arrival of birds depend on the North Atlantic Oscillation. J. Avian Biol. 35, S. 210-216.
Vander Wall, S. (1990): Food hoarding in animals. Univ. Chicago Press, Chicago; 445 S.
van Strien, A., C. van Turnhout & L. Soldaat (2010): Towards a new generation of breeding bird Atlases: annual Atlases based on site-occupancy models. Bird Census News 23, S. 1-7.
Visser, M. E., F. Adriaensen & J. H. van Balen u.a. (2003): Variable responses to large scale climate change in European *Parus* populations. Proc. Royal Soc. London, Ser. B, 270, S. 367-372.
Voigt-Heucke, S., L. Schlag, C. C. Voigt, C. Landgraf, S. Kiefer & M. Weiß (2017): Die fetten Jahre sind vorbei? Konsequenzen der Zufütterung von Meisen während der Brutzeit. Vogelwarte 55, S. 334.
Vökler, F. (2007): Zum Wintervorkommen von Krähenvogelarten in Mecklenburg-Vorpommern – Ergebnisse einer landesweiten Schlafplatzerfassung im Winter 2004/05. Vogelwelt 128, S. 131-140.
Wahl, J., R. Dröschmeister, C. König, T. Langgemach & C. Sudfeld (2017): Vögel in Deutschland – Erfassung rastender Wasservögel. DDA, BfN, LAG VSW, Münster, 72 S.
Waller, R. (1973): Der wilde Falk ist mein Gesell. Neumann-Neudamm, Melsungen, Berlin: 374 S.
Wegner, P. (2015): Wanderfalken – wovon leben sie? Falke 62, Sonderh. S. 54-57.
Wegner, P. & F. Schilling (1995): Bruthilfen an Gebäuden – wo, wie und warum? Beih. Veröff. Naturschutz Landschaftspflege Bad.-Württ. 82, S. 263-272.
Weidinger, K., (2009): Nest predators of woodland open-nestig songbirds in central Europe. Ibis 151, S. 352-360.
Weixler, K. & H.-J. Fünfstück (2013): Zur Situation des Steinadlers *Aquila chryaetos* in den bayerischen Alpen. Vogelwarte 51, S. 254-255.
Wember, V. (2017): Die Namen der Vögel Europas. 3. Aufl. Aula-Verlag, Wiebelsheim; 256 S.
Wendland, V. (1958): Zum Problem des vorzeitigen Sterbens von jungen Greifvögeln und Eulen. Vogelwarte 19, S. 186-191.
Wendt, D. (2006): Die Vögel der Stadt Hannover. Vogelschutzverein Hannover; 323 S.
Westermann, K. & R. Westermann (1998): Der Brutbestand des Eisvogels (*Alcedo atthis*) in den Jahren 1990 bis 1996 in der südbadischen Rheinniederung. Naturschutz südl. Oberrhein 2, S. 261-269.
Wichmann, G., M. Dvorak, N. Teufelbauer & H.-M. Berg (2009): Die Vogelwelt Wiens – Atlas der Brutvögel. Naturhist. Mus., Wien; 382 S.

Wink, M. (2015): Molekulare Systematik und Phylogenie der Wanderfalken *Falco peregrinus* in Südwestdeutschland. In: Rau, F., R. Lühl & J. Becht (Hrsg.): 50 Jahre Schutz von Fels und Falken. Ornithol. Jh. Bad.-Württ. 31 (Sonderbd), S. 175-188.

Winkler, H. (2016): Welche Probleme löst die parataxonomische Artbildung? Vogelwarte 54, S. 325.

Winkler, H. M. (2010): Die Nahrung des Kormorans. Falke 57, Sonderh. 21-25.

Wood, C. C. (1985): Food-searching behaviour of the common merganser (*Mergus merganser*) II: Choice of foraging locations. Can. J. Zool. 63, S. 1271-1279.

Wood, C. C. & C. M. Hand (1985): Food-searching behaviour of the common merganser (*Mergus merganser*) II: Functional responses to prey and predator density. Can. J. Zool. 63. S. 1260-1270.

Woods, M., R. A. McDonald & S. Harris (2003): Predation of wildlife by domestic cats *Felix catus* in Great Britain. Mammal Rev. 33, S. 174-188.

Worthington-Hill, J. & G. Conway (2017): Tawny Owl *Strix aluco* response to call-broadcasting and implications for survey design. Bird Study 64, S. 205-201,

Wüst, W. (1981): Avifauna Bavariae. Band 1. Ornithol. Ges. Bayern, München; 727 S.

Young, J. G. (1973): Social nesting and polygamy in Kestrels and Sparrowhawks. Brit. Birds 66, S. 32-33.

Zimmer, C., D. Eikelmann, M. Jurkechova, M. Jansen & D. T. Tietze (2014): City Slang: Wie Amsel und Blaumeise sich dem Stadtleben anpassen. Vogelwarte 52, S. 300.

Ziswiler, V. & D. S. Farner (1972): Digestion and the digestive System. In: Farner, D. S., J. F. King & K. Parkes: Avian Biology, Vol. 2, Academic Press, New York, London, S. 343-430.

Zuberogoitia, I., J. J. Torres & J. A. Martinez (2003): Reforziamento poblacion del Búho Real *Bubo bubo* en Bizkaia (Espana). Ardeola 50, S. 237-244.

Register

„*Pfeifunterricht*“, Gartenlaube 1853. Wer lernt noch etwas dazu?